高等职业院校精品教材系列

工 程 制 图

（AutoCAD 2012 中文版）

单春阳 范 宁 胡仁喜 等编著

U0218020

电子工业出版社

Publishing House of Electronics Industry

北京·BEIJING

内 容 简 介

本书结合职业岗位的技能需求，重点介绍 AutoCAD 2012 中文版在工程制图应用方面的各种基本操作方法和技巧。其最大的特点是，在进行知识点讲解的同时，不仅列举了大量的工程制图实例，还增加了上机操作和思考练习题，使读者能够在实践中快速掌握 AutoCAD 的操作方法和技巧。

全书分为 10 章，内容包括 AutoCAD 入门操作，二维绘图命令，二维编辑命令，精确绘图，辅助绘图工具，文本、表格，尺寸标注，三维绘图基础，创建三维曲面和实体，三维实体编辑。本书参照 Autodesk 公司 AutoCAD 中国认证考试大纲进行编写，书中实例和思考与练习的编写整理也参考了 AutoCAD 中国认证考试的历年试题，对希望参加相关认证考试的读者具有针对性的指导意义。

本书内容新颖实用，可操作性强，是高职高专院校对应课程的教材，也可作为应用型本科、成人教育、自学考试、电视大学、中职学校及培训班的教材，同时也是工程技术人员的参考书。

本书配有免费的电子教学课件及练习题参考答案，详见前言。

图书在版编目（CIP）数据

工程制图：AutoCAD 2012 中文版 / 单春阳等编著. —北京：电子工业出版社，2013.8（2025.2 重印）
高等职业院校精品教材系列
ISBN 978-7-121-20446-3

Ⅰ. ①工⋯　Ⅱ. ①单⋯　Ⅲ. ①工程制图－AutoCAD 软件－高等职业教育－教材　Ⅳ. ①TB237

中国版本图书馆 CIP 数据核字（2013）第 104056 号

策划编辑：陈健德（E-mail：chjd@phei.com.cn）
责任编辑：刘真平
印　　刷：北京七彩京通数码快印有限公司
装　　订：北京七彩京通数码快印有限公司
出版发行：电子工业出版社
　　　　　北京市海淀区万寿路 173 信箱　邮编　100036
开　　本：787×1 092　1/16　印张：20.25　字数：518.4 千字
版　　次：2013 年 8 月第 1 版
印　　次：2025 年 2 月第 10 次印刷
定　　价：56.00 元

凡所购买电子工业出版社图书有缺损问题，请向购买书店调换。若书店售缺，请与本社发行部联系，联系及邮购电话：（010）88254888，88258888。

质量投诉请发邮件至 zlts@phei.com.cn，盗版侵权举报请发邮件至 dbqq@phei.com.cn。

本书咨询联系方式：chenjd@phei.com.cn。

前　言

AutoCAD 是美国 Autodesk 公司推出的，集二维绘图、三维设计、渲染及通用数据库管理和互联网通信功能于一体的计算机辅助绘图软件包。自 1982 年推出，30 多年来，从初期的 1.0 版本，经过了多次版本更新和性能完善。它不仅在机械、电子和建筑等工程设计领域得到了大规模的应用，而且可用于地理、气象、航海等特殊图形的绘制，甚至在乐谱、灯光、幻灯和广告等其他领域也得到了广泛的应用。目前已成为微机 CAD 系统中应用最为广泛和普及的图形软件。

本书的执笔作者都是各高校和研究所多年从事计算机机械制图教学研究的一线人员，他们年富力强，具有丰富的教学实践经验与教材编写经验。多年的教学工作使他们能够准确地把握学生的学习心理与实际需求。在本书中，处处凝结着教育者的经验与体会，贯彻着他们的教学思想，希望能够给广大读者的学习起到抛砖引玉的作用，为广大读者的学习与自学提供一个简捷有效的捷径。

本书重点介绍了 AutoCAD 2012 中文版在机械制图中的应用方法与技巧。全书分为 10 章，分别介绍了 AutoCAD 入门操作，二维绘图命令，二维编辑命令，精确绘图，辅助绘图工具，文本、表格、尺寸标注，三维绘图基础，创建三维曲面和实体，三维实体编辑。本书全面介绍了各种机械零件和装配图的平面图和立体图的设计方法与技巧。在介绍的过程中，注意由浅入深，从易到难，解说翔实，图文并茂，语言简洁，思路清晰。通过对本书的学习，读者可以真切地体会出 AutoCAD 机械制图的内在规律和绘制思路，从而指导读者进行工程制图实践，提高读者的工程制图能力。

本书由辽宁建筑职业学院的单春阳老师、范宁老师和军械工程学院的胡仁喜老师编写，其中胡仁喜博士是 Autodesk 公司 AutoCAD 中国认证培训教材指定执笔专家。刘昌丽、张日晶、闫聪聪、康士廷、王敏、甘勤涛、卢园、王艳池、孟培、万金环、王玮、王玉秋、王培合、杨雪静、王义发、孙立明、李兵等同志也参与了部分章节的编写工作。

本书参照 Autodesk 公司 AutoCAD 中国认证考试相关大纲编写，书中实例和思考与练习的编写整理参考 AutoCAD 中国认证考试历年试题，对希望参加相关认证考试的读者具有针对性的指导意义。

本书是高职高专院校对应课程的教材，也可作为应用型本科、成人教育、自学考试、电视大学、中职学校及培训班的教材，同时也是工程技术人员的参考书。

由于编者水平有限，书中不足之处在所难免，望广大读者批评指正。如果有任何问题，请登录网站 www.sjzsanweishuwu.com 或写邮件到 win760520@126.com 与作者联系。

为了方便教师教学，本书还配有免费的电子资料包，包含全书所有实例的源文件和典型实例操作过程的录像 AVI 文件，可以帮助读者更加形象直观、轻松自在地学习本书；同时，提供电子教学课件、练习题参考答案，请有此需要的教师登录华信教育资源网（http://www.hxedu.com.cn）免费注册后再进行下载，在有问题时请在网站留言或与电子工业出版社联系（E-mail:hxedu@phei.com.cn）。

编著者

第1章 AutoCAD 入门操作

本章我们学习 AutoCAD 2012 绘图的基本知识。了解如何设置图形的系统参数、绘图环境，熟悉创建新的图形文件、打开已有文件的方法等，为进入系统学习准备必要的前提知识。

学习要点

- 如何设置图形的系统参数、绘图环境
- 熟悉创建新的图形文件、打开已有文件的方法

1.1 AutoCAD 2012 的操作界面

AutoCAD 2012 中文版的操作界面由标题栏、菜单栏、工具栏、绘图区、十字光标、坐标系、命令行、状态栏、布局标签和滚动条等组成，如图 1-1 所示。

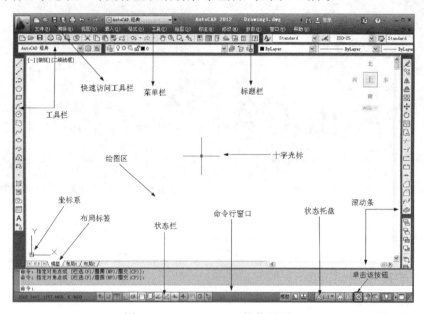

图 1-1 AutoCAD 2012 操作界面

1.1.1 标题栏

操作界面的顶部是标题栏，其中显示了当前软件的名称（AutoCAD 2012）和用户正在使用的图形文件，"Drawing*N*.dwg"（*N* 是数字）是 AutoCAD 的默认图形文件名；最右边的 3 个按钮控制 AutoCAD 2012 当前的状态：最小化、正常化和关闭。

1.1.2 绘图区

绘图区是指在标题栏下方的大片空白区域，绘图区域是用户使用 AutoCAD 绘制图形的区域，用户完成一幅设计图形的主要工作都是在绘图区域中完成的。

在绘图区域中，还有一个作用类似光标的十字线，其交点反映了光标在当前坐标系中的位置。在 AutoCAD 中，将该十字线称为光标，如图 1-1 所示，AutoCAD 通过光标显示当前点的位置。十字线的方向与当前用户坐标系的 X 轴、Y 轴方向平行，十字线的长度系统预设为屏幕大小的百分之五。

1. 修改图形窗口中十字光标的大小

光标的长度系统预设为屏幕大小的百分之五，用户可以根据绘图的实际需要更改其大小。改变光标大小的方法为：

在绘图窗口中选择菜单栏中的"工具"→"选项"命令，屏幕上将弹出关于系统配置的"选项"对话框。打开"显示"选项卡，在"十字光标大小"区域中的编辑框中直接输入数值，或者拖动编辑框后的滑块，即可以对十字光标的大小进行调整，如图 1-2 所示。

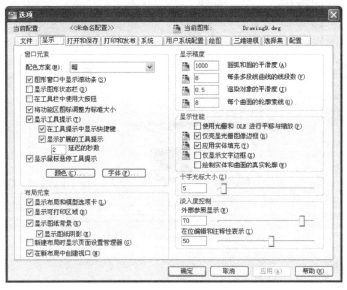

图 1-2　"选项"对话框中的"显示"选项卡

此外，还可以通过设置系统变量 CURSORSIZE 的值，实现对其大小的更改，其方法是在命令行中输入如下命令。

命令: CURSORSIZE

输入 CURSORSIZE 的新值 <5>:

在提示下输入新值即可，默认值为 5%。

2. 修改绘图窗口的颜色

在默认情况下，AutoCAD 的绘图窗口是黑色背景、白色线条，这不符合绝大多数用户的习惯，因此修改绘图窗口颜色是大多数用户都需要进行的操作。

修改绘图窗口颜色的步骤如下。

（1）选择菜单栏中的"工具"→"选项"命令，打开"选项"对话框，选择如图 1-2 所示的"显示"选项卡，单击"窗口元素"区域中的"颜色"按钮，将打开如图 1-3 所示的"图形窗口颜色"对话框。

（2）单击"图形窗口颜色"对话框中"颜色"栏的下拉箭头，在打开的下拉列表中，选择需要的窗口颜色，然后单击"应用并关闭"按钮，此时 AutoCAD 的绘图窗口变成了窗口背景色，通常按视觉习惯选择白色为窗口颜色。

1.1.3　坐标系图标

在绘图区域的左下角，有一个箭头指向图标，称为坐标系图标，表示用户绘图时正使用的坐标系形式，如图 1-1 所示。坐标系图标的作用是为点的坐标确定一个参照系。根据工作需要，用户可以选择将其关闭。其方法是选择菜单栏中的"视图"→"显示"→"UCS图标"→"开"命令，如图 1-4 所示。

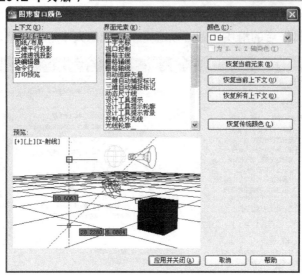

图1-3 "图形窗口颜色"对话框

1.1.4　菜单栏

　　菜单栏位于标题栏的下方，其下拉菜单的风格与 Windows 系统完全一致，是执行各种操作的途径之一。单击菜单选项，会显示出相应的下拉菜单，如图 1-5 所示。

图1-4 "视图"菜单　　　　　　　图1-5 下拉菜单

　　AutoCAD 2012 下拉菜单有以下 3 种类型。

　　（1）右边带有小三角形的菜单项，表示该菜单后面带有子菜单，将光标放在上面会弹出子菜单。

　　（2）右边带有省略号的菜单项，表示单击该项后会弹出一个对话框。

　　（3）右边没有任何内容的菜单项，选择它可以直接执行一个相应的 AutoCAD 命令，在命令提示窗口中显示出相应的提示。

1.1.5　工具栏

工具栏是执行各种操作最方便的途径。工具栏是一组图标型按钮的集合，单击这些图标按钮就可以调用相应的 AutoCAD 命令。AutoCAD 2012 的标准菜单提供了 30 个工具栏，每一个工具栏都有一个名称。对工具栏的操作具体如下。

（1）固定工具栏：绘图窗口的四周边界为工具栏固定位置，在此位置上的工具栏不显示名称，在工具栏的最左端显示出一个句柄。

（2）浮动工具栏：拖动固定工具栏的句柄到绘图窗口内，工具栏转变为浮动状态，此时显示出该工具栏的名称，拖动工具栏的左、右、下边框可以改变工具栏的形状。

（3）打开工具栏：将光标放在任一工具栏的非标题区，右击，系统会自动打开单独的工具栏标签，如图 1-6 所示。单击某一个未在界面中显示的工具栏名，系统将自动在界面中打开该工具栏。

（4）弹出工具栏：有些图标按钮的右下角带有"◢"，表示该工具项具有弹出工具栏，打开工具下拉列表，按住鼠标左键，将光标移到某一图标上然后松开，该图标就成为当前图标，如图 1-7 所示。

图 1-6　打开工具栏

图 1-7　弹出工具栏

1.2 管理图形文件

本节介绍图形文件的管理，即对图形进行新建、打开、浏览、存储等操作。

1.2.1 建立新图形文件

单击"标准"工具栏中的"新建"按钮，屏幕显示如图 1-8 所示的"选择样板"对话框，在"文件类型"下拉列表框中有 3 种格式的图形样板，后缀分别是.dwt、.dwg、.dws。一般情况，.dwt 文件是标准的样板文件，通常将一些规定的标准性的样板文件设成.dwt 文件；.dwg 文件是普通的样板文件；而.dws 文件是包含标准图层、标注样式、线型和文字样式的样板文件。

图 1-8 "选择样板"对话框

1.2.2 打开已有的图形文件

 执行方式

命令行：OPEN。
菜单："文件"→"打开"。
工具栏："标准"→"打开"。

操作步骤

单击"标准"工具栏中的"打开"按钮，打开"选择文件"对话框，如图 1-9 所示。

双击文件列表中的文件名（文件类型为.dwg），或输入文件名（不需要后缀），然后单击"打开"按钮，即可打开一个图形。

在"选择文件"对话框中利用"查找范围"下拉列表可以浏览、搜索图形，或利用"工具"菜单中的"查找"选项，通过设置条件查找图形文件。

图 1-9　"选择文件"对话框

1.2.3　存储图形文件

用户可以将所绘制的图形以文件形式存盘。

执行方式

命令名：QSAVE（或 SAVE）。
菜单："文件"→"保存"。
工具栏："标准"→"保存" 🖫。

操作步骤

（1）快速存盘。当单击"标准"工具栏中的"保存"菜单按钮（或执行"文件"→"保存"命令，或输入 QSAVE 命令）时，系统会将当前图形直接以原文件名存盘。如果当前图形没有命名（为默认名 Drawing*N*.dwg），则会打开"图形另存为"对话框，利用该对话框，可以选择路径、文件类型，输入文件名。"图形另存为"命令可以将文件另存为 DWG、DXF、DWT 格式。

（2）保存为同一版本的格式。可以将不同版本的图形文件保存为同一种格式。如果设置默认的格式类型，在"图形另存为"对话框中单击"工具"菜单选项，在下拉菜单中执行"选项"菜单命令，会显示"另存为选项"对话框，如图 1-10 所示。在"所有图形另存为"下拉列表框中选择一种格式，即所有图形的默认存盘格式。

图 1-10　"另存为选项"对话框

1.2.4　图形修复

执行方式

命令行：DRAWINGRECOVERY。

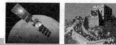
菜单："文件"→"绘图实用工具"→"图形修复管理器"。

 操作步骤

> 命令：DRAWINGRECOVERY

执行上述命令后，系统打开图形修复管理器，如图 1-11 所示，打开"备份文件"列表中的文件，可以重新保存，从而进行修复。

图 1-11　图形修复管理器

1.3　设置绘图环境

绘图环境包括绘图界限、绘图精度、绘图单位等。

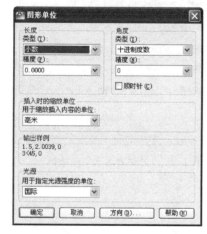

图 1-12　"图形单位"对话框

1.3.1　设置绘图单位和精度

（1）选择菜单栏中的"格式"→"单位"命令，打开"图形单位"对话框，如图 1-12 所示。

（2）在"长度"选项组选择单位类型和精度，工程绘图中一般使用"小数"和"0.0000"。

（3）在"角度"选项组选择角度类型和精度，工程绘图中一般使用"十进制度数"和"0"。

（4）在"用于缩放插入内容的单位"下拉列表框中选择图形单位，默认为"毫米"。

（5）单击"确定"按钮。

1.3.2 设置绘图界限

（1）选择菜单栏中的"格式"→"图形界限"命令，命令行中提示：

　　指定左下角点或 [开（ON）|关（OFF）] <0.0000,0.0000>:（回车）

　　指定右上角点 <420.0000,297.0000>:

（2）图形界限的右上角坐标按绘图需要的图纸尺寸进行设置，使用 A0 图纸应输入"1189,841"。

（3）输入 Z（ZOOM 命令），回车。

（4）输入 A，回车，以便将所设图形界限全部显示在屏幕上。

　　注意：用户从命令行输入有关命令或选择项后，要按 Enter（回车）键，以便执行相应的输入。回车也起到结束某个命令的作用。为了叙述方便，本教材在以后给出操作示例时，一律省略"回车"。

1.4 基本输入操作

在 AutoCAD 中，有一些基本的输入操作方法，这些基本方法是进行 AutoCAD 绘图的必备基础知识，也是深入学习 AutoCAD 功能的前提。

1.4.1 命令输入方式

AutoCAD 交互绘图必须输入必要的指令和参数。AutoCAD 命令的输入方式很多，下面以画直线为例分别加以介绍。

1. 在命令行输入命令名

命令字符可不区分大小写，如输入命令 LINE 和 line 的效果相同。执行命令时，在命令行提示中经常会出现命令选项，如输入绘制直线命令 LINE 后，命令行中的提示如下。

　　命令: LINE

　　指定第一点:（在屏幕上指定一点或输入一个点的坐标）

　　指定下一点或 [放弃(U)]:

选项中不带括号的提示为默认选项，因此可以直接输入直线段的起点坐标或在屏幕上指定一点，如果要选择其他选项，则应该首先输入该选项的标识字符（如"放弃"选项的标识字符是 U），然后按系统提示输入数据即可。在命令选项的后面有时候还带有尖括号，尖括号内的数值为默认数值。

2. 在命令行输入命令缩写字

命令缩写字很多，如 L（LINE）、C（CIRCLE）、A（ARC）、Z（ZOOM）、R（REDRAW）、M（MORE）、CO（COPY）、PL（PLINE）、E（ERASE）等。

3. 单击"绘图"工具栏中的"直线"按钮

选取该命令后，在状态栏中可以看到对应的命令名及命令说明。

4. 单击工具栏中的对应图标

执行该图标后，在状态栏中也可以看到对应的命令名及命令说明。

5. 在命令行打开右键快捷菜单

如果在前面刚刚使用过要输入的命令，可以在命令行打开右键快捷菜单，在"近期使用的命令"子菜单中选择需要的命令，如图 1-13 所示。"近期使用的命令"子菜单中储存有最近使用的 6 个命令，如果经常重复使用某个 6 次操作以内的命令，这种方法就比较快捷。

图 1-13　命令行右键快捷菜单

6. 在绘图区右击

如果用户要重复使用上次使用的命令，可以直接在绘图区右击，出现快捷菜单，选择其中的命令并确认，系统立即重复执行上次使用的命令，这种方法适用于重复执行某个命令。

1.4.2　命令的重复、撤销、重做

1. 命令的重复

在命令行中按回车键可重复调用上一个命令，而不管上一个命令是完成了还是被取消了。

2. 命令的撤销

在命令执行的任何时刻都可以取消和终止命令的执行。

　执行方式

命令行：UNDO。
菜单："编辑"→"放弃"。
工具栏："标准"→"放弃"　。
快捷键：Esc。

3. 命令的重做

已被撤销的命令还可以恢复重做，单击一次只恢复撤销的最后一个命令。

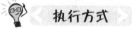　执行方式

命令行：REDO。
菜单："编辑"→"重做"。
工具栏："标准"→"重做"　。
该命令可以一次执行多重放弃和重做操作。单击 UNDO 或 REDO 箭头，可以在下拉列表中选择要放弃或重做的多个操作，如图 1-14 所示。

图 1-14　多重放弃或重做

1.4.3 透明命令

在 AutoCAD 2012 中有些命令不仅可以直接在命令行中使用，还可以在其他命令的执行过程中插入并执行，待该命令执行完毕后，系统继续执行原命令，这种命令称为透明命令。透明命令一般多为修改图形设置或打开辅助绘图工具的命令。

重复、放弃、重做 3 种命令的执行方式同样适用于透明命令的执行。例如：

> 命令: ARC
> 指定圆弧的起点或 [圆心(C)]: 'ZOOM（透明使用显示缩放命令 ZOOM）
> >>（执行 ZOOM 命令）
> 正在恢复执行 ARC 命令。
> 指定圆弧的起点或 [圆心(C)]:（继续执行原命令）

1.4.4 命令执行方式

有的命令有两种执行方式，即通过对话框和通过命令行输入命令。若要指定使用命令行方式，可以在命令名前加短画线来表示，如"–LAYER"表示用命令行方式执行"图层"命令；如果在命令行输入 LAYER，系统则会自动打开"图层特性管理器"对话框。

另外，有些命令同时存在命令行、菜单和工具栏 3 种执行方式，这时如果选择菜单或工具栏方式，命令行会显示该命令，并在前面加下画线。例如，通过菜单或工具栏方式执行"直线"命令时，命令行会显示"_line"，命令的执行过程和结果与命令行方式相同。

1.4.5 坐标系统与数据输入方法

1. 坐标系

AutoCAD 采用两种坐标系：世界坐标系（WCS）与用户坐标系（UCS）。用户刚进入 AutoCAD 时的坐标系统就是世界坐标系，是固定的坐标系统。世界坐标系也是坐标系统中的基准，绘制图形时多数情况下都是在这个坐标系统下进行的。

 执行方式

命令行：UCS。
菜单："工具" → "新建 UCS" → "世界"。
工具栏："UCS" → "UCS" ⌐。

AutoCAD 有两种视图显示方式：模型空间和图样空间。模型空间是指单一视图显示法，通常使用的都是这种显示方式；图样空间是指在绘图区域创建图形的多视图，用户可以对其中每一个视图进行单独的操作。

在默认情况下，当前 UCS 与 WCS 重合。图 1-15（a）所示为模型空间下的 UCS 坐标系图标，通常放在绘图区左下角处；如果当前 UCS 和 WCS 重合，则出现一个"W"字，如图 1-15（b）所示；也可以指定 WCS 放在当前 UCS 的实际坐标原点位置，此时出现一个"十"字，如图 1-15（c）所示；图 1-15（d）所示为图纸空间下的坐标系图标。

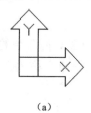 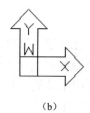 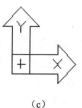 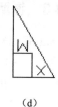

（a）　　　　　　　（b）　　　　　　　（c）　　　　　　　（d）

图 1-15　坐标系图标

2. 数据输入方法

在 AutoCAD 2012 中，点的坐标可以用直角坐标、极坐标、球面坐标和柱面坐标表示，每一种坐标又分别具有两种坐标输入方式，即绝对坐标和相对坐标。直角坐标和极坐标最为常用，下面主要介绍一下它们的输入方法。

（1）直角坐标法。用点的 X、Y 坐标值表示的坐标。例如，在命令行中输入点的坐标提示下，输入"15,18"，则表示输入了一个 X、Y 的坐标值分别为 15、18 的点，为绝对坐标输入方式，表示该点的坐标是相对于当前坐标原点的坐标值，如图 1-16（a）所示。如果输入"@10,20"，则为相对坐标输入方式，表示该点的坐标是相对于前一点的坐标值，如图 1-16（c）所示。

（2）极坐标法。用长度和角度表示的坐标，只能用来表示二维点的坐标。在绝对坐标输入方式下，表示为"长度<角度"，如"25<50"。其中，长度是该点到坐标原点的距离，角度为该点至原点的连线与 X 轴正向的夹角，如图 1-16（b）所示。在相对坐标输入方式下，表示为"@长度<角度"，如"@25<45"。其中，长度为该点到前一点的距离，角度为该点至前一点的连线与 X 轴正向的夹角，如图 1-16（d）所示。

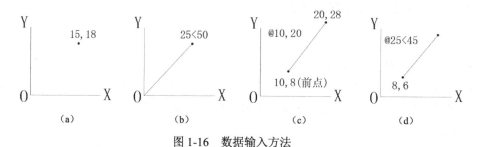

图 1-16　数据输入方法

3. 动态数据输入

单击状态栏上的 按钮，系统打开动态输入功能，可以在屏幕上动态地输入某些参数。例如，绘制直线时，在光标附近会动态地显示"指定第一点"以及后面的坐标框，当前显示的是光标所在位置，可以输入数据，两个数据之间以逗号隔开，如图 1-17 所示。指定第一点后，系统动态显示直线的角度，同时要求输入线段长度值，如图 1-18 所示，其输入效果与"@长度<角度"方式相同。

下面分别讲述点与距离值的输入方法。

1）点的输入

绘图过程中常常需要输入点的位置，AutoCAD 提供了以下 4 种输入点的方式。

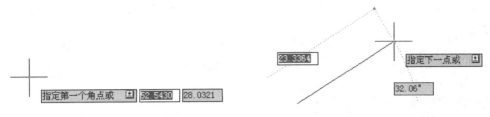

图 1-17　动态输入坐标值　　　　　　　　图 1-18　动态输入长度值

（1）用键盘直接在命令行中输入点的坐标。直角坐标有两种输入方式，即"x，y"（点的绝对坐标值，如"100,50"）和"@ x,y"（相对于上一点的相对坐标值，如"@ 50,-30"）。坐标值均相对于当前的用户坐标系。

极坐标的输入方式为"长度<角度"（其中，长度为点到坐标原点的距离，角度为原点至该点连线与 X 轴的正向夹角，如"20<45"）或"@长度<角度"（相对于上一点的相对极坐标，如"@ 50 < -30"）。

（2）用鼠标等定标设备移动光标，单击，在绘图区中直接取点。

（3）用目标捕捉方式捕捉屏幕上已有图形的特殊点（如端点、中点、中心点、插入点、交点、切点、垂足点）。

（4）直接距离输入。先用光标拖拉出橡皮筋线确定方向，然后用键盘输入距离。这样有利于准确控制对象的长度等参数。例如，要绘制一条 10mm 长的线段，方法如下。

> 命令:LINE
>
> 指定第一点:(在屏幕上指定一点)
>
> 指定下一点或 [放弃(U)]:

这时在屏幕上移动鼠标指明线段的方向，但不要单击鼠标左键确认，如图 1-19 所示。然后，在命令行中输入 10，这样就在指定方向上准确地绘制了长度为 10mm 的线段。

2）距离值的输入

在 AutoCAD 命令中，有时需要提供高度、宽度、半径、长度等距离值。AutoCAD 提供了两种输入距离值的方式，一种是用键盘在命令行中直接输入数值；另一种是在屏幕上拾取两点，以两点的距离值定出所需数值。

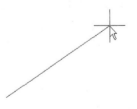

图 1-19　绘制直线

1.5　缩放与平移

改变视图最一般的方法就是利用缩放和平移命令。用它们可以在绘图区放大或缩小图像显示，或改变图形位置。

1.5.1　缩放

1. 实时缩放

AutoCAD 2012 为交互式的缩放和平移提供了可能。利用实时缩放，用户就可以通过垂直向上或向下移动鼠标的方式来放大或缩小图形。利用实时平移，能通过单击或移动鼠标重新放置图形。

 执行方式

命令行：Zoom。

菜单栏："视图"→"缩放"→"实时"。

工具栏："标准"→"实时缩放"⊕。

操作步骤

按住鼠标左键垂直向上或向下移动，可以放大或缩小图形。

2. 动态缩放

如果打开"快速缩放"功能，就可以用动态缩放功能改变图形显示而不产生重新生成的效果。动态缩放会在当前视区中显示图形的全部。

 执行方式

命令行：ZOOM。

菜单栏："视图"→"缩放"→"动态"。

工具栏："标准"→"动态缩放"⬚。

操作步骤

命令行提示与操作如下。

> 命令: ZOOM
> 指定窗口角点，输入比例因子 （nX 或 nXP），或[全部（A）/中心点（C）/动态（D）/范围（E）/上一个（P）/比例（S）/窗口（W）]<实时>: D

执行上述命令后，系统弹出一个图框。选择动态缩放前图形区呈绿色的点线框，如果要动态缩放的图形显示范围与选择的动态缩放前的范围相同，则此绿色点线框与白线框重合而不可见。重生成区域的四周有一个蓝色虚线框，用以标记虚拟图纸，此时，如果线框中有一个"×"出现，就可以拖动线框，把它平移到另外一个区域。如果要放大图形到不同的放大倍数，单击一下，"×"就会变成一个箭头，这时左右拖动边界线就可以重新确定视区的大小。

另外，缩放命令还有窗口缩放、比例缩放、放大、缩小、中心缩放、全部缩放、对象缩放、缩放上一个和最大图形范围缩放，其操作方法与动态缩放类似，此处不再赘述。

1.5.2 平移

1. 实时平移

 执行方式

命令行：PAN。

菜单栏："视图"→"平移"→"实时"。

工具栏："标准"→"实时平移"🖑。

执行上述操作后，光标变为🖑形状，按住鼠标左键移动手形光标就可以平移图形了。

当移到图形的边沿时，光标就变为 显示。

另外，在 AutoCAD 2012 中，为显示控制命令设置了一个快捷菜单，如图 1-20 所示。在该菜单中，用户可以在显示命令执行的过程中，透明地进行切换。

2. 定点平移

除了最常用的"实时平移"命令外，也常用到"定点平移"命令。

执行方式

命令行：-PAN。

菜单栏："视图"→"平移"→"点"。

操作步骤

命令行提示与操作如下。

> 命令: -pan
>
> 指定基点或位移:（指定基点位置或输入位移值）
>
> 指定第二点:（指定第二点确定位移和方向）

执行上述命令后，当前图形按指定的位移和方向进行平移。另外，在"平移"子菜单中，还有"左"、"右"、"上"、"下" 4 个平移命令，如图 1-21 所示，选择这些命令时，图形按指定的方向平移一定的距离。

图 1-20 快捷菜单   图 1-21 "平移"子菜单

1.6 设置图层

图层的概念类似投影片，将不同属性的对象分别放置在不同的投影片（图层）上。例如将图形的主要线段、中心线、尺寸标注等分别绘制在不同的图层上，每个图层可设定不同的线型、线条颜色，然后把不同的图层堆栈在一起成为一张完整的视图，这样可使视图层次分明，方便图形对象的编辑与管理。一个完整的图形就是由它所包含的所有图层上的对象叠加在一起构成的，如图 1-22 所示。

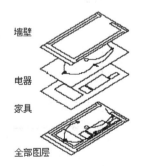

图 1-22 图层效果

1.6.1 利用对话框设置图层

AutoCAD 2012 提供了详细直观的"图层特性管理器"对话框，用户可以方便地通过对该对话框中的各选项及其二级对话框进行设置，从而实现创建新图层、设置图层颜色及线型的各种操作。

执行方式

命令行：LAYER。

菜单栏："格式"→"图层"。

工具栏："图层"→"图层特性管理器" 。

执行上述操作后，系统打开如图 1-23 所示的"图层特性管理器"对话框。

图 1-23 "图层特性管理器"对话框

选项说明

（1）"新建特性过滤器"按钮 ：单击该按钮，可以打开"图层过滤器特性"对话框，如图 1-24 所示。从中可以基于一个或多个图层特性创建图层过滤器。

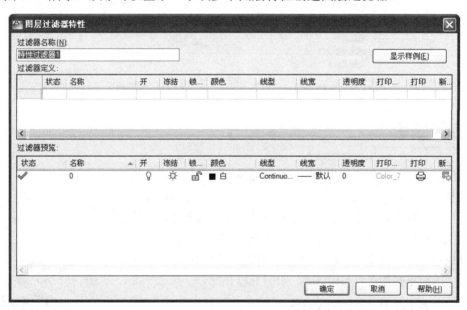

图 1-24 "图层过滤器特性"对话框

（2）"新建组过滤器"按钮 ：单击该按钮可以创建一个图层过滤器，其中包含用户选定并添加到该过滤器的图层。

（3）"图层状态管理器"按钮 ：单击该按钮，可以打开"图层状态管理器"对话框，如图 1-25 所示。从中可以将图层的当前特性设置保存到命名图层状态中，以后可以再恢复这些设置。

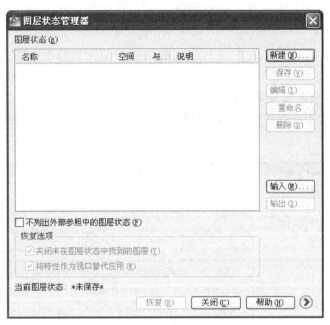

图 1-25　"图层状态管理器"对话框

（4）"新建图层"按钮：单击该按钮，图层列表中出现一个新的图层名称"图层1"，用户可使用此名称，也可改名。要想同时创建多个图层，可选中一个图层名后，输入多个名称，各名称之间以逗号分隔。图层的名称可以包含字母、数字、空格和特殊符号，AutoCAD 2012 支持长达 255 个字符的图层名称。新的图层继承了创建新图层时所选中的已有图层的所有特性（颜色、线型、开/关状态等）；如果新建图层时没有图层被选中，则新图层具有默认的设置。

（5）"在所有视口中都被冻结的新图层视口"按钮：单击该按钮，将创建新图层，然后在所有现有布局视口中将其冻结。可以在"模型"空间或"布局"空间上访问此按钮。

（6）"删除图层"按钮：在图层列表中选中某一图层，然后单击该按钮，则把该图层删除。

（7）"置为当前"按钮：在图层列表中选中某一图层，然后单击该按钮，则把该图层设置为当前图层，并在"当前图层"列中显示其名称。当前层的名称存储在系统变量CLAYER中。另外，双击图层名也可将其设置为当前图层。

（8）"搜索图层"文本框：输入字符时，按名称快速过滤图层列表。关闭图层特性管理器时并不保存此过滤器。

（9）"状态行"：显示当前过滤器的名称、列表视图中显示的图层数和图形中的图层数。

（10）"反转过滤器"复选框：选中该复选框，显示所有不满足选定图层特性过滤器中条件的图层。

（11）图层列表区：显示已有的图层及其特性。要修改某一图层的某一特性，单击它所对应的图标即可。右击空白区域或利用快捷菜单可快速选中所有图层。列表区中各列的含义如下。

① 状态：指示项目的类型，有图层过滤器、正在使用的图层、空图层或当前图层4种。

② 名称：显示满足条件的图层名称。如果要对某图层修改，首先要选中该图层的名称。

③ 状态转换图标：在"图层特性管理器"对话框的图层列表中有一列图标，单击这些图标，可以打开或关闭该图标所代表的功能，各图标功能说明如表 1-1 所示。

表 1-1　图标功能

图　示	名　　称	功 能 说 明
♀ / ♀	打开 / 关闭	将图层设定为打开或关闭状态，当呈现关闭状态时，该图层上的所有对象将隐藏不显示，只有处于打开状态的图层才会在绘图区上显示或由打印机打印出来。因此，绘制复杂的视图时，先将不编辑的图层暂时关闭，可降低图形的复杂性。如图 1-26（a），（b）分别表示尺寸标注图层打开和关闭的情形
☼ / ❈	解冻 / 冻结	将图层设定为解冻或冻结状态。当图层呈现冻结状态时，该图层上的对象均不会显示在绘图区上，也不能由打印机打出，而且不会执行重生（REGEN）、缩放（ZOOM）、平移（PAN）等命令的操作，因此若将视图中不编辑的图层暂时冻结，可加快执行绘图编辑的速度。而 ♀ / ♀（打开 / 关闭）功能只是单纯将对象隐藏，因此并不会加快执行速度
🔓 / 🔒	解锁 / 锁定	将图层设定为解锁或锁定状态。被锁定的图层仍然显示在绘图区，但不能编辑修改被锁定的对象，只能绘制新的图形，这样可防止重要的图形被修改
🖶 / 🖶	打印 / 不打印	设定该图层是否可以打印图形

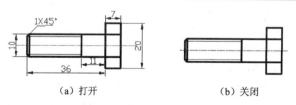

（a）打开　　　　　　　　　（b）关闭

图 1-26　打开或关闭尺寸标注图层

④ 颜色：显示和改变图层的颜色。如果要改变某一图层的颜色，单击其对应的颜色图标，AutoCAD 系统打开如图 1-27 所示的"选择颜色"对话框，用户可从中选择需要的颜色。

⑤ 线型：显示和修改图层的线型。如果要修改某一图层的线型，单击该图层的"线型"项，系统打开"选择线型"对话框，如图 1-28 所示，其中列出了当前可用的线型，用户可从中选择。

⑥ 线宽：显示和修改图层的线宽。如果要修改某一图层的线宽，单击该图层的"线宽"列，打开"线宽"对话框，如图 1-29 所示，其中列出了 AutoCAD 设定的线宽，用户可从中进行选择。其中"线宽"列表框中显示可以选用的线宽值，用户可从中选择需要的线宽。"旧的"显示行显示前面赋予图层的线宽，当创建一个新图层时，采用默认线宽（其值

为 0.01in，即 0.25mm），默认线宽的值由系统变量 LWDEFAULT 设置；"新的"显示行显示赋予图层的新线宽。

图 1-27 "选择颜色"对话框

图 1-28 "选择线型"对话框

图 1-29 "线宽"对话框

⑦ 打印样式：打印图形时各项属性的设置。

注意：合理利用图层，可以事半功倍。我们在开始绘制图形时，就预先设置一些基本图层。每个图层锁定自己的专门用途，这样做我们只需绘制一份图形文件，就可以组合出许多需要的图纸，需要修改时也可针对各个图层进行。

1.6.2 利用工具栏设置图层

AutoCAD 2012 提供了一个"特性"工具栏，如图 1-30 所示。用户可以利用工具栏下拉列表框中的选项，快速地察看和改变所选对象的图层、颜色、线型和线宽特性。"特性"工具栏上的图层颜色、线型、线宽和打印样式的控制增强了察看和编辑对象属性的命令。在绘图区选择任何对象，都将在工具栏上自动显示它所在图层、颜色、线型等属性。"特性"

工具栏各部分的功能介绍如下。

图 1-30 "特性"工具栏

（1）"颜色控制"下拉列表框：单击右侧的向下箭头，用户可从打开的选项列表中选择一种颜色，使之成为当前颜色。如果选择"选择颜色"选项，系统将打开"选择颜色"对话框以选择其他颜色。修改当前颜色后，不论在哪个图层上绘图都采用这种颜色，但对各个图层的颜色没有影响。

（2）"线型控制"下拉列表框：单击右侧的向下箭头，用户可从打开的选项列表中选择一种线型，使之成为当前线型。修改当前线型后，不论在哪个图层上绘图都采用这种线型，但对各个图层的线型设置没有影响。

（3）"线宽控制"下拉列表框：单击右侧的向下箭头，用户可从打开的选项列表中选择一种线宽，使之成为当前线宽。修改当前线宽后，不论在哪个图层上绘图都采用这种线宽，但对各个图层的线宽设置没有影响。

（4）"打印类型控制"下拉列表框：单击右侧的向下箭头，用户可从打开的选项列表中选择一种打印样式，使之成为当前打印样式。

1.7 设置颜色

AutoCAD 绘制的图形对象都具有一定的颜色，为使绘制的图形清晰表达，可把同一类的图形对象用相同的颜色绘制，而使不同类的对象具有不同的颜色，以示区分，这样就需要适当地对颜色进行设置。AutoCAD 允许用户设置图层颜色，为新建的图形对象设置当前颜色，还可以改变已有图形对象的颜色。

 执行方式

命令行：COLOR（快捷命令：COL）。

菜单栏："格式" → "颜色"。

执行上述操作后，系统打开如图 1-27 所示的"选择颜色"对话框。

 选项说明

1. "索引颜色"选项卡

单击此选项卡，可以在系统所提供的 255 种颜色索引表中选择所需要的颜色，如图 1-27 所示。

（1）"颜色索引"列表框：依次列出了 255 种索引色，在此列表框中选择所需要的颜色。

（2）"颜色"文本框：所选择的颜色代号值显示在"颜色"文本框中，也可以直接在该文本框中输入自己设定的代号值来选择颜色。

（3）"ByLayer"和"ByBlock"按钮：单击这两个按钮，颜色分别按图层和图块设置。这两个按钮只有在设定了图层颜色和图块颜色后才可以使用。

2. "真彩色"选项卡

单击此选项卡，可以选择需要的任意颜色，如图 1-31 所示。可以拖动调色板中的颜色指示光标和亮度滑块选择颜色及其亮度。也可以通过"色调"、"饱和度"和"亮度"的调节钮来选择需要的颜色。所选颜色的红、绿、蓝值显示在下面的"颜色"文本框中，也可以直接在该文本框中输入自己设定的红、绿、蓝值来选择颜色。

在此选项卡中还有一个"颜色模式"下拉列表框，默认的颜色模式为"HSL"模式，即图 1-31 所示的模式。RGB 模式也是常用的一种颜色模式，如图 1-32 所示。

3. "配色系统"选项卡

图 1-31 "真彩色"选项卡

单击此选项卡，可以从标准配色系统（如 Pantone）中选择预定义的颜色，如图 1-33 所示。在"配色系统"下拉列表框中选择需要的系统，然后拖动右边的滑块来选择具体的颜色，所选颜色编号显示在下面的"颜色"文本框中，也可以直接在该文本框中输入编号值来选择颜色。

图 1-32　RGB 模式

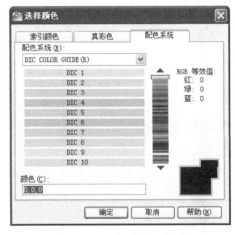

图 1-33 "配色系统"选项卡

1.8　图层的线型

在国家标准 GB/T 4457.1—1984 中，对机械图样中使用的各种图线名称、线型、线宽以及在图样中的应用做了规定，如表 1-2 所示。其中常用的图线有 4 种，即粗实线、细实线、虚线、细点画线。图线分为粗、细两种，粗线的宽度 b 应按图样的大小和图形的复杂程度，在 0.5～2mm 之间选择，细线的宽度约为 $b/2$。

表 1-2　图线的形式及应用

图线名称	线　　型	线宽	主　要　用　途
粗实线	———————	b	可见轮廓线、可见过渡线
细实线	———————	约 $b/2$	尺寸线、尺寸界线、剖面线、引出线、弯折线、牙底线、齿根线、辅助线等
细点画线	— · — · —	约 $b/2$	轴线、对称中心线、齿轮节线等
虚线	— — — —	约 $b/2$	不可见轮廓线、不可见过渡线
波浪线	∿∿∿	约 $b/2$	断裂处的边界线、剖视与视图的分界线
双折线	⌁⌁⌁	约 $b/2$	断裂处的边界线
粗点画线	▬ · ▬ · ▬	b	有特殊要求的线或面的表示线
双点画线	— ·· — ·· —	约 $b/3$	相邻辅助零件的轮廓线、极限位置的轮廓线、假想投影的轮廓线

1.8.1　在"图层特性管理器"对话框中设置线型

单击"图层"工具栏中的"图层特性管理器"按钮，打开"图层特性管理器"对话框，如图 1-34 所示。在图层列表的"线型"列下单击线型名，系统打开"选择线型"对话框，如图 1-35 所示，对话框中选项的含义如下。

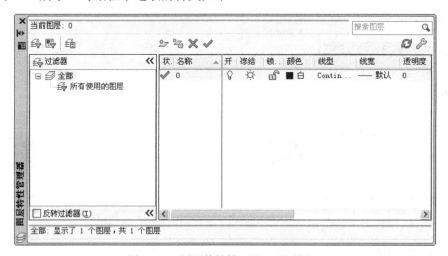

图 1-34　"图层特性管理器"对话框

（1）"已加载的线型"列表框：显示在当前绘图中加载的线型，可供用户选用，其右侧显示线型的形式。

（2）"加载"按钮：单击该按钮，打开"加载或重载线型"对话框，如图 1-36 所示，用户可通过此对话框加载线型并把它添加到"线型"列中。但要注意，加载的线型必须在线型库（LIN）文件中定义过。标准线型都保存在 acad.lin 文件中。

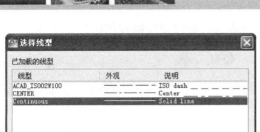

图 1-35 "选择线型"对话框

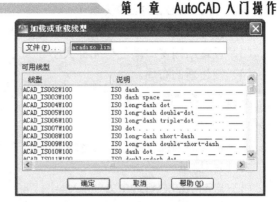

图 1-36 "加载或重载线型"对话框

1.8.2 直接设置线型

 执行方式

命令行：LINETYPE。

在命令行输入上述命令后按 Enter 键，系统打开"线型管理器"对话框，如图 1-37 所示，用户可在该对话框中设置线型。该对话框中的选项含义与前面介绍的选项含义相同，此处不再赘述。

图 1-37 "线型管理器"对话框

1.9 上机实验

题目 1 熟悉绘图界面

1．目的要求

通过本实验的操作练习，熟练掌握打开和关闭工具栏的操作方法，状态栏的使用方法等。

2．操作提示

（1）启动 AutoCAD 2012，进入绘图界面。

（2）打开和关闭尺寸标注工具栏，打开状态栏中的正交按钮和捕捉按钮。

（3）设置绘图窗口颜色与光标大小。

（4）创建新的布局。

题目 2　管理图形文件

1．目的要求

通过本实验的操作练习，熟悉并操作管理 AutoCAD 2012 图形文件。

2．操作提示

（1）启动 AutoCAD 2012，进入绘图界面。

（2）打开"光盘\上机操作\1\紫荆花"文件。

（3）进行自动保存设置。

（4）进行加密设置。

（5）将图形以新的名字保存。

（6）尝试在图形上绘制任意图线。

（7）退出该图形。

（8）尝试重新打开按新名保存的原图形。

1.10　思考与练习

1．坐标"@30<15"中的"30"表示（　　）。

　　A．该点与原点的连线与 X 轴的夹角为 30°

　　B．该点到原点的距离为 30

　　C．该点与前一点的连线与 X 轴的夹角为 30°

　　D．该点相对于前一点的距离为 30

2．用（　　）命令可以设置图形界限。

　　A．SCALE　　　　B．EXTEND　　　C．LIMITS　　　D．LAYER

3．在一个视图中对模型空间视口进行配置，一次最多可以设置（　　）个视口。

　　A．1　　　　　　　B．2　　　　　　　C．4　　　　　　　D．无限

4．绘制一条直线，起点坐标为(10,20)，在命令行中输入(@30,60)确定终点。若以该直线为矩形的对角线，则下列（　　）坐标不可能为矩形角的点坐标。

　　A．（-8，44）　　　B．（58，56）　　　C．（10，80）　　　D．（40，20）

5．如果某图层的对象不能被编辑，但能在屏幕上可见，且能捕捉该对象的特殊点和标注尺寸，该图层状态为（　　）。

　　A．冻结　　　　　B．锁定　　　　　C．隐藏　　　　　D．块

6．为了保证整个图形边界在屏幕上可见，应使用（　　）缩放选项。

　　A．全部　　　　　B．上一个　　　　C．范围　　　　　D．图形界限

第2章
二维绘图命令

二维图形是指在二维平面空间绘制的图形，主要由一些图形元素组成，如点、直线、圆弧、圆、椭圆、矩形、多边形、多段线、样条曲线、多线等几何元素。AutoCAD 提供了大量的绘图工具，可以帮助用户完成二维图形的绘制。本章主要内容包括：直线、圆和圆弧、椭圆和椭圆弧、平面图形、点等。

学习要点

- 直线类命令
- 圆类命令
- 平面图形
- 点

2.1 直线类命令

直线类命令包括直线段、射线和构造线。这几个命令是 AutoCAD 中最简单的绘图命令。

2.1.1 直线段

 执行方式

命令行：LINE（快捷命令：L）。

菜单栏："绘图"→"直线"。

工具栏：单击"绘图"工具栏中的"直线"按钮 。

操作步骤

命令行提示如下。

命令: LINE

指定第一点:（输入直线段的起点坐标或在绘图区单击指定点）

指定下一点或 [放弃（U）]:（输入直线段的端点坐标，或单击光标指定一定角度后，直接输入直线的长度）

指定下一点或 [放弃（U）]:（输入下一直线段的端点，或输入选项"U"表示放弃前面的输入；右击或按 Enter 键，结束命令）

指定下一点或 [闭合（C）/放弃（U）]:（输入下一直线段的端点，或输入选项"C"，使图形闭合，结束命令）

选项说明

（1）若采用按 Enter 键响应"指定第一点"提示，系统会把上次绘制图线的终点作为本次图线的起始点。若上次操作为绘制圆弧，按 Enter 键响应后绘出通过圆弧终点并与该圆弧相切的直线段，该线段的长度为光标在绘图区指定的一点与切点之间线段的距离。

（2）在"指定下一点"提示下，用户可以指定多个端点，从而绘出多条直线段。但是，每一段直线是一个独立的对象，可以进行单独的编辑操作。

（3）绘制两条以上直线段后，若采用输入选项"C"响应"指定下一点"提示，系统会自动连接起始点和最后一个端点，从而绘出封闭的图形。

（4）若采用输入选项"U"响应提示，则删除最近一次绘制的直线段。

（5）若设置正交方式（按下状态栏中的"正交模式"按钮 ），则只能绘制水平线段或垂直线段。

（6）若设置动态数据输入方式（按下状态栏中的"动态输入"按钮 ），则可以动态输入坐标或长度值，效果与非动态数据输入方式类似。除了特别需要外，以后不再强调，而只按非动态数据输入方式输入相关数据。

2.1.2　构造线

 执行方式

命令行：XLINE（快捷命令：XL）。

菜单栏："绘图"→"构造线"。

工具栏：单击"绘图"工具栏中的"构造线"按钮。

操作步骤

命令行提示如下。

> 命令: XLINE
>
> 指定点或 [水平（H）/垂直（V）/角度（A）/二等分（B）/偏移（O）]:（指定起点 1）
>
> 指定通过点:（指定通过点 2，绘制一条双向无限长直线）
>
> 指定通过点:（继续指定点，继续绘制直线，如图 2-1（a）所示，按 Enter 键结束命令）

选项说明

（1）执行选项中有"指定点"、"水平"、"垂直"、"角度"、"二等分"和"偏移"6 种方式绘制构造线，分别如图 2-1（a）～（f）所示。

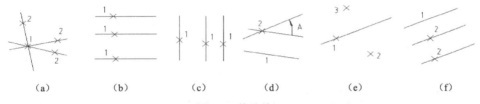

| （a） | （b） | （c） | （d） | （e） | （f） |

图 2-1　构造线

（2）构造线模拟手工作图中的辅助作图线。用特殊的线型显示，在图形输出时可不作输出。应用构造线作为辅助线绘制机械图中的三视图是构造线的最主要用途，构造线的应用保证了三视图之间"主、俯视图长对正，主、左视图高平齐，俯、左视图宽相等"的对应关系。图 2-2 所示为应用构造线作为辅助线绘制机械图中三视图的示例。图中细线为构造线，粗线为三视图轮廓线。

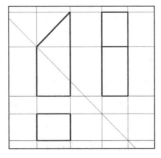

图 2-2　构造线辅助绘制三视图

2.1.3　实例——螺栓

本实例主要是执行直线命令，由于图形中出现了两种不同的线型，所以需要设置图层

来管理线型。整个图形都由线段构成，所以只需要利用 LINE 命令就能绘制图形。

操作步骤

1. 设置图层

（1）在命令行输入命令 LAYER，或者单击菜单栏中的"格式"→"图层"命令，或者单击"图层"工具栏图标，系统打开"图层特性管理器"对话框，如图 2-3 所示。

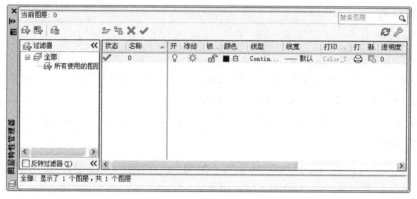

图 2-3 "图层特性管理器"对话框

（2）单击"新建" 按钮，创建一个新层，把该层的名字由默认的"图层 1"改为"中心线"，如图 2-4 所示。

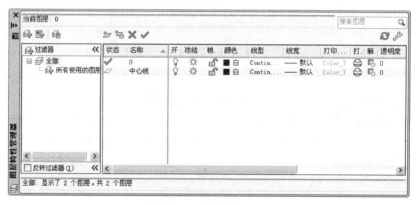

图 2-4 更改图层名

（3）单击"中心线"层对应的"颜色"项，打开"选择颜色"对话框，选择红色为该层颜色，如图 2-5 所示。确认返回"图层特性管理器"对话框。

（4）单击"中心线"层对应的"线型"项，打开"选择线型"对话框，如图 2-6 所示。

（5）在"选择线型"对话框中，单击"加载"按钮，系统打开"加载或重载线型"对话框，选择 CENTER 线型，如图 2-7 所示。确认退出。

在"选择线型"对话框中选择 CENTER（点画线）为该层线型，确认返回"图层特性管理器"对话框。

（6）单击"中心线"层对应的"线宽"项，打开"线宽"对话框，选择 0.09mm 线宽，如图 2-8 所示。确认退出。

图 2-5　选择颜色　　　　　　　　　　图 2-6　"选择线型"对话框

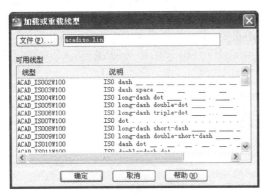

图 2-7　加载新线型

图 2-8　选择线宽

（7）采用相同的方法再建立另一个新层，命名为"轮廓线"和"细实线"。"轮廓线"层的颜色设置为白色，线型为 Continuous（实线），线宽为 0.30mm；"细实线"层的颜色设置为蓝色，线型为 Continuous（实线），线宽为 0.09mm。并且让两个图层均处于打开、解冻和解锁状态，各项设置如图 2-9 所示。

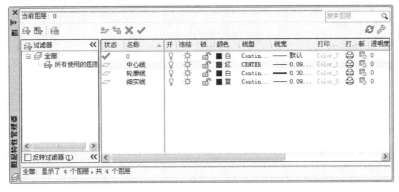

图 2-9　设置图层

（8）选择中心线图层，单击"置为当前"✔按钮，将其设置为当前层，然后确认关闭"图层特性管理器"对话框。

2. 绘制中心线

单击菜单栏中的"绘图"→"直线"命令，命令行提示与操作如下（使用"Ctrl+9"组合键可调出或关闭命令行）。

命令: LINE
指定第一点: 40，25
指定下一点或 [放弃(U)] ：40,-145

3. 绘制螺帽外框

将"轮廓线"层设置为当前层。单击菜单栏中的"绘图"→"直线"命令，绘制螺帽的一条轮廓线。命令行提示与操作如下。

命令: LINE
指定第一点: 0，0
指定下一点或 [放弃(U)]: @80,0
指定下一点或 [放弃(U)]: @0，-30
指定下一点或 [闭合(C)/放弃(U)]: @80<180
指定下一点或 [闭合(C)/放弃(U)]: C

结果如图 2-10 所示。

4. 完成螺帽绘制

单击菜单栏中的"绘图"→"直线"命令，绘制另两条线段，端点分别为{（25,0），（@0,-30）}、{（55,0），（@0,-30）}。命令行提示与操作如下。

命令: LINE
指定第一点: 30,0
指定下一点或 [放弃(U)]: @40<210
指定下一点或 [放弃(U)]:U
命令: LINE
指定第一点: 55,0
指定下一点或 [放弃(U)]: @0,-30
指定下一点或 [放弃(U)]:

结果如图 2-11 所示。

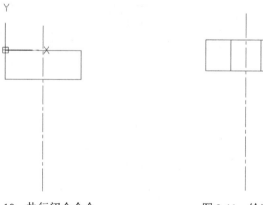

图 2-10　执行闭合命令　　　　　　　图 2-11　绘制直线

5. 绘制螺杆

单击菜单栏中的"绘图"→"直线"命令，命令行提示与操作如下。

> 命令: LINE
>
> 指定第一点: 20,-30
>
> 指定下一点或 [放弃(U)]: @0,-100
>
> 指定下一点或 [放弃(U)]: @40,0
>
> 指定下一点或 [闭合(C)/放弃(U)]: @0,100
>
> 指定下一点或 [闭合(C)/放弃(U)]:

结果如图 2-12 所示。

6. 绘制螺纹

将"细实线"层设置为当前层。单击菜单栏中的"绘图"→"直线"命令，绘制螺纹，端点分别为{（22.56,-30），（@0,-100）}、{（57.44,-30），（@0,-100）}。命令行提示与操作如下。

> 命令: LINE
>
> 指定第一点: 22.56,-30
>
> 指定下一点或 [放弃(U)]: @0,-100
>
> 指定下一点或 [放弃(U)]:
>
> 命令: LINE
>
> 指定第一点: 57.44,-30
>
> 指定下一点或 [放弃(U)]: @0,-100

7. 显示线宽

单击状态栏上的"显示/隐藏线宽" ┼ 按钮，显示图线线宽，最终结果如图 2-13 所示。

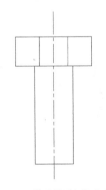　　　　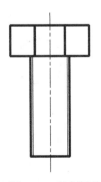

图 2-12　绘制螺栓轮廓线　　　　图 2-13　绘制螺纹

> **注意**：在 AutoCAD 中，通常有两种输入数据的方法：输入坐标值或用鼠标在屏幕指定。输入坐标值很精确，但比较麻烦；用鼠标指定比较快捷，但不太精确。用户可以根据需要选择。比如，本例所绘制的螺栓由于是对称的，所以最好用输入坐标值的方法输入数据。

2.2 圆类命令

圆类命令主要包括"圆"、"圆弧"、"圆环"、"椭圆"及"椭圆弧"命令，这几个命令是 AutoCAD 中最简单的曲线命令。

2.2.1 圆

 执行方式

命令行：CIRCLE（快捷命令：C）。

菜单栏："绘图"→"圆"。

工具栏：单击"绘图"工具栏中的"圆"按钮⊘。

操作步骤

命令行提示如下。

命令: CIRCLE

指定圆的圆心或 [三点（3P）/两点（2P）/切点、切点、半径（T）]:（指定圆心）

指定圆的半径或 [直径（D）]:（直接输入半径值或在绘图区单击指定半径长度）

指定圆的直径 <默认值>:（输入直径值或在绘图区单击指定直径长度）

 选项说明

（1）三点（3P）：通过指定圆周上三点绘制圆。

（2）两点（2P）：通过指定直径的两端点绘制圆。

（3）切点、切点、半径（T）：通过先指定两个相切对象，再给出半径的方法绘制圆。如图 2-14（a）～（d）所示给出了以"切点、切点、半径"方式绘制圆的各种情形（加粗的圆为最后绘制的圆）。

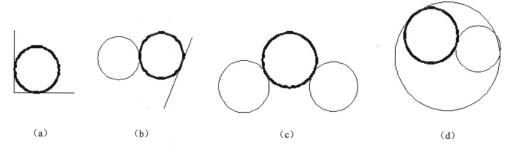

| (a) | (b) | (c) | (d) |

图 2-14 圆与另外两个对象相切

单击菜单栏中的"绘图"→"圆"命令，其子菜单中多了一种"相切、相切、相切"的绘制方法，当单击此方式时（如图 2-15 所示），命令行提示如下。

指定圆上的第一个点: _tan 到: 单击相切的第一个圆弧

指定圆上的第二个点: _tan 到: 单击相切的第二个圆弧

指定圆上的第三个点: _tan 到: 单击相切的第三个圆弧

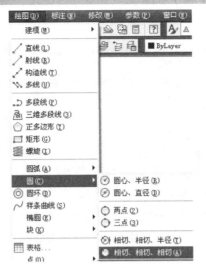

图 2-15　"相切、相切、相切"绘制方法

注意：对于圆心点的选择，除了直接输入圆心点外，还可以利用圆心点与中心线的对应关系，单击对象捕捉的方法选择。

按下状态栏中的"对象捕捉"按钮□，命令行中会提示：

命令:<对象捕捉 开>

2.2.2　实例——挡圈

由于图形中出现了两种不同的线型，所以需要设置图层来管理线型。图形中包括 5 个圆，所以需要利用"圆"命令的各种操作方式来绘制图形。

操作步骤

1. 设置图层

单击菜单栏中的"格式"→"图层"命令，系统打开"图层特性管理器"对话框。新建"中心线"和"轮廓线"两个图层，如图 2-16 所示。

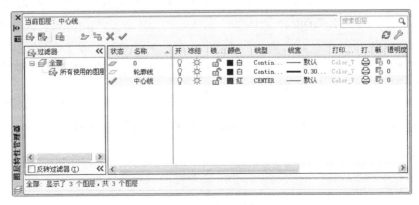

图 2-16　图层设置

2. 绘制中心线

将当前图层设置为"中心线"层。单击菜单栏中的"绘图"→"直线"命令，命令行提示与操作如下。

```
命令: _line
指定第一点:（适当指定一点）
指定下一点或 [放弃(U)]: @400,0
指定下一点或 [放弃(U)]:
命令: _line
指定第一点: from（表示"捕捉自"功能）
基点:（打开状态栏上的"对象捕捉" □ 按钮，把鼠标移到刚绘制线段中点附近，系统显示一个
黄色的小三角形表示重点捕捉位置，如图 2-17 所示，单击鼠标左键确定基点位置）
<偏移>: @0,200
指定下一点或 [放弃(U)]: @0,-400
指定下一点或 [放弃(U)]:
```

结果如图 2-18 所示。

图 2-17　捕捉中点　　　　　　　　图 2-18　绘制中心线

3. 绘制同心圆

（1）将当前图层转换为"轮廓线"图层。单击菜单栏中的"绘图"→"圆"命令，命令行提示与操作如下。

```
命令: _circle
指定圆的圆心或 [三点(3P)/两点(2P)/切点、切点、半径(T)]:（捕捉中心线交点为圆心）
指定圆的半径或 [直径(D)]: 20
命令: _circle
指定圆的圆心或 [三点(3P)/两点(2P)/切点、切点、半径(T)]: （捕捉中心线交点为圆心）
指定圆的半径或 [直径(D)] <20.0000>: d
指定圆的直径 <40.0000>: 60
```

（2）同样方法，绘制半径为 180 和 190 的同心圆，如图 2-19 所示。

4. 绘制定位孔

单击菜单栏中的"绘图"→"圆"命令，命令行提示与操作如下。

```
命令: CIRCLE（直接回车，表示执行上次执行的命令）
指定圆的圆心或 [三点(3P)/两点(2P)/切点、切点、半径(T)]: 2p
```

指定圆直径的第一个端点: from

基点:（捕捉同心圆圆心）

<偏移>: @0,120

指定圆直径的第二个端点: @0,20

结果如图 2-20 所示。

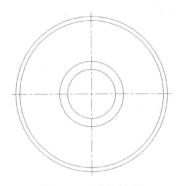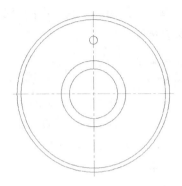

图 2-19　绘制同心圆　　　　　　　　　图 2-20　绘制定位孔

5. 补画定位圆中心线

将当前图层转换为"中心线"图层。单击菜单栏中的"绘图"→"直线"命令，命令行提示与操作如下。

命令: _line

指定第一点: from

基点:（捕捉定位圆圆心）

<偏移>: @-15,0

指定下一点或 [放弃(U)]: @30,0

指定下一点或 [放弃(U)]:

结果如图 2-21 所示。

6. 显示线宽

单击状态栏上的"显示/隐藏线宽" ＋ 按钮，显示图线线宽，最终结果如图 2-22 所示。

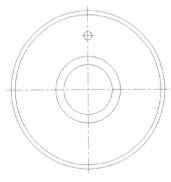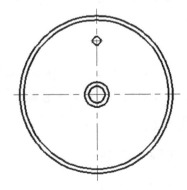

图 2-21　补画中心线　　　　　　　　　图 2-22　显示线宽

2.2.3　圆弧

执行方式

命令行：ARC（快捷命令：A）。

菜单栏："绘图"→"圆弧"。

工具栏：单击"绘图"工具栏中的"圆弧"按钮 。

操作步骤

命令行提示如下。

命令: ARC

指定圆弧的起点或 [圆心（C）]:（指定起点）

指定圆弧的第二点或 [圆心（C）/端点（E）]:（指定第二点）

指定圆弧的端点:（指定末端点）

选项说明

（1）用命令行方式绘制圆弧时，可以根据系统提示单击不同的选项，具体功能和单击菜单栏中的"绘图"→"圆弧"中子菜单提供的 11 种方式相似。这 11 种方式绘制的圆弧分别如图 2-23（a）～（k）所示。

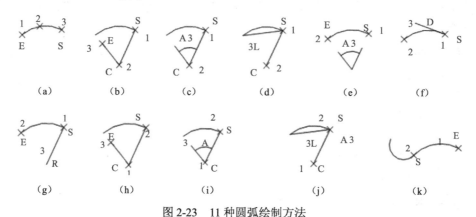

图 2-23　11 种圆弧绘制方法

（2）需要强调的是"继续"方式，绘制的圆弧与上一段圆弧相切。继续绘制圆弧段，只提供端点即可。

注意：绘制圆弧时，注意圆弧的曲率是遵循逆时针方向的，所以在单击指定圆弧两个端点和半径模式时，需要注意端点的指定顺序，否则有可能导致圆弧的凹凸形状与预期的相反。

2.2.4　实例——椅子

绘制如图 2-24 所示的椅子。

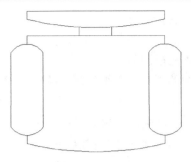

图2-24 椅子图案

操作步骤

（1）单击"绘图"工具栏中的"直线"按钮，绘制初步轮廓，结果如图2-25所示。

（2）单击"绘图"工具栏中的"圆弧"按钮，绘制一段圆弧，命令行提示与操作如下。

> 命令: ARC
>
> 指定圆弧的起点或 [圆心(C)]:（用鼠标指定左上方竖线段端点1，如图2-25所示）
>
> 指定圆弧的第二点或 [圆心(C)/端点(E)]:（用鼠标在上方两竖线段正中间指定一点2）
>
> 指定圆弧的端点:（用鼠标指定右上方竖线段端点3）

（3）单击"绘图"工具栏中的"直线"按钮，绘制两条竖直直线，命令行提示与操作如下。

> 命令: LINE
>
> 指定第一点:（用鼠标在刚才绘制圆弧上指定一点）
>
> 指定下一点或 [放弃(U)]:（在垂直方向上用鼠标在中间水平线段上指定一点）
>
> 指定下一点或 [放弃(U)]:

使用同样的方法在另一侧绘制竖直直线。

（4）继续单击"绘图"工具栏中的"直线"按钮，再以图2-25中1、3两点下面的水平线段的端点为起点各向下适当距离绘制两条竖直线段，如图2-26所示。

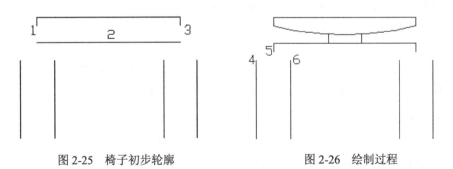

图2-25 椅子初步轮廓　　　　图2-26 绘制过程

（5）单击"绘图"工具栏中的"圆弧"按钮，在左边扶手处绘制一段圆弧，命令行提示与操作如下。

> 命令: ARC
>
> 指定圆弧的起点或 [圆心(C)]:（用鼠标指定左边第一条竖线段上端点4，如图2-26所示）

指定圆弧的第二点或 [圆心(C)/端点(E)]：（用上面刚绘制的竖线段上端点 5）

指定圆弧的端点：（用鼠标指定左下方第二条竖线段上端点 6）

同样方法绘制扶手位置另外三段圆弧。

（6）单击"绘图"工具栏中的"直线"按钮，绘制直线，命令行提示与操作如下。

命令：LINE

指定第一点：（用鼠标在刚才绘制圆弧正中间指定一点）

指定下一点或 [放弃(U)]：（在垂直方向上用鼠标指定一点）

指定下一点或 [放弃(U)]：

同样方法绘制另一条竖线段。

（7）单击"绘图"工具栏中的"圆弧"按钮，绘制圆弧，命令行提示与操作如下。

命令：ARC

指定圆弧的起点或 [圆心(C)]：（用鼠标指定刚才绘制线段的下端点）

指定圆弧的第二个点或 [圆心(C)/端点(E)]：E

指定圆弧的端点：（用鼠标指定刚才绘制另一线段的下端点）

指定圆弧的圆心或 [角度(A)/方向(D)/半径(R)]：D

指定圆弧的起点切向：（用鼠标指定圆弧起点切向）

最后完成图形如图 2-24 所示。

2.2.5 圆环

 执行方式

命令行：DONUT（快捷命令：DO）。

菜单栏："绘图"→"圆环"。

 操作步骤

命令行提示如下。

命令：DONUT

指定圆环的内径 <默认值>：（指定圆环内径）

指定圆环的外径 <默认值>：（指定圆环外径）

指定圆环的中心点或 <退出>：（指定圆环的中心点）

指定圆环的中心点或 <退出>：（继续指定圆环的中心点，则继续绘制相同内、外径的圆环，

按 Enter、Space 键或右击，结束命令，如图 2-27（a）所示）

选项说明

（1）若指定内径为零，则画出实心填充圆，如图 2-27（b）所示。

（2）用命令 FILL 可以控制圆环是否填充，具体方法如下。

命令：FILL

输入模式 [开（ON）/关（OFF）]<开>：（单击"开"表示填充，单击"关"表示不填充，如图 2-27（c）所示）

 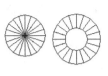

(a) (b) (c)

图 2-27 绘制圆环

2.2.6 椭圆与椭圆弧

 执行方式

命令行：ELLIPSE（快捷命令：EL）。

菜单栏："绘制" → "椭圆" → "圆弧"。

工具栏：单击"绘图"工具栏中的"椭圆"按钮 ⬭ 或"椭圆弧"按钮 ⬮。

操作步骤

命令行提示如下。

> 命令: ELLIPSE
>
> 指定椭圆的轴端点或 [圆弧（A）/中心点（C）]:（指定轴端点 1，如图 2-28（a）所示）
>
> 指定轴的另一个端点:（指定轴端点 2，如图 2-28（a）所示）
>
> 指定另一条半轴长度或 [旋转（R）]:

选项说明

（1）指定椭圆的轴端点：根据两个端点定义椭圆的第一条轴，第一条轴的角度确定了整个椭圆的角度。第一条轴既可定义椭圆的长轴，也可定义其短轴。

（2）圆弧（A）：用于创建一段椭圆弧，与"单击'绘图'工具栏中的'椭圆弧'按钮 ⬮"功能相同。其中第一条轴的角度确定了椭圆弧的角度。第一条轴既可定义椭圆弧长轴，也可定义其短轴。单击该项，系统命令行中继续提示如下。

> 指定椭圆弧的轴端点或 [中心点（C）]:（指定端点或输入"C"）
>
> 指定轴的另一个端点:（指定另一端点）
>
> 指定另一条半轴长度或 [旋转（R）]:（指定另一条半轴长度或输入"R"）
>
> 指定起始角度或 [参数（P）]:（指定起始角度或输入"P"）
>
> 指定终止角度或 [参数（P）/包含角度（I）]:

其中各选项含义如下。

① 起始角度：指定椭圆弧端点的两种方式之一，光标与椭圆中心点连线的夹角为椭圆端点位置的角度，如图 2-28（b）所示。

② 参数（P）：指定椭圆弧端点的另一种方式，该方式同样是指定椭圆弧端点的角度，但通过以下矢量参数方程式创建椭圆弧。

$$p(u) = c + a \times \cos(u) + b \times \sin(u)$$

其中，c 是椭圆的中心点，a 和 b 分别是椭圆的长轴和短轴，u 为光标与椭圆中心点连线的夹角。

③ 包含角度（I）：定义从起始角度开始的包含角度。

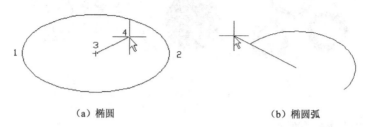

（a）椭圆 　　　　　　　　　　（b）椭圆弧

图 2-28　椭圆和椭圆弧

④ 中心点（C）：通过指定的中心点创建椭圆。

⑤ 旋转（R）：通过绕第一条轴旋转圆来创建椭圆。相当于将一个圆绕椭圆轴翻转一个角度后的投影视图。

注意：椭圆命令生成的椭圆是以多义线还是以椭圆为实体，是由系统变量 PELLIPSE 决定的，当其为 1 时，生成的椭圆就以多义线形式存在。

2.2.7　实例——洗脸盆

绘制如图 2-29 所示的浴室洗脸盆。

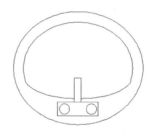

图 2-29　浴室洗脸盆图形

操作步骤

（1）单击"绘图"工具栏中的"直线"按钮，绘制水龙头图形，绘制结果如图 2-30 所示。

（2）单击"绘图"工具栏中的"圆"按钮，绘制两个水龙头旋钮，绘制结果如图 2-31 所示。

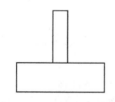
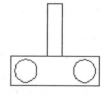

图 2-30　绘制水龙头 　　　　　图 2-31　绘制旋钮

（3）单击"绘图"工具栏中的"椭圆"按钮，绘制脸盆外沿，命令行提示与操作如下。

命令：_ellipse

指定椭圆的轴端点或 [圆弧(A)/中心点(C)]：（指定椭圆轴端点）

指定轴的另一个端点：（指定另一端点）

指定另一条半轴长度或 [旋转(R)]：（在绘图区拉出另一半轴长度）

绘制结果如图 2-32 所示。

（4）单击"绘图"工具栏中的"椭圆弧"按钮，绘制脸盆部分内沿，命令行提示与操作如下。

命令：_ellipse

指定椭圆的轴端点或 [圆弧(A)/中心点(C)]：A

指定椭圆弧的轴端点或 [中心点(C)]：C

指定椭圆弧的中心点：（按下状态栏中的"对象捕捉"按钮，捕捉绘制的椭圆中心点）

指定轴的端点：（适当指定一点）

指定另一条半轴长度或 [旋转(R)]：R

指定绕长轴旋转的角度：（在绘图区指定椭圆轴端点）

指定起始角度或 [参数(P)]：（在绘图区拉出起始角度）

指定终止角度或 [参数(P)/包含角度(I)]：（在绘图区拉出终止角度）

（5）单击"绘图"工具栏中的"圆弧"按钮，命令行提示与操作如下。

命令：_arc 指定圆弧的起点或 [圆心(C)]：（捕捉椭圆弧端点）

指定圆弧的第二个点或 [圆心(C)/端点(E)]：（指定第二点）

指定圆弧的端点：（捕捉椭圆弧另一端点）

绘制结果如图 2-33 所示。

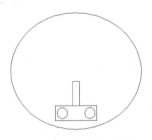　　　　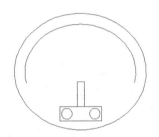

图 2-32 绘制脸盆外沿　　　　图 2-33 绘制脸盆部分内沿

（6）单击"绘图"工具栏中的"圆弧"按钮，绘制脸盆内沿其他部分，最终绘制结果如图 2-29 所示。

2.3 平面图形

2.3.1 矩形

 执行方式

命令行：RECTANG（快捷命令：REC）。

菜单栏："绘图"→"矩形"。

工具栏：单击"绘图"工具栏中的"矩形"按钮▢。

操作步骤

命令行提示如下。

命令:RECTANG
指定第一个角点或 [倒角（C）/标高（E）/圆角（F）/厚度（T）/宽度（W）]:（指定角点）
指定另一个角点或 [面积（A）/尺寸（D）/旋转（R）]:

选项说明

（1）第一个角点：通过指定两个角点确定矩形，如图 2-34（a）所示。

（2）倒角（C）：指定倒角距离，绘制带倒角的矩形，如图 2-34（b）所示。每一个角点的逆时针和顺时针方向的倒角可以相同，也可以不同，其中第一个倒角距离是指角点逆时针方向倒角距离，第二个倒角距离是指角点顺时针方向倒角距离。

（3）标高（E）：指定矩形标高（Z 坐标），即把矩形放置在标高为 Z 并与 XOY 坐标面平行的平面上，且作为后续矩形的标高值。

（4）圆角（F）：指定圆角半径，绘制带圆角的矩形，如图 2-34（c）所示。

（5）厚度（T）：指定矩形的厚度，如图 2-34（d）所示。

（6）宽度（W）：指定线宽，如图 2-34（e）所示。

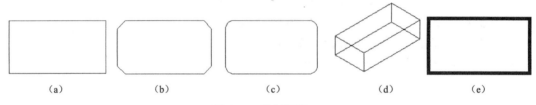

图 2-34　绘制矩形

（7）面积（A）：指定面积和长或宽创建矩形。单击该项，命令行提示如下。

输入以当前单位计算的矩形面积 <20.0000>:（输入面积值）
计算矩形标注时依据 [长度（L）/宽度（W）] <长度>:（按 Enter 键或输入"W"）
输入矩形长度 <4.0000>:（指定长度或宽度）

指定长度或宽度后，系统自动计算另一个维度，绘制出矩形。如果矩形被倒角或圆角，则长度或面积计算中也会考虑此设置，如图 2-35 所示。

（8）尺寸（D）：使用长和宽创建矩形，第二个指定点将矩形定位在与第一角点相关的 4 个位置之一内。

（9）旋转（R）：使所绘制的矩形旋转一定角度。单击该项，命令行提示如下。

指定旋转角度或 [拾取点（P）] <135>:（指定角度）
指定另一个角点或 [面积（A）/尺寸（D）/旋转（R）]:（指定另一个角点或单击其他选项）

指定旋转角度后，系统按指定旋转角度创建矩形，如图 2-36 所示。

倒角距离（1,1）　　　圆角半径：1.0
面积：20 长度：6　　　面积：20 长度：6

图 2-35　按面积绘制矩形　　　　图 2-36　按指定旋转角度绘制矩形

2.3.2　正多边形

 执行方式

命令行：POLYGON（快捷命令：POL）。
菜单栏："绘图"→"正多边形"。
工具栏：单击"绘图"工具栏中的"正多边形"按钮⬠。

 操作步骤

命令行提示如下。

> 命令: POLYGON
> 输入边的数目 <4>:（指定多边形的边数，默认值为 4）
> 指定正多边形的中心点或 [边（E）]:（指定中心点）
> 输入选项 [内接于圆（I）/外切于圆（C）] <I>:（指定是内接于圆还是外切于圆）
> 指定圆的半径:（指定外接圆或内切圆的半径）

 选项说明

（1）边（E）：单击该选项，则只要指定多边形的一条边，系统就会按逆时针方向创建该正多边形，如图 2-37（a）所示。
（2）内接于圆（I）：单击该选项，绘制的多边形内接于圆，如图 2-37（b）所示。
（3）外切于圆（C）：单击该选项，绘制的多边形外切于圆，如图 2-37（c）所示。

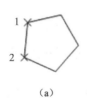　　　　　　　　　　

　　（a）　　　　　　　　（b）　　　　　　　　（c）

图 2-37　绘制正多边形

2.3.3　实例——方头平键

利用矩形命令绘制如图 2-38 所示的方头平键。

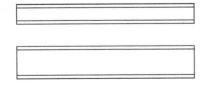

图 2-38　方头平键

操作步骤

1. 绘制主视图外形

（1）单击菜单栏中的"绘图"→"矩形"命令，命令行提示与操作如下。

> 命令：RETANG
> 指定第一个角点或 [倒角(C)/标高(E)/圆角(F)/厚度(T)/宽度(W)]: 0,30
> 指定另一个角点或 [面积(A)/尺寸(D)/旋转(R)]: @100,11

结果如图 2-39 所示。

（2）单击菜单栏中的"绘图"→"直线"命令，绘制主视图两条棱线。一条棱线端点的坐标值为（0,32）和（@100,0），另一条棱线端点的坐标值为（0,39）和（@100,0）。结果如图 2-40 所示。

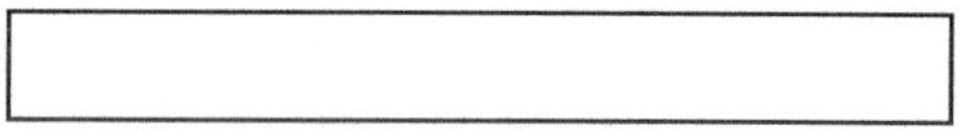

图 2-39　绘制主视图外形 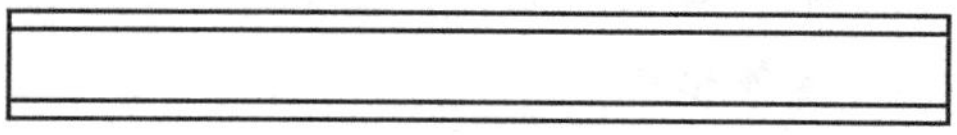　　　　　　　　　图 2-40　绘制主视图棱线

2. 绘制构造线

单击菜单栏中的"绘图"→"构造线"命令，命令行提示与操作如下。

> 命令：XLINE
> 指定点或 [水平(H)/垂直(V)/角度(A)/二等分(B)/偏移(O)]: （指定主视图左边竖线上一点）
> 指定通过点: （指定竖直位置上一点）
> 指定通过点:

同样方法绘制右边竖直构造线，如图 2-41 所示。

3. 绘制俯视图

（1）单击菜单栏中的"绘图"→"矩形"命令和"直线"命令，命令行提示与操作如下。

> 命令：RETANG
> 指定第一个角点或 [倒角(C)/标高(E)/圆角(F)/厚度(T)/宽度(W)]: （指定左边构造线上一点）
> 指定另一个角点或 [面积(A)/尺寸(D)/旋转(R)]: @100,18

（2）接着绘制两条直线，端点分别为{（0,2），（@100,0）}和{（0,16），（@100,0）}，结果如图 2-42 所示。

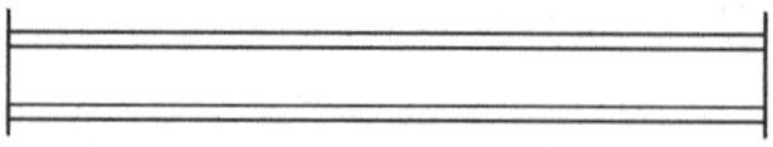

图 2-41　绘制竖直构造线 　　　　　　　　　图 2-42　绘制俯视图

4. 绘制左视图构造线。

单击菜单栏中的"绘图"→"构造线"命令，命令行提示与操作如下。

> 命令:_xline
>
> 指定点或 [水平(H)/垂直(V)/角度(A)/二等分(B)/偏移(O)]: H
>
> 指定通过点:（指定主视图上右上端点）
>
> 指定通过点:（指定主视图上右下端点）
>
> 指定通过点:（捕捉俯视图上右上端点）
>
> 指定通过点:（捕捉俯视图上右下端点）
>
> 指定通过点:
>
> 命令: ✓（回车表示重复绘制构造线命令）
>
> 指定点或 [水平(H)/垂直(V)/角度(A)/二等分(B)/偏移(O)]: A
>
> 输入构造线的角度 (0) 或 [参照(R)]: -45
>
> 指定通过点:（任意指定一点）
>
> 指定通过点:
>
> 命令:XLINE
>
> 指定点或 [水平(H)/垂直(V)/角度(A)/二等分(B)/偏移(O)]: V
>
> 指定通过点:（指定斜线与第三条水平线的交点）
>
> 指定通过点:（指定斜线与第四条水平线的交点）

结果如图 2-43 所示。

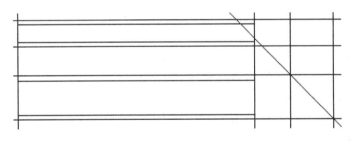

图 2-43　绘制左视图构造线

5. 绘制左视图

单击菜单栏中的"绘图"→"矩形"命令，设置矩形两个倒角距离为 2，命令行提示与操作如下。

> 命令:_rectang
>
> 指定第一个角点或 [倒角(C)/标高(E)/圆角(F)/厚度(T)/宽度(W)]: C
>
> 指定矩形的第一个倒角距离 <0.0000>:（指定主视图上右上端点）
>
> 指定第二点: (指定主视图上右上第二个端点)
>
> 指定矩形的第二个倒角距离 <2.0000>:
>
> 指定第一个角点或 [倒角(C)/标高(E)/圆角(F)/厚度(T)/宽度(W)]:(按构造线确定位置指定一个角点)
>
> 指定另一个角点或 [面积(A)/尺寸(D)/旋转(R)]: (按构造线确定位置指定另一个角点)

结果如图 2-44 所示。

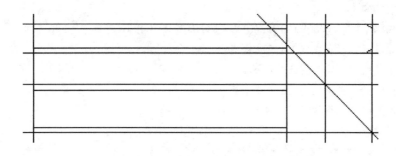

图 2-44 绘制左视图

6. 删除构造线

最终结果如图 2-38 所示。

2.4 点

点在 AutoCAD 中有多种不同的表示方式，用户可以根据需要进行设置，也可以设置等分点和测量点。

2.4.1 单点和多点

 执行方式

命令行：POINT（快捷命令：PO）。

菜单栏："绘图"→"点"。

工具栏：单击"绘图"工具栏中的"点"按钮·。

操作步骤

命令行提示如下。

> 命令: POINT
>
> 指定点:指定点所在的位置

选项说明

（1）通过菜单方法操作时（如图 2-45 所示），"单点"命令表示只输入一个点，"多点"命令表示可输入多个点。

（2）可以按下状态栏中的"对象捕捉"按钮，设置点捕捉模式，帮助用户单击点。

（3）点在图形中的表示样式共有 20 种。可通过"DDPTYPE"命令或单击菜单栏中的"格式"→"点样式"命令，打开"点样式"对话框进行设置，如图 2-46 所示。

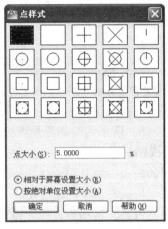

图 2-45　"点"的子菜单　　　　图 2-46　"点样式"对话框

2.4.2　等分点

 执行方式

命令行：DIVIDE（快捷命令：DIV）。

菜单栏："绘图"→"点"→"定数等分"。

操作步骤

命令行提示如下。

命令：DIVIDE

单击要定数等分的对象：

输入线段数目或 [块（B）]:（指定实体的等分数）

如图 2-47（a）所示为绘制等分点的图形。

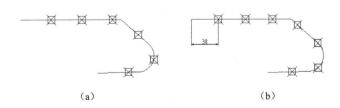

（a）　　　　　　　　　　（b）

图 2-47　绘制等分点和测量点

选项说明

（1）等分数目范围为 2～32 767。

（2）在等分点处，按当前点样式设置画出等分点。

（3）在第二提示行单击"块（B）"选项时，表示在等分点处插入指定的块。

2.4.3 测量点

 执行方式

命令行：MEASURE（快捷命令：ME）。

菜单栏："绘图"→"点"→"定距等分"。

操作步骤

命令行提示如下。

命令: MEASURE

单击要定距等分的对象:（单击要设置测量点的实体）

指定线段长度或 [块（B）]:（指定分段长度）

如图 2-47（b）所示为绘制测量点的图形。

 选项说明

（1）设置的起点一般是指定线的绘制起点。

（2）在第二提示行单击"块（B）"选项时，表示在测量点处插入指定的块。

（3）在等分点处，按当前点样式设置绘制测量点。

（4）最后一个测量段的长度不一定等于指定分段长度。

2.4.4 实例——棘轮

绘制如图 2-48 所示的棘轮。

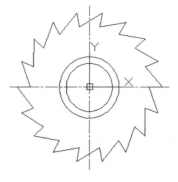

资料包\动画演示\第
2 章\绘制棘轮.avi

图 2-48　棘轮

操作步骤

（1）绘制棘轮中心线。将当前图层设置为"中心线"图层。

命令: LINE

指定第一个点: −120,0

指定下一点或 [放弃（U）]: @240,0

指定下一点或 [放弃（U）]: *取消*

用同样的方法，利用 LINE 命令绘制线段，端点坐标为（0，120）和（@0，−240）。

（2）绘制棘轮内孔及轮齿内外圆。将当前图层设置为"粗实线"图层。

命令: CIRCLE

指定圆的圆心或 [三点（3P）/两点（2P）/切点、切点、半径（T）]: 0,0

指定圆的半径或 [直径（D）] <110.0000>: 35

用同样的方法，利用 CIRCLE 命令绘制圆，圆心坐标为（0，0），半径分别为 45、90 和 110。绘制效果如图 2-49 所示。

（3）等分圆形。单击"格式"→"点样式"命令，弹出如图 2-46 所示的"点样式"对话框。单击其中的╳样式，将点大小设置为相对于屏幕大小的 5%，单击"确定"按钮。

单击"绘图"→"点"→"定数等分"命令，或执行 DIVIDE 命令，将半径分别为 90 与 110 的圆 18 等分，命令行提示如下。

命令: DIVIDE

选择要定数等分的对象: （选择圆）

输入线段数目或 [块（B）]: 18

绘制结果如图 2-50 所示。

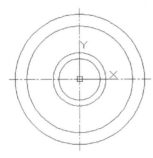　　　　　　　　　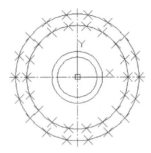

图 2-49　绘制圆　　　　　　　　　图 2-50　定数等分圆

（4）绘制齿廓。

命令: LINE

指定第一个点: （捕捉 A 点）

指定下一点或 [放弃（U）]: （捕捉 B 点）

指定下一点或 [放弃（U）]: （捕捉 C 点）

结果如图 2-51 所示。用同样的方法绘制其他直线，结果如图 2-52 所示。

（5）删除多余的点和线。选中半径分别为 90 与 110 的圆和所有的点，按 Delete 键，将选中的点和线删除，结果如图 2-52 所示。

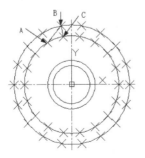　　　　　　　　　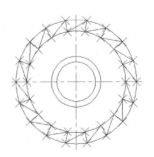

图 2-51　绘制直线　　　　　　　　　图 2-52　绘制齿廓

2.5 多段线

多段线是一种由线段和圆弧组合而成的，可以有不同线宽的多线。由于多段线组合形式多样，线宽可以变化，弥补了直线或圆弧功能的不足，适合绘制各种复杂的图形轮廓，因而得到了广泛的应用。

2.5.1 绘制多段线

 执行方式

命令行：PLINE（快捷命令：PL）。

菜单栏：选择菜单栏中的"绘图"→"多段线"命令。

工具栏：单击"绘图"工具栏中的"多段线"按钮 。

 操作步骤

命令行提示与操作如下。

> 命令: PLINE
>
> 指定起点:（指定多段线的起点）
>
> 当前线宽为 0.0000
>
> 指定下一个点或 [圆弧（A）/半宽（H）/长度（L）/放弃（U）/宽度（W）]:（指定多段线的下一个点）

 选项说明

多段线主要由连续且不同宽度的线段或圆弧组成，如果在上述提示中选择"圆弧（A）"选项，则命令行提示如下。

> 指定圆弧的端点或[角度（A）/圆心（CE）/方向（D）/半宽（H）/直线（L）/半径（R）/第二个点（S）/放弃（U）/宽度（W）]:

绘制圆弧的方法与"圆弧"命令相似。

2.5.2 实例——带轮截面

本实例主要讲述多段线的使用方法。绘制如图 2-53 所示的带轮截面轮廓线。

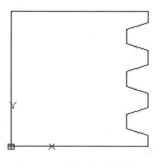

图 2-53　带轮截面轮廓线

操作步骤

单击菜单栏中的"绘图"→"多段线"命令，或者单击"绘图"工具栏中的"多段线"命令，或者在命令行中输入 PLINE 命令后按 Enter 键，命令行提示与操作如下。

命令:PLINE
指定起点: 0,0
当前线宽为 0.0000
指定下一个点或 [圆弧(A)/半宽(H)/长度(L)/放弃(U)/宽度(W)]: 0,240
指定下一点或 [圆弧(A)/闭合(C)/半宽(H)/长度(L)/放弃(U)/宽度(W)]: 250,240
指定下一点或 [圆弧(A)/闭合(C)/半宽(H)/长度(L)/放弃(U)/宽度(W)]: 250,220
指定下一点或 [圆弧(A)/闭合(C)/半宽(H)/长度(L)/放弃(U)/宽度(W)]: 210,207.5
指定下一点或 [圆弧(A)/闭合(C)/半宽(H)/长度(L)/放弃(U)/宽度(W)]: 210,182.5
指定下一点或 [圆弧(A)/闭合(C)/半宽(H)/长度(L)/放弃(U)/宽度(W)]: 250,170
指定下一点或 [圆弧(A)/闭合(C)/半宽(H)/长度(L)/放弃(U)/宽度(W)]: 250,145
指定下一点或 [圆弧(A)/闭合(C)/半宽(H)/长度(L)/放弃(U)/宽度(W)]: 210,132.5
指定下一点或 [圆弧(A)/闭合(C)/半宽(H)/长度(L)/放弃(U)/宽度(W)]: 210,107.5
指定下一点或 [圆弧(A)/闭合(C)/半宽(H)/长度(L)/放弃(U)/宽度(W)]: 250,95
指定下一点或 [圆弧(A)/闭合(C)/半宽(H)/长度(L)/放弃(U)/宽度(W)]: 250,70
指定下一点或 [圆弧(A)/闭合(C)/半宽(H)/长度(L)/放弃(U)/宽度(W)]: 210,57.5
指定下一点或 [圆弧(A)/闭合(C)/半宽(H)/长度(L)/放弃(U)/宽度(W)]: 210,32.5
指定下一点或 [圆弧(A)/闭合(C)/半宽(H)/长度(L)/放弃(U)/宽度(W)]: 250,20
指定下一点或 [圆弧(A)/闭合(C)/半宽(H)/长度(L)/放弃(U)/宽度(W)]: 250,0
指定下一点或 [圆弧(A)/闭合(C)/半宽(H)/长度(L)/放弃(U)/宽度(W)]: C

2.6　样条曲线

在 AutoCAD 中使用的样条曲线为非一致有理 B 样条（NURBS）曲线，使用 NURBS 曲线能够在控制点之间产生一条光滑的曲线，如图 2-54 所示。样条曲线可用于绘制形状不规则的图形，如为地理信息系统（GIS）或汽车设计绘制轮廓线。

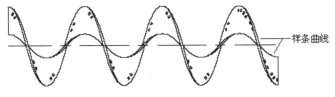

图 2-54　样条曲线

2.6.1　绘制样条曲线

 执行方式

命令行：SPLINE（快捷命令：SPL）。

菜单栏：选择菜单栏中的"绘图"→"样条曲线"命令。

工具栏：单击"绘图"工具栏中的"样条曲线"按钮 。

 操作步骤

命令行提示与操作如下。

> 命令：SPLINE
>
> 当前设置：方式=拟合　节点=弦
>
> 指定第一个点或 [方式（M）/节点（K）/对象（O）]：（指定一点或选择"对象（O）"选项）
>
> 输入下一个点或 [起点切向（T）/公差（L）]：
>
> 输入下一个点或 [端点相切（T）/公差（L）/放弃（U）/闭合（C）]：

选项说明

1. 方式（M）

控制是使用拟合点还是使用控制点来创建样条曲线。选项会因用户选择的是使用拟合点创建样条曲线的选项还是使用控制点创建样条曲线的选项而异。

2. 节点（K）

指定节点参数化，它会影响曲线在通过拟合点时的形状。

3. 对象（O）

将二维或三维的二次或三次样条曲线拟合多段线转换为等价的样条曲线，然后（根据 DELOBJ 系统变量的设置）删除该多段线。

4. 起点切向（T）

定义样条曲线的第一点和最后一点的切向。如果在样条曲线的两端都指定切向，可以输入一个点或使用"切点"和"垂足"对象捕捉模式使样条曲线与已有的对象相切或垂直。如果按 Enter 键，系统将计算默认切向。

5. 端点相切（T）

停止基于切向创建曲线。可通过指定拟合点继续创建样条曲线。

6. 公差（L）

指定距样条曲线必须经过的指定拟合点的距离。公差应用于除起点和端点外的所有拟合点。

7. 闭合（C）

将最后一点定义为与第一点一致，并使其在连接处相切，以闭合样条曲线。选择该项，命令行提示如下。

> 指定切向：指定点或按 Enter 键

用户可以指定一点来定义切向矢量，或按下状态栏中的"对象捕捉"按钮 ，使用"切点"和"垂足"对象捕捉模式使样条曲线与现有对象相切或垂直。

2.6.2 实例——螺丝刀

本实例主要介绍样条曲线命令的使用方法，绘制如图 2-55 所示的螺丝刀。

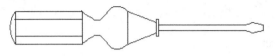

图 2-55 螺丝刀

操作步骤

1. 绘制螺丝刀左部把手

单击菜单栏中的"绘图"→"矩形"命令，绘制矩形，两个角点的坐标为（45，180）和（170，120）；单击菜单栏中的"绘图"→"直线"命令，绘制两条线段，坐标分别为{（45，166），(@125<0)}、{（45，134），(@125<0)}；单击"绘图"工具栏中的"圆弧"按钮绘制圆弧，三点坐标分别为（45，180）、（35，150）、（45，120）。绘制的图形如图 2-56 所示。

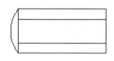

图 2-56 绘制螺丝刀把手

2. 绘制螺丝刀的中间部分

（1）单击菜单栏中的"绘图"→"样条曲线"命令，命令行提示与操作如下。

```
命令: SPLINE
当前设置: 方式=拟合      节点=弦
指定第一个点或 [方式(M)/节点(K)/对象(O)]: 170,180
输入下一个点或 [起点切向(T)/公差(L)]: 192,165
输入下一个点或 [端点相切(T)/公差(L)/放弃(U)]: 225,187
输入下一个点或 [端点相切(T)/公差(L)/放弃(U)/闭合(C)]: 255,180
输入下一个点或 [端点相切(T)/公差(L)/放弃(U)/闭合(C)]:
命令: SPLINE
当前设置: 方式=拟合      节点=弦
指定第一个点或 [方式(M)/节点(K)/对象(O)]: 170,120
输入下一个点或 [起点切向(T)/公差(L)]: 192,135
输入下一个点或 [端点相切(T)/公差(L)/放弃(U)]:225,113
输入下一个点或 [端点相切(T)/公差(L)/放弃(U)/闭合(C)]: 255,120
输入下一个点或 [端点相切(T)/公差(L)/放弃(U)/闭合(C)]:
```

（2）单击菜单栏中的"绘图"→"直线"命令，绘制一条连续线段，坐标分别为{（255，180）、（308，160）、(@5<90)、(@5<0)、(@30<-90)、(@5<-180)、(@5<90)、（255，120）、（255，180）}；再单击菜单栏中的"绘图"→"直线"命令，绘制一条连续线段，坐标分别为{（308，160）、(@20<-90)}。完成此步后的图形如图 2-57 所示。

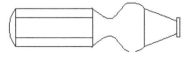

图 2-57 绘制完成的螺丝刀中间部分的图形

3. 绘制螺丝刀的右部

单击菜单栏中的"绘图"→"多段线"命令，命令行提示与操作如下。

命令: PLINE

指定起点: 313,155

当前线宽为 0.0000

指定下一点或 [圆弧(A)/闭合(C)/半宽(H)/长度(L)/放弃(U)/宽度(W)]: @162<0

指定下一点或 [圆弧(A)/闭合(C)/半宽(H)/长度(L)/放弃(U)/宽度(W)]: A

指定圆弧的端点或[角度(A)/圆心(CE)/闭合(CL)/方向(D)/半宽(H)/直线(L)/半径(R)/第二点(S)/放弃(U)/宽度(W)]: 490,160

指定圆弧的端点或[角度(A)/圆心(CE)/闭合(CL)/方向(D)/半宽(H)/直线(L)/半径(R)/第二点(S)/放弃(U)/宽度(W)]:

命令: PLINE

指定起点: 313,145

当前线宽为 0.0000

指定下一点或 [圆弧(A)/闭合(C)/半宽(H)/长度(L)/放弃(U)/宽度(W)]: @162<0

指定下一点或 [圆弧(A)/闭合(C)/半宽(H)/长度(L)/放弃(U)/宽度(W)]: A

指定圆弧的端点或[角度(A)/圆心(CE)/闭合(CL)/方向(D)/半宽(H)/直线(L)/半径(R)/第二点(S)/放弃(U)/宽度(W)]: 490,140

指定圆弧的端点或[角度(A)/圆心(CE)/闭合(CL)/方向(D)/半宽(H)/直线(L)/半径(R)/第二点(S)/放弃(U)/宽度(W)]: L

指定下一点或 [圆弧(A)/闭合(C)/半宽(H)/长度(L)/放弃(U)/宽度(W)]: 510,145

指定下一点或 [圆弧(A)/闭合(C)/半宽(H)/长度(L)/放弃(U)/宽度(W)]: @10<90

指定下一点或 [圆弧(A)/闭合(C)/半宽(H)/长度(L)/放弃(U)/宽度(W)]: 490,160

指定下一点或 [圆弧(A)/闭合(C)/半宽(H)/长度(L)/放弃(U)/宽度(W)]:

最终绘制的图形如图 2-55 所示。

2.7 多线

多线是一种复合线，由连续的直线段复合组成。多线的突出优点就是能够大大提高绘图效率，保证图线之间的统一性。

2.7.1 绘制多线

 执行方式

命令行：MLINE（快捷命令：ML）。

菜单栏：选择菜单栏中的"绘图"→"多线"命令。

操作步骤

命令行提示与操作如下。

命令: MLINE

当前设置：对正 = 上，比例 = 20.00，样式 = STANDARD

指定起点或 [对正（J）/比例（S）/样式（ST）]：（指定起点）

指定下一点：指定下一点

指定下一点或 [放弃（U）]：（继续指定下一点绘制线段；输入"U"，则放弃前一段多线的绘制；右击或按 Enter 键，结束命令）

指定下一点或 [闭合（C）/放弃（U）]：（继续给定下一点绘制线段；输入"C"，则闭合线段，结束命令）

选项说明

（1）对正（J）：该项用于指定绘制多线的基准。共有 3 种对正类型"上"、"无"和"下"。其中，"上"表示以多线上侧的线为基准，其他两项依次类推。

（2）比例（S）：选择该项，要求用户设置平行线的间距。输入值为零时，平行线重合；输入值为负时，多线的排列倒置。

（3）样式（ST）：用于设置当前使用的多线样式。

2.7.2　定义多线样式

 执行方式

命令行：MLSTYLE。

执行上述命令后，系统打开如图 2-58 所示的"多线样式"对话框。在该对话框中，用户可以对多线样式进行定义、保存和加载等操作。下面通过定义一个新的多线样式来介绍该对话框的使用方法。欲定义的多线样式由 3 条平行线组成，中心轴线和两条平行的相对于中心轴线上、下各偏移 0.5 的实线，其操作步骤如下。

（1）在"多线样式"对话框中单击"新建"按钮，系统打开"创建新的多线样式"对话框，如图 2-59 所示。

图 2-58　"多线样式"对话框

图 2-59　"创建新的多线样式"对话框

（2）在"创建新的多线样式"对话框的"新样式名"文本框中输入"THREE"，单击"继续"按钮。

（3）系统打开"新建多线样式"对话框，如图 2-60 所示。

（4）在"封口"选项组中可以设置多线起点和端点的特性，包括直线、外弧、内弧封口以及封口线段或圆弧的角度。

（5）在"填充颜色"下拉列表框中可以选择多线填充的颜色。

（6）在"图元"选项组中可以设置组成多线元素的特性。单击"添加"按钮，可以为多线添加元素；反之，单击"删除"按钮，为多线删除元素。在"偏移"文本框中可以设置选中元素的位置偏移值。在"颜色"下拉列表框中可以为选中的元素选择颜色。单击"线型"按钮，系统打开"选择线型"对话框，可以为选中的元素设置线型。

（7）设置完毕后，单击"确定"按钮，返回到如图 2-58 所示的"多线样式"对话框，在"样式"列表中会显示刚设置的多线样式名，选择该样式，单击"置为当前"按钮，则将刚设置的多线样式设置为当前样式，下面的预览框中会显示所选的多线样式。

（8）单击"确定"按钮，完成多线样式设置。

如图 2-61 所示为按设置后的多线样式绘制的多线。

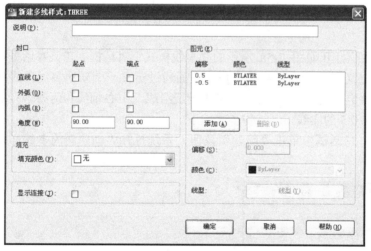

图 2-60 "新建多线样式"对话框

图 2-61 绘制的多线

2.7.3 编辑多线

 执行方式

命令行：MLEDIT。

菜单栏：选择菜单栏中的"修改"→"对象"→"多线"命令。

执行上述操作后，打开"多线编辑工具"对话框，如图 2-62 所示。

利用该对话框，可以创建或修改多线的模式。对话框中分 4 列显示示例图形。其中，第一列管理十字交叉形多线，第二列管理 T 形多线，第三列管理拐角结合点和节点，第四列管理多线被剪切或连接的形式。

单击选择某个示例图形，就可以调用该项编辑功能。

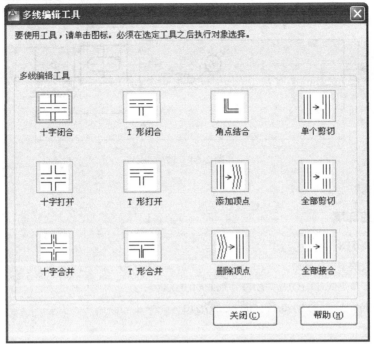

图 2-62　"多线编辑工具"对话框

下面以"十字打开"为例，介绍多线编辑的方法，把选择的两条多线进行打开交叉。命令行提示与操作如下。

选择第一条多线:（选择第一条多线）

选择第二条多线:（选择第二条多线）

选择完毕后，第二条多线被第一条多线横断交叉，命令行提示如下。

选择第一条多线:

可以继续选择多线进行操作。选择"放弃"选项会撤销前次操作执行结果，十字打开如图 2-63 所示。

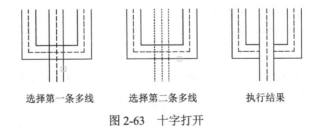

选择第一条多线　　　　选择第二条多线　　　　执行结果

图 2-63　十字打开

2.8　综合实例——轴

本实例绘制的轴主要由直线、圆及圆弧组成，因此，可以用绘制直线命令 LINE、绘制圆命令 CIRCLE 及绘制圆弧命令 ARC 来完成，轴如图 2-64 所示。

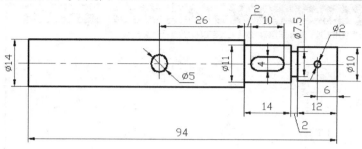

图 2-64　轴

　操作步骤

1. 设置绘图环境

> 命令: LIMITS
> 重新设置模型空间界限:
> 指定左下角点或 [开(ON)/关(OFF)] <0.0000,0.0000>:
> 指定右上角点 <420.0000,297.0000>: 297,210

2. 图层设置

单击菜单栏中的"格式"→"图层"命令，或者单击"图层"工具栏中的"图层特性管理器" 命令，新建两个图层:

（1）"轮廓线"层，线宽属性为 0.3mm，其余属性默认。

（2）"中心线"层，颜色设为红色，线型加载为 CENTER2，其余属性默认。

3. 绘制轴的中心线

将当前图层设置"中心线"图层。单击菜单栏中的"绘图"→"直线"命令，绘制泵轴中心线，命令行提示与操作如下。

> 命令: LINE
> 指定第一点: 65,130
> 指定下一点或 [放弃(U)]: 170,130
> 指定下一点或 [放弃(U)]:
> 命令: ZOOM
> 指定窗口角点，输入比例因子 (nX 或 nXP)，或[全部(A)/中心点(C)/动态(D)/范围(E)/上一个(P)/比例(S)/窗口(W)] <实时>: E
> 正在重生成模型。
> 命令: LINE（绘制 $\phi5$ 圆的竖直中心线）
> 指定第一点: 110,135
> 指定下一点或 [放弃(U)]: 110,125
> 指定下一点或 [放弃(U)]:
> 命令:（绘制 $\phi2$ 圆的竖直中心线）
> 指定第一点: 158,133

指定下一点或 [放弃(U)]: 158,127

指定下一点或 [放弃(U)]:

4. 绘制轴的外轮廓线

将当前图层设置为"轮廓线"图层。单击菜单栏中的"绘图"→"矩形"命令,绘制轴外轮廓线,命令行提示与操作如下。

命令: RECTANG(绘制矩形命令,绘制左端ϕ14 轴段)

指定第一个角点或 [倒角(C)/标高(E)/圆角(F)/厚度(T)/宽度(W)]: 70,123(输入矩形的左下角点坐标)

指定另一个角点或 [面积(A)/尺寸(D)/旋转(R)]: @66,14(输入矩形的右上角点相对坐标)

命令: LINE(绘制ϕ11 轴段)

指定第一点: _from 基点:(单击"对象捕捉"工具栏中的图标,打开"捕捉自"功能,按提示操作)

_int 于:(捕捉ϕ14 轴段右端与水平中心线的交点)

<偏移>: @0,5.5

指定下一点或 [放弃(U)]: @14,0

指定下一点或 [放弃(U)]: @0,-11

指定下一点或 [闭合(C)/放弃(U)]: @-14,0

指定下一点或 [闭合(C)/放弃(U)]:

命令: LINE

指定第一点: _from 基点: _int 于(捕捉ϕ11 轴段右端与水平中心线的交点)

<偏移>: @0,3.75

指定下一点或 [放弃(U)]: @ 2,0

指定下一点或 [放弃(U)]:

命令: LINE

指定第一点: _from 基点: _int 于(捕捉ϕ11 轴段右端与水平中心线的交点)

<偏移>: @0,-3.75

指定下一点或 [放弃(U)]: @2,0

指定下一点或 [放弃(U)]:

命令: RECTANG(绘制右端ϕ10 轴段)

指定第一个角点或 [倒角(C)/标高(E)/圆角(F)/厚度(T)/宽度(W)]: 152,125(输入矩形的左下角点坐标)

指定另一个角点或 [面积(A)/尺寸(D)/旋转(R)]: @12,10(输入矩形的右上角点相对坐标)

绘制结果如图 2-65 所示。

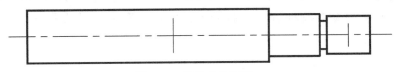

图 2-65 轴的外轮廓线

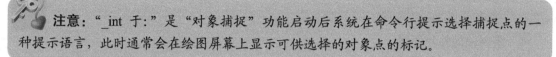

注意："_int 于:"是"对象捕捉"功能启动后系统在命令行提示选择捕捉点的一种提示语言，此时通常会在绘图屏幕上显示可供选择的对象点的标记。

5. 绘制轴的孔及键槽

单击菜单栏中的"绘图"→"圆"命令及"多段线"命令，绘制轴的孔及键槽，命令行提示与操作如下。

命令: CIRCLE

指定圆的圆心或 [三点(3P)/两点(2P)/切点、切点、半径(T)]:

指定圆的半径或 [直径(D)]: D

指定圆的直径: 5

命令: CIRCLE

指定圆的圆心或 [三点(3P)/两点(2P)/切点、切点、半径(T)]:

指定圆的半径或 [直径(D)] <2.5000>: D

指定圆的直径 <5.0000>: 2

命令: PLINE（绘制多段线命令，绘制轴的键槽）

指定起点: 140,132

当前线宽为 0.0000

指定下一个点或 [圆弧(A)/半宽(H)/长度(L)/放弃(U)/宽度(W)]: @6,0

指定下一点或 [圆弧(A)/闭合(C)/半宽(H)/长度(L)/放弃(U)/宽度(W)]: A（绘制圆弧）

指定圆弧的端点或[角度(A)/圆心(CE)/闭合(CL)/方向(D)/半宽(H)/直线(L)/半径(R)/第二个点(S)/放弃(U)/宽度(W)]: @0,-4

指定圆弧的端点或[角度(A)/圆心(CE)/闭合(CL)/方向(D)/半宽(H)/直线(L)/半径(R)/第二个点(S)/放弃(U)/宽度(W)]: L

指定下一点或 [圆弧(A)/闭合(C)/半宽(H)/长度(L)/放弃(U)/宽度(W)]: @-6,0

指定下一点或 [圆弧(A)/闭合(C)/半宽(H)/长度(L)/放弃(U)/宽度(W)]: A

指定圆弧的端点或[角度(A)/圆心(CE)/闭合(CL)/方向(D)/半宽(H)/直线(L)/半径(R)/第二个点(S)/放弃(U)/宽度(W)]: _endp 于（捕捉上部直线段的左端点，绘制左端的圆弧）

指定圆弧的端点或[角度(A)/圆心(CE)/闭合(CL)/方向(D)/半宽(H)/直线(L)/半径(R)/第二个点(S)/放弃(U)/宽度(W)]:

最终绘制的结果如图 2-64 所示。

6. 保存图形

在命令行输入命令 QSAVE，或单击菜单栏中的"文件"→"保存"命令，或者单击"标准"工具栏命令图标 🖫，在打开的"图形另存为"对话框中输入文件名保存即可。

2.9   上机实验

题目 1：画出如图 2-66 所示的图形

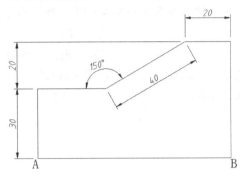

图 2-66   题目 1 图

1．目的要求

本例所绘制的图形仅需要利用简单的二维绘制命令进行绘制。

2．操作提示

（1）利用"直线"命令绘制水平线和垂直线。

（2）利用"直线"命令中的"极坐标线"绘制斜线。

题目 2：画出如图 2-67 所示的图形

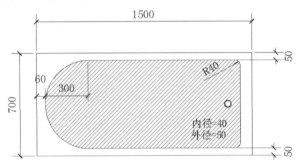

图 2-67   题目 2 图

1．目的要求

本例图形涉及直线、矩形、圆、圆角和图案填充命令，可以使读者灵活掌握各种命令的绘制方法。

2．操作提示

主要利用"直线"、"圆"、"多边形"、"椭圆"、"圆环"绘制图形。

2.10   思考与练习

1．若需要编辑已知多段线，使用"多段线"命令（   ）选项可以创建宽度不等的对象。

A. 样条（S）   B. 锥形（T）   C. 宽度（W）   D. 编辑顶点（E）

2. 重复使用刚执行的命令，按（　　　）键。

   A. Ctrl   B. Alt   C. Enter   D. Shift

3. 在一次命令执行过程中，可以重复进行同样对象绘制的命令是（　　　）。

   A. ELLIPSE 椭圆   B. POLYGON 正多边形

   C. DONUT 圆环   D. SPLINE 样条曲线

4. 以下（　　　）命令能沿着对象放置点并创建等分线段。

   A. measure   B. point   C. divide   D. split

第 3 章
二维编辑命令

　　二维图形编辑操作配合绘图命令的使用可以进一步完成复杂图形对象的绘制工作，并可使用户合理安排和组织图形，保证作图准确，减少重复，因此，对编辑命令的熟练掌握和使用有助于提高设计和绘图的效率。

学习要点

● 熟练掌握和使用编辑命令
● 提高设计和绘图效率

3.1 选择对象

选择对象是进行编辑的前提。AutoCAD 提供了多种对象选择方法，如点取方法、用选择窗口选择对象、用选择线选择对象、用对话框选择对象等。

AutoCAD 2012 提供两种途径编辑图形。

（1）先执行编辑命令，然后选择要编辑的对象。

（2）先选择要编辑的对象，然后执行编辑命令。

这两种途径的执行效果是相同的。但选择对象是进行编辑的前提。AutoCAD 2012 提供了多种对象选择方法，如点取方法、用选择窗口选择对象、用选择线选择对象、用对话框选择对象等。AutoCAD 2012 可以把选择的多个对象组成整体，如选择集和对象组，进行整体编辑与修改。

无论使用哪种方法，AutoCAD 2012 都将提示用户选择对象，并且光标的形状由十字光标变为拾取框。此时，可以用下面介绍的方法选择对象。

下面结合 SELECT 命令说明选择对象的方法。

SELECT 命令可以单独使用，也可以在执行其他编辑命令时被自动调用。此时屏幕提示：

> 选择对象：

等待用户以某种方式选择对象作为回答。AutoCAD 2012 提供多种选择方式，可以输入"？"查看这些选择方式。选择该选项后，出现如下提示：

> 需要点或窗口（W）/上一个（L）/窗交（C）/框（BOX）/全部（ALL）/栏选（F）/圈围（WP）/圈交（CP）/编组（G）/添加（A）/删除（R）/多个（M）/前一个（P）/放弃（U）/自动（AU）/单个（SI）/子对象（SU）/对象（O）选择对象：

上面各选项含义如下。

1）点

该选项表示直接通过点取的方式选择对象。用鼠标或键盘移动拾取框，使其框住要选取的对象，然后，单击鼠标左键，就会选中该对象并高亮显示。

2）窗口（W）

用由两个对角顶点确定的矩形窗口选取位于其范围内部的所有图形，与边界相交的对象不会被选中。指定对角顶点时应该按照从左向右的顺序。窗口对象选择方式如图 3-1 所示。

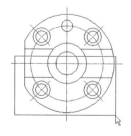
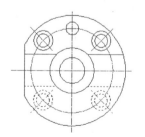

（a）图中箭头所指为选择框   （b）选择后的图形

图 3-1   窗口对象选择方式

3）上一个（L）

在"选择对象："提示下键入 L 后回车，系统会自动选取最后绘出的一个对象。

4）窗交（C）

该方式与上述"窗口"方式类似，区别在于：它不但选择矩形窗口内部的对象，也选中与矩形窗口边界相交的对象。选择的对象如图 3-2 所示。

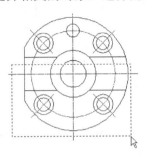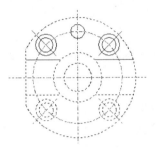

（a）图中箭头所指为选择框   （b）选择后的图形

图 3-2 "窗交"对象选择方式

5）框（BOX）

使用时，系统根据用户在屏幕上给出的两个对角点的位置而自动引用"窗口"或"窗交"选择方式。若从左向右指定对角点，则为"窗口"方式；反之，则为"窗交"方式。

6）全部（ALL）

选取图面上所有对象。

7）栏选（F）

用户临时绘制一些直线，这些直线不必构成封闭图形，凡是与这些直线相交的对象均被选中。执行结果如图 3-3 所示。

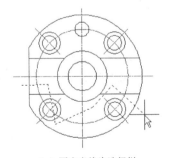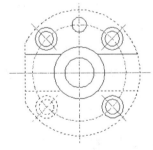

（a）图中虚线为选择栏   （b）选择后的图形

图 3-3 "栏选"对象选择方式

8）圈围（WP）

使用一个不规则的多边形来选择对象。根据提示，用户顺次输入构成多边形所有顶点的坐标，直到最后用回车作出空回答结束操作，系统将自动连接第一个顶点与最后一个顶点形成封闭的多边形。凡是被多边形围住的对象均被选中（不包括边界）。执行结果如图 3-4 所示。

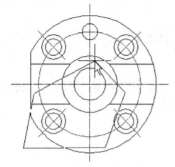
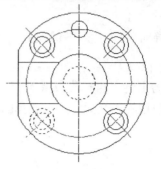

（a）图中箭头所指十字线所拉出多边形为选择框　　　　　　（b）选择后的图形

图 3-4 "圈围"对象选择方式

9）圈交（CP）

类似于"圈围"方式，在提示后输入 CP，后续操作与 WP 方式相同。区别在于：与多边形边界相交的对象也被选中。

10）编组（G）

使用预先定义的对象组作为选择集。事先将若干个对象组成组，用组名引用。

11）添加（A）

添加下一个对象到选择集。也可用于从移走模式（Remove）到选择模式的切换。

12）删除（R）

按住 Shift 键选择对象可以从当前选择集中移走该对象。对象由高亮显示状态变为正常状态。

13）多个（M）

指定多个点，不高亮显示对象。这种方法可以加快在复杂图形上的对象选择过程。若两个对象交叉，指定交叉点两次则可以选中这两个对象。

14）前一个（P）

用关键字 P 回答"选择对象："的提示，则把上次编辑命令最后一次构造的选择集或最后一次使用 Select（DDSELECT）命令预置的选择集作为当前选择集。这种方法适用于对同一选择集进行多种编辑操作。

15）放弃（U）

用于取消加入选择集的对象。

16）自动（AU）

缩写命令字为 AU。这是 AutoCAD 2012 的默认选择方式。其选择结果视用户在屏幕上的选择操作而定。如果选中单个对象，则该对象即为自动选择的结果；如果选择点落在对象内部或外部的空白处，系统会提示：

指定对角点：

此时，系统会采取一种窗口的选择方式。对象被选中后，变为虚线形式，并高亮显示。

注意：若矩形框从左向右定义，即第一个选择的对角点为左侧的对角点，矩形框内部的对象被选中，框外部及与矩形框边界相交的对象不会被选中。若矩形框从右向左定义，则矩形框内部及与矩形框边界相交的对象都会被选中。

17）单个（SI）

选择指定的第一个对象或对象集，而不继续提示进行进一步的选择。

18）子对象（SU）

逐个选择原始形状，这些形状是实体中的一部分或三维实体上的顶点、边和面。可以选择，也可以创建多个子对象的选择集。选择集可以包含多种类型的子对象。

19）对象（O）

结束选择子对象的功能。可以使用对象选择方法。

20）交替选择对象

如果要选取的对象与其他对象相距很近，很难准确选中，可用"交替选择对象"方法。操作过程为：

在"选择对象："提示状态下，先按下 Shift 键不放，把拾取框压住要选择的对象，按下空格键，此时必定有一被拾取框压住的对象被选中，由于各对象相距很近，该对象可能不是要选择的目标，继续按空格键，随着连续按空格键，AutoCAD 会依次选中拾取框中所压住的对象，直至选中所选目标。选中的对象被加入当前选择集中。

3.2　删除与恢复命令

这一类命令主要用于删除图形的某部分或对已被删除的部分进行恢复，包括删除、回退、重做、清除等命令。

3.2.1　删除命令

如果所绘制的图形不符合要求或不小心错绘了图形，可以使用删除命令 ERASE 把它删除。

执行方式

命令行：ERASE。

菜单："修改"→"删除"。

快捷菜单：选择要删除的对象，在绘图区域右击，从打开的快捷菜单上选择"删除"。

工具栏："修改"→"删除" 🖉。

功能区："常用"→"修改"→"删除" 🖉。

操作步骤

可以先选择对象后调用删除命令，也可以先调用删除命令然后再选择对象。选择对象时可以使用前面介绍的对象选择的各种方法。

当选择多个对象时，多个对象都被删除；若选择的对象属于某个对象组，则该对象组的所有对象都被删除。

3.2.2 恢复命令

若不小心误删除了图形，可以使用恢复命令 OOPS 恢复误删除的对象。

 执行方式

命令行：OOPS 或 U。

工具栏："标准"工具栏→"放弃" 或 "快速访问"工具栏→"放弃" 。

快捷键：Ctrl+Z。

操作步骤

在命令窗口的提示行上输入 OOPS，回车。

3.2.3 清除命令

此命令与删除命令功能完全相同。

 执行方式

菜单："修改"→"清除"。

快捷键：DEL。

操作步骤

用菜单或快捷键输入上述命令后，系统提示：

> 选择对象：（选择要清除的对象，按回车键执行清除命令）

3.3 复制类命令

本节详细介绍 AutoCAD 的复制类命令。利用这些编辑功能，可以方便地编辑绘制的图形。

3.3.1 复制命令

 执行方式

命令行：COPY。

菜单："修改"→"复制"。

工具栏："修改"→"复制" 。

功能区："常用"→"修改"→"复制" 。

快捷菜单：选择要复制的对象，在绘图区域右击，从打开的快捷菜单中选择"复制"，如图 3-5 所示。

图 3-5　快捷菜单

　操作步骤

命令：COPY

选择对象：（选择要复制的对象）

用前面介绍的对象选择方法选择一个或多个对象，回车结束选择操作。系统继续提示：

当前设置:复制模式=多个

指定基点或 [位移（D）/模式（O）] <位移>：（指定基点或位移）

指定第二个点或 [阵列（A）] <使用第一个点作为位移>：

指定第二个点或 [阵列（A）/退出（E）/放弃（U）] <退出>：

选项说明

1. 指定基点

指定一个坐标点后，AutoCAD 2012 把该点作为复制对象的基点，并提示：

指定位移的第二点或 <用第一点作为位移>：

指定第二个点后，系统将根据这两点确定的位移矢量把选择的对象复制到第二点处。如果此时直接回车，即选择默认的"用第一点作为位移"，则第一个点被当作相对于 X、Y、Z 的位移。例如，如果指定基点为 2，3 并在下一个提示下按 Enter 键，则该对象从它当前的位置开始在 X 方向上移动 2 个单位，在 Y 方向上移动 3 个单位。复制完成后，系统会继续提示：

指定位移的第二点：

这时，可以不断指定新的第二点，从而实现多重复制。

2. 位移

直接输入位移值，表示以选择对象时的拾取点为基准，以拾取点坐标为移动方向纵横比移动指定位移后确定的点为基点。例如，选择对象时拾取点坐标为（2，3），输入位移为 5，则表示以（2，3）点为基准，沿纵横比为 3：2 的方向移动 5 个单位所确定的点为基点。

3.3.2 实例——弹簧

绘制如图 3-6 所示的弹簧。

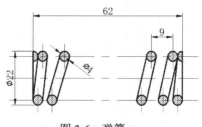

图 3-6   弹簧

操作步骤

1. 创建图层

单击"图层"工具栏中的"图层特性管理器"按钮，打开"图层特性管理器"对话框，设置图层。

（1）中心线：颜色为红色，线型为 CENTER，线宽为 0.15mm；

（2）粗实线：颜色为白色，线型为 Continuous，线宽为 0.30mm；

（3）细实线：颜色为白色，线型为 Continuous，线宽为 0.15mm；

（4）尺寸标注：颜色为白色，线型为 Continuous，线宽为默认；

（5）文字说明：颜色为白色，线型为 Continuous，线宽为默认。

2. 绘制中心线

将"中心线"图层设定为当前图层。单击"绘图"工具栏中的"直线"按钮，以坐标点{(150,150)，(230,150)}、{(160,164)，(160,154)}、{(162,146)，(162,136)}绘制中心线，修改线型比例为 0.5。结果如图 3-7 所示。

3. 偏移中心线

单击"修改"工具栏中的"偏移"按钮，将绘制的水平中心线向两侧偏移，偏移距离为 9；将图 3-7 中的竖直中心线 A 向右偏移，偏移距离为 4，9，36，9，4；将图 3-7 中的竖直中心线 B 向右偏移，偏移距离为 6，37，9，6。结果如图 3-8 所示。

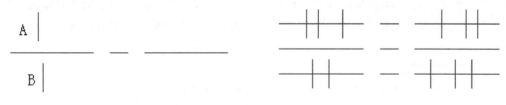

图 3-7   绘制中心线   图 3-8   偏移中心线

4. 绘制圆

将"粗实线"图层设定为当前图层。单击"绘图"工具栏中的"圆"按钮，以左边第 2 根竖直中心线与最上水平中心线交点为圆心，绘制半径为 2 的圆，结果如图 3-9 所示。

5. 复制圆

单击"修改"工具栏中的"复制"按钮 🖧，命令行操作如下。

> 命令: _copy
>
> 选择对象:（选择刚绘制的圆）
>
> 选择对象:
>
> 当前设置:　复制模式 = 多个
>
> 指定基点或 [位移(D)/模式(O)] <位移>:（选择圆心）
>
> 指定第二个点或 [阵列(A)] <使用第一个点作为位移>:（分别选择竖直中心线与水平中心线的交点）
>
> 指定第二个点或 [阵列(A)/退出(E)/放弃(U)] <退出>:

结果如图 3-10 所示。

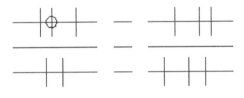
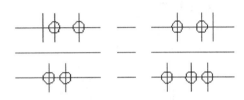

图 3-9　绘制圆 　　　　　　　　　　　图 3-10　复制圆

6. 绘制圆弧

单击"绘图"工具栏中的"圆弧"按钮 ╱，命令行操作如下。

> 命令: _arc
>
> 指定圆弧的起点或 [圆心(C)]: c
>
> 指定圆弧的圆心:（指定最左边竖直中心线与最上水平中心线交点）
>
> 指定圆弧的起点: @0,-2
>
> 指定圆弧的端点或 [角度(A)/弦长(L)]: @0,4

用相同方法绘制另一段圆弧，结果如图 3-11 所示。

7. 绘制连接线

单击"绘图"工具栏中的"直线"按钮 ╱，绘制连接线，结果如图 3-12 所示。

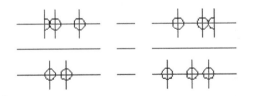
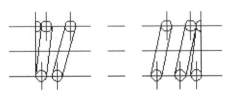

图 3-11　绘制圆弧 　　　　　　　　　图 3-12　绘制连接线

8. 绘制剖面线

将"细实线"图层设定为当前图层。单击"绘图"工具栏中的"图案填充"按钮 ▦，设置填充图案为"ANST31"，角度为 0，比例为 0.2，打开状态栏上的"线宽"按钮 ╋。结果如图 3-13 所示。

图 3-13　弹簧图案填充

3.3.3　镜像命令

镜像对象是指把选择的对象围绕一条镜像线进行对称复制。镜像操作完成后，可以保留原对象，也可以将其删除。

　执行方式

命令行：MIRROR。

菜单："修改"→"镜像"。

工具栏："修改"→"镜像" △。

功能区："常用"→"修改"→"镜像" △。

　操作步骤

> 命令：MIRROR
>
> 选择对象：（选择要镜像的对象）
>
> 指定镜像线的第一点：（指定镜像线的第一个点）
>
> 指定镜像线的第二点：（指定镜像线的第二个点）
>
> 是否删除源对象？[是（Y）/否（N）] <N>：（确定是否删除源对象）

这两点确定一条镜像线，被选择的对象以该线为对称轴进行镜像。包含该线的镜像平面与用户坐标系统的 XY 平面垂直，即镜像操作工作在与用户坐标系统的 XY 平面平行的平面上。

3.3.4　实例——阀杆

绘制如图 3-14 所示的阀杆。

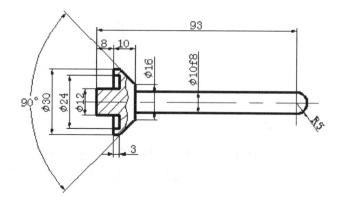

图 3-14　阀杆

操作步骤

1. 创建图层

单击"图层"工具栏中的"图层特性管理器"按钮，打开"图层特性管理器"对话框，设置图层：

（1）中心线：颜色为红色，线型为 CENTER，线宽为 0.15mm；

（2）粗实线：颜色为白色，线型为 Continuous，线宽为 0.30mm；

（3）细实线：颜色为白色，线型为 Continuous，线宽为 0.15mm；

（4）尺寸标注：颜色为白色，线型为 Continuous，线宽为默认；

（5）文字说明：颜色为白色，线型为 Continuous，线宽为默认。

2. 绘制中心线

将"中心线"图层设定为当前图层。单击"绘图"工具栏中的"直线"按钮，以坐标点{(125,150)，(233,150)}，{(223,160)，(223,140)}绘制中心线，结果如图 3-15 所示。

3. 绘制直线

将"粗实线"图层设定为当前图层。单击"绘图"工具栏中的"直线"按钮，以坐标点 {(130,150)，(130,156)，(138,156)，(138,165)}、{(141,165)，(148,158)，(148,150)}、{(148,155)，(223,155)}、{(138,156)，(141,156)，(141,162)，(138,162)}依次绘制线段，结果如图 3-16 所示。

图 3-15　绘制中心线　　　　　　　　　图 3-16　绘制直线

4. 镜像处理

单击"修改"工具栏中的"镜像"按钮，以水平中心线为轴镜像，命令行提示与操作如下。

```
命令: mirror
选择对象:（选择刚绘制的实线）
选择对象:
指定镜像线的第一点:（在水平中心线上选取一点）
指定镜像线的第二点:（在水平中心线上选取另一点）
要删除源对象吗? [是(Y)/否(N)] <N>:
```

结果如图 3-17 所示。

5. 绘制圆弧

单击"绘图"工具栏中的"圆弧"按钮，以中心线交点为圆心，以上下水平实线最右端两个端点为圆弧两个端点，绘制圆弧。结果如图 3-18 所示。

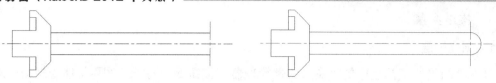

图 3-17　镜像处理　　　　　　　　　　　图 3-18　绘制圆弧

6. 绘制局部剖切线

单击"绘图"工具栏中的"样条曲线"按钮 ∼，绘制局部剖切线。结果如图 3-19 所示。

7. 绘制剖面线

将"细实线"图层设定为当前图层。单击"绘图"工具栏中的"图案填充"按钮 ▦，设置填充图案为"ANST31"，角度为 0，比例为 1，打开状态栏上的"线宽"按钮 ✚。结果如图 3-20 所示。

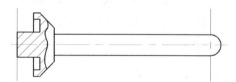

图 3-19　绘制局部剖切线　　　　　　　　图 3-20　阀杆图案填充

3.3.5　偏移命令

偏移对象是指保持选择的对象的形状，在不同的位置以不同的尺寸大小新建一个对象。

 执行方式

命令行：OFFSET。
菜单："修改"→"偏移"。
工具栏："修改"→"偏移" ⊘。
功能区："常用"→"修改"→"偏移" ⊘。

 操作步骤

命令：OFFSET
指定偏移距离或 [通过（T）]＜默认值＞：（指定距离值）
选择要偏移的对象或 ＜退出＞：（选择要偏移的对象。回车会结束操作）
指定点以确定偏移所在一侧：（指定偏移方向）

 选项说明

1. 指定偏移距离

输入一个距离值，或回车，系统把该距离值作为偏移距离，如图 3-21 所示。

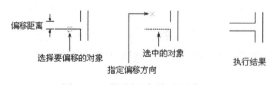

图 3-21　指定距离偏移对象

2. 通过（T）

指定偏移的通过点。选择该选项后出现如下提示：

选择要偏移的对象或 <退出>:（选择要偏移的对象。回车会结束操作）

指定通过点:（指定偏移对象的一个通过点）

操作完毕后系统根据指定的通过点绘出偏移对象，如图 3-22 所示。

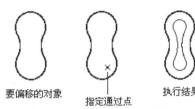

要偏移的对象　　　指定通过点　　　执行结果

图 3-22　指定通过点偏移对象

3.3.6　实例——支架

本例主要利用基本二维绘图命令将支架的外轮廓绘出，然后利用多段线编辑命令将其合并，再利用偏移命令完成整个图形的绘制。绘制如图 3-23 所示的支架。

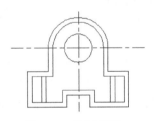

图 3-23　绘制支架

操作步骤

1. 新建文件

单击"标准"工具栏中的"新建"按钮，新建一个名为"支架.dwg"的图形文件。利用"LIMITS"命令设置图幅大小为 297×210。

2. 新建图层

单击"图层"工具栏中的"图层特性管理器"按钮，新建两个图层："轮廓线"层，线宽为 0.30mm，其余属性默认；"中心线"层，颜色设为红色，线型加载为 CENTER，其余属性默认。

3. 绘制辅助直线

将"中心线"层设置为当前图层，命令行中的提示与操作如下。

命令: line

指定第一点:（选择一点）

指定下一点或 [放弃(U)]:（沿水平方向选择第二点）

指定下一点或 [放弃(U)]:

重复上述命令，绘制竖直辅助线，结果如图 3-24 所示。

4. 绘制圆

将"轮廓线"层设置为当前图层，绘制 $R12$ 与 $R22$ 两个圆，结果如图 3-25 所示。

图 3-24　绘制辅助直线　　　　　图 3-25　绘制圆

5. 偏移处理

命令行中的提示与操作如下。

```
命令: offset
当前设置: 删除源=否    图层=源    OFFSETGAPTYPE=0
指定偏移距离或 [通过(T)/删除(E)/图层(L)] <通过>: 14
选择要偏移的对象，或 [退出(E)/放弃(U)] <退出>:（选择竖直辅助线）
选择要偏移的对象或 <退出>:
选择要偏移的对象，或 [退出(E)/放弃(U)] <退出>:（选择竖直辅助线的右侧）
```

重复上述命令，将竖直辅助线分别向右偏移 28、40，将水平辅助线分别向下偏移 24、36、46。选择偏移后的直线，将其所在图层修改为"轮廓线"层，结果如图 3-26 所示。

6. 绘制直线

单击"绘图"工具栏中的"直线"按钮，绘制与大圆相切的竖直直线，结果如图 3-27 所示。

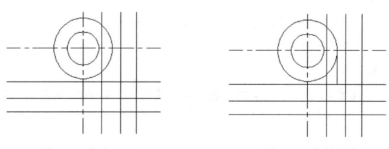

图 3-26　偏移处理　　　　　　图 3-27　绘制直线

7. 修剪处理

单击"修改"工具栏中的"修剪"按钮，修剪相关图线，结果如图 3-28 所示。

8. 镜像处理

单击"修改"工具栏中的"镜像"按钮，命令行中的提示与操作如下。

命令: _mirror

选择对象:（选择点画线的右下区）

指定对角点: 找到 7 个

选择对象:

指定镜像线的第一点:（指定镜像线的第二点: 在竖直辅助直线上选择两点）

要删除源对象？[是(Y)/否(N)] <N>:

结果如图 3-29 所示。

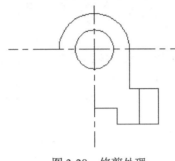

图 3-28　修剪处理

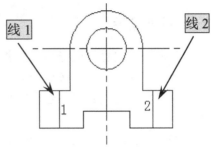

图 3-29　镜像处理

9. 偏移处理

单击"修改"工具栏中的"偏移"按钮，将图 3-29 所示的直线 1 向左偏移 4，将直线 2 向右偏移 4，结果如图 3-30 所示。

10. 多段线的转化

命令行中的提示与操作如下。

命令: pedit

选择多段线或 [多条(M)]: M

选择对象:（选择图形的外轮廓线）

选择对象:

是否将直线和圆弧转换为多段线？[是(Y)/否(N)]? <Y>:

输入选项 [闭合(C)/打开(O)/合并(J)/宽度(W)/拟合(F)/样条曲线(S)/非曲线化（D）/线型生成(L)/放弃(U)]: J

合并类型 = 延伸

输入模糊距离或 [合并类型(J)] <0.0000>:

多段线已增加 12 条直线

输入选项 [闭合(C)/打开(O)/合并(J)/宽度(W)/拟合(F)/样条曲线(S)/非曲线化(D)/线型生成(L)/反转(R)/放弃(U)]:

11. 偏移处理

单击"修改"工具栏中的"偏移"按钮，将外轮廓线向外偏移 4，结果如图 3-31 所示。

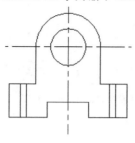

图 3-30　偏移直线

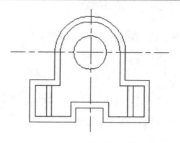

图 3-31　偏移多段线

3.3.7　阵列命令

建立阵列是指多重复制选择的对象并把这些副本按矩形或环形排列。把副本按矩形排列称为建立矩形阵列，把副本按环形排列称为建立极阵列。建立极阵列时，应该控制复制对象的次数和对象是否被旋转；建立矩形阵列时，应该控制行和列的数量以及对象副本之间的距离。

AutoCAD 2012 提供 ARRAY 命令建立阵列。用该命令可以建立矩形阵列、极阵列（环形）和旋转的矩形阵列。

 执行方式

命令行：ARRAY。

菜单："修改"→"阵列"→"矩形阵列"或"环形阵列"或"路径阵列"。

工具栏："修改"→"矩形阵列" 🔲 或"路径阵列" ♟ 或"环形阵列" ✥ 。

功能区："常用"→"修改"→"矩形阵列"或"环形阵列"或"路径阵列"。

操作步骤

命令：ARRAY
选择对象：（使用对象选择方法）
输入阵列类型[矩形（R）/路径（PA）/极轴（PO）]<矩形>:PA
类型=路径　关联=是
选择路径曲线：（使用一种对象选择方法）
输入沿路径的项数或 [方向（O）/表达式（E）]<方向>：（指定项目数或输入选项）
指定基点或 [关键点（K）]<路径曲线的终点>：（指定基点或输入选项）
指定与路径一致的方向或 [两点（2P）/法线（N）]<当前>：（按 Enter 键或选择选项）
指定沿路径的项目间的距离或 [定数等分（D）/全部（T）/表达式（E）] <沿路径平均定数等分（D）>：（指定距离或输入选项）
　按 Enter 键接受或 [关联（AS）/基点（B）/项目（I）/行数（R）/层级（L）/对齐项目（A）/Z方向（Z）/退出（X）]<退出>：按 Enter 键或选择选项

选项说明

1. 方向（O）

控制选定对象是否将相对于路径的起始方向重定向（旋转），然后再移到路径的起点。

2. 表达式（E）

使用数学公式或方程式获取值。

3. 基点（B）

指定阵列的基点。

4. 关键点（K）

对于关联阵列，在源对象上指定有效的约束点（或关键点）以用作基点。如果编辑生成阵列的源对象，阵列的基点保持与源对象的关键点重合。

5. 定数等分（D）

沿整个路径长度平均定数等分项目。

6. 全部（T）

指定第一个和最后一个项目之间的总距离。

7. 关联（AS）

指定是否在阵列中创建项目作为关联阵列对象，或作为独立对象。

8. 项目（I）

编辑阵列中的项目数。

9. 行数（R）

指定阵列中的行数和行间距，以及它们之间的增量标高。

10. 层级（L）

指定阵列中的层数和层间距。

11. 对齐项目（A）

指定是否对齐每个项目以与路径的方向相切。对齐相对于第一个项目的方向（方向 选项）。

12. Z方向（Z）

控制是否保持项目的原始 Z 方向或沿三维路径自然倾斜项目。

13. 退出（X）

退出命令。

3.3.8 实例——连接盘

绘制如图 3-32 所示的连接盘。

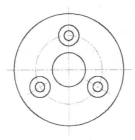

图 3-32　连接盘

操作步骤

1. 创建图层

单击"图层"工具栏中的"图层特性管理器"按钮，新建三个图层：

（1）粗实线层，线宽：0.50mm，其余属性默认。

（2）细实线层，线宽：0.30mm，所有属性默认。

（3）中心线层，线宽：0.30mm，颜色：红色，线型：CENTER，其余属性默认。

2. 绘制中心线

将线宽显示打开。将当前图层设置为中心线图层。单击"绘图"工具栏中的"直线"按钮和"圆"按钮，并结合"正交"、"对象捕捉"和"对象追踪"等工具选取适当尺寸绘制如图 3-33 所示的中心线。

3. 绘制轮廓线

将当前图层设置为粗实线图层。单击"绘图"工具栏中的"圆"按钮，并结合"对象捕捉"工具选取适当尺寸绘制如图 3-34 所示的圆。

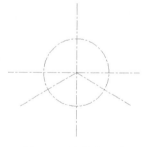

图 3-33　绘制中心线

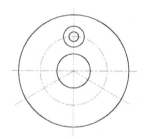

图 3-34　绘制轮廓线

4. 阵列圆

单击"修改"工具栏中的"环形阵列"按钮，项目数设置为 3，填充角度设置为 360°，选择两个同心的小圆为阵列对象，捕捉中心线圆的圆心的阵列中心。命令行提示如下。

```
命令:_arraypolar
选择对象:（选择两个同心小圆）
选择对象:
类型 = 极轴　关联 = 是
指定阵列的中心点或 [基点(B)/旋转轴(A)]:（捕捉中心线圆的圆心）
输入项目数或 [项目间角度(A)/表达式(E)] <4>: 3
指定填充角度(+=逆时针、-=顺时针)或 [表达式(EX)] <360>:
按 Enter 键接受或 [关联(AS)/基点(B)/项目(I)/项目间角度(A)/填充角度(F)/行(ROW)/层(L)/旋转项目(ROT)/退出(X)] <退出>:
```

阵列结果如图 3-35 所示。

5. 细化图形

利用钳夹功能，将两条倾斜的中心线缩短，如图 3-36 所示，最终结果如图 3-32 所示。

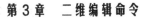

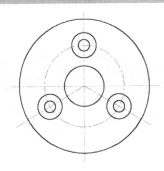
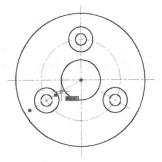

图 3-35　阵列结果　　　　　　　　　图 3-36　钳夹功能编辑

3.3.9　旋转命令

　执行方式

命令行：ROTATE。

菜单："修改"→"旋转"。

快捷菜单：选择要旋转的对象，在绘图区域右击，从打开的快捷菜单中选择"旋转"。

工具栏："修改"→"旋转" ○。

功能区："常用"→"修改"→"旋转" ○。

　操作步骤

命令：ROTATE

UCS 当前的正角方向：ANGDIR=逆时针　ANGBASE=0.00

选择对象：（选择要旋转的对象）

指定基点：（指定旋转的基点。在对象内部指定一个坐标点）

指定旋转角度，或 [复制（C）/参照（R）] <0.00>:（指定旋转角度或其他选项）

选项说明

1. 复制（C）

选择该项，在旋转对象的同时保留原对象，如图 3-37 所示。

旋转前　　　　　　　　　　　　　　旋转后

图 3-37　复制旋转

2. 参照（R）

采用参考方式旋转对象时，系统提示：

指定参照角 <0.00>:（指定要参考的角度，默认值为 0）

指定新角度：（输入旋转后的角度值）

操作完毕后，对象被旋转至指定的角度位置。

注意：可以用拖动鼠标的方法旋转对象。选择对象并指定基点后，从基点到当前光标位置会出现一条连线，移动鼠标选择的对象会动态地随着该连线与水平方向的夹角的变化而旋转，回车会确认旋转操作，如图 3-38 所示。

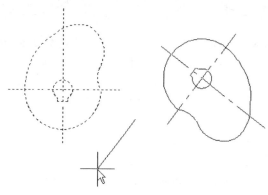

图 3-38　拖动鼠标旋转对象

3.3.10　实例——曲柄

本实例主要介绍旋转命令的使用方法，曲柄如图 3-39 所示。

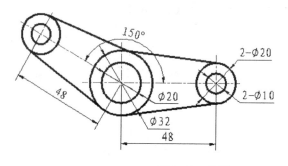

资料包\动画演示\
第 3 章\3.3.10 实例——
曲柄.avi

图 3-39　曲柄

操作步骤

（1）利用"图层"命令设置图层："中心线"图层，线型为 CENTER，其余属性默认；"粗实线"图层，线宽为 0.30mm，其余属性默认。

（2）将"中心线"图层设置为当前图层，利用"直线"绘制中心线，坐标分别为{（100,100），（180,100）}和{（120,120），（120,80）}，结果如图 3-40 所示。

（3）利用"偏移"命令绘制另一条中心线，偏移距离为 48，结果如图 3-41 所示。

（4）转换到"粗实线"图层，利用"圆"命令绘制图形轴孔部分，其中绘制圆时，以水平中心线与左边竖直中心线交点为圆心，以 32 和 20 为直径绘制同心圆，以水平中心线与右边竖直中心线交点为圆心，以 20 和 10 为直径绘制同心圆，结果如图 3-42 所示。

4(

第 3 章　二维编辑命令

图 3-40　绘制中心线　　　　　　　　图 3-41　偏移中心线

（5）利用"直线"命令绘制连接板。分别捕捉左右外圆的切点为端点，绘制上下两条连接线，结果如图 3-43 所示。

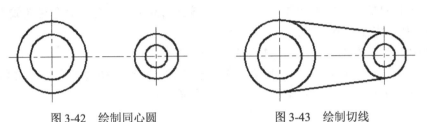

图 3-42　绘制同心圆　　　　　　　　图 3-43　绘制切线

（6）利用"旋转"命令，将所绘制的图形进行复制旋转，命令行提示如下。

命令: ROTATE
UCS 当前的正角方向: ANGDIR=逆时针　ANGBASE=0
选择对象:（选择图形中要旋转的部分，如图 3-44 所示）
找到 1 个，总计 6 个
选择对象:
指定基点:（捕捉左边中心线的交点）
指定旋转角度，或 [复制（C）/参照（R）] <0>:C
旋转一组选定对象
指定旋转角度，或 [复制（C）/参照（R）] <0>: 150

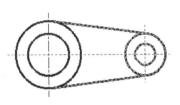

图 3-44　选择复制对象

最终结果如图 3-39 所示。

3.4　改变几何特性类命令

这一类编辑命令在对指定对象进行编辑后，使编辑对象的几何特性发生改变，包括倒角、圆角、断开、修剪、延长、加长、分解、合并、移动、缩放等命令。

3.4.1　修剪命令

 执行方式

命令行：TRIM。
菜单："修改"→"修剪"。
工具栏："修改"→"修剪" ⊹。
功能区："常用"→"修改"→"修剪" ⊹。

83

操作步骤

命令：TRIM

当前设置：投影=UCS，边=无

选择剪切边... 选择对象：（选择用作修剪边界的对象）

回车结束对象选择，系统提示：

选择要修剪的对象，或按住 Shift 键选择要延伸的对象，或[栏选（F）/窗交（C）/投影（P）/边（E）/删除（R）/放弃（U）]：

选项说明

（1）在选择对象时，如果按住 Shift 键，系统就自动将"修剪"命令转换成"延伸"命令，"延伸"命令将在下节介绍。

（2）选择"边"选项时，可以选择对象的修剪方式：

① 延伸（E）：延伸边界进行修剪。在此方式下，如果剪切边没有与要修剪的对象相交，系统会延伸剪切边直至与对象相交，然后再修剪，如图 3-45 所示。

选择剪切边　　选择要修剪的对象　　修剪后的结果

图 3-45　延伸方式修剪对象

② 不延伸（N）：不延伸边界修剪对象。只修剪与剪切边相交的对象。

（3）选择"栏选（F）"选项时，系统以栏选的方式选择被修剪对象，如图 3-46 所示。

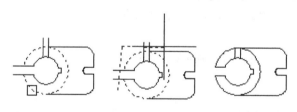

选定修剪边　　使用栏选选定　　修剪结果
　　　　　　　要修剪的对象

图 3-46　栏选修剪对象

（4）选择"窗交（C）"选项时，系统以窗口交叉的方式选择被修剪对象，如图 3-47 所示。

使用窗口相交方式　　　　　修剪结果
选择要修剪的边

图 3-47　窗交选择修剪对象

（5）被选择的对象可以互为边界和被修剪对象，此时系统会在选择的对象中自动判断边界，如图 3-47 所示。

3.4.2　实例——胶木球

绘制如图 3-48 所示的胶木球。

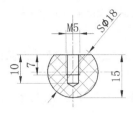

图 3-48　胶木球

操作步骤

1. 创建图层

单击"图层"工具栏中的"图层特性管理器"按钮，打开"图层特性管理器"对话框，设置图层：

（1）中心线：颜色为红色，线型为 CENTER，线宽为 0.15mm；
（2）粗实线：颜色为白色，线型为 Continuous，线宽为 0.30mm；
（3）细实线：颜色为白色，线型为 Continuous，线宽为 0.15mm；
（4）尺寸标注：颜色为白色，线型为 Continuous，线宽为默认；
（5）文字说明：颜色为白色，线型为 Continuous，线宽为默认。

2. 绘制中心线

将"中心线"图层设定为当前图层。单击"绘图"工具栏中的"直线"按钮，以坐标点 {(154,150)，(176,150)} 和 {(165,159)，(165,139)} 绘制中心线，修改线型比例为 0.1。结果如图 3-49 所示。

3. 绘制圆

将"粗实线"图层设定为当前图层。单击"绘图"工具栏中的"圆"按钮，以坐标点(165,150)为圆心，半径为 9 绘制圆，结果如图 3-50 所示。

图 3-49　绘制中心线

图 3-50　绘制圆

4. 偏移处理

单击"修改"工具栏中的"偏移"按钮，将水平中心线向上偏移，偏移距离 6；并将偏移后的直线设置为"粗实线"层。结果如图 3-51 所示。

5. 修剪处理

单击"修改"工具栏中的"修剪"按钮 ⊬，将多余的直线进行修剪。命令行操作如下。

> 命令: _trim
>
> 当前设置:投影=UCS，边=无
>
> 选择剪切边...
>
> 选择对象或 <全部选择>：（选择圆和刚偏移的水平线）
>
> 选择对象:
>
> 选择要修剪的对象，或按住 Shift 键选择要延伸的对象，或[栏选(F)/窗交(C)/投影(P)/边(E)/删除(R)/放弃(U)]：（选择圆在直线上的圆弧上一点）
>
> 选择要修剪的对象，或按住 Shift 键选择要延伸的对象，或[栏选(F)/窗交(C)/投影(P)/边(E)/删除(R)/放弃(U)]：（选择水平线左端一点）
>
> 选择要修剪的对象，或按住 Shift 键选择要延伸的对象，或[栏选(F)/窗交(C)/投影(P)/边(E)/删除(R)/放弃(U)]： （选择水平线右端一点）
>
> 选择要修剪的对象，或按住 Shift 键选择要延伸的对象，或[栏选(F)/窗交(C)/投影(P)/边(E)/删除(R)/放弃(U)]：

结果如图 3-52 所示。

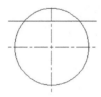　　　　　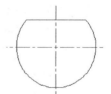

图 3-51　偏移处理　　　　　图 3-52　修剪处理

6. 偏移处理

单击"修改"工具栏中的"偏移"按钮 ，将剪切后的直线向下偏移，偏移距离为 7 和 10；再将竖直中心线向两侧偏移，偏移距离为 2.5 和 2。并将偏移距离为 2.5 的直线设置为"细实线"层，将偏移距离为 2 的直线设置为"粗实线"层，结果如图 3-53 所示。

7. 修剪处理

单击"修改"工具栏中的"修剪"按钮 ⊬，将多余的直线进行修剪。结果如图 3-54 所示。

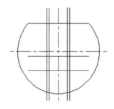　　　　　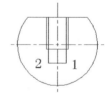

图 3-53　偏移处理　　　　　图 3-54　修剪处理

8. 绘制锥角

将"粗实线"图层设定为当前图层。在状态栏中选取"极轴追踪"按钮后单击鼠标右

键，系统弹出右键快捷菜单，选取角度为 30°。单击"绘图"工具栏中的"直线"按钮，将"极轴追踪"打开，以图 3-54 所示的点 1 和点 2 为起点绘制夹角为 30°的直线，绘制的直线与竖直中心线相交，结果如图 3-55 所示。

9．修剪处理

单击"修改"工具栏中的"修剪"按钮，将多余的直线进行修剪。结果如图 3-56 所示。

10．绘制剖面线

将"细实线"图层设定为当前图层。单击"绘图"工具栏中的"图案填充"按钮，设置填充图案为"NET"，角度为 45°，比例为 1，打开状态栏上的"线宽"按钮。结果如图 3-57 所示。

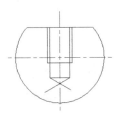 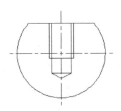 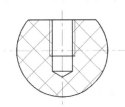

图 3-55　绘制锥角　　　图 3-56　修剪处理　　　图 3-57　胶木球图案填充

3.4.3　倒角命令

倒角是指用斜线连接两个不平行的线型对象。可以用斜线连接直线段、双向无限长线、射线和多义线。

系统采用两种方法确定连接两个线型对象的斜线：指定斜线距离和指定斜线角度。下面分别介绍这两种方法。

1．指定斜线距离

斜线距离是指从被连接的对象与斜线的交点到被连接的两对象的可能的交点之间的距离，如图 3-58 所示。

2．指定斜线角度和一个斜距离连接选择的对象

采用这种方法斜线连接对象时，需要输入两个参数：斜线与一个对象的斜线距离和斜线与该对象的夹角，如图 3-59 所示。

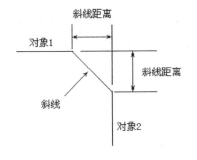 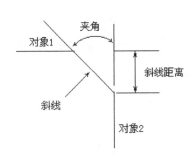

图 3-58　斜线距离　　　　　图 3-59　斜线距离与夹角

执行方式

命令行：CHAMFER。

菜单："修改" → "倒角"。

工具栏："修改" → "倒角" 。

功能区："常用" → "修改" → "倒角" 。

操作步骤

命令：CHAMFER

（"修剪"模式）当前倒角距离 1 = 0.0000，距离 2 = 0.0000

选择第一条直线或 [放弃（U）/多段线（P）/距离（D）/角度（A）/修剪（T）/方式（E）/多个（M）]：（选择第一条直线或别的选项）

选择第二条直线，或按住 Shift 键选择要应用角点的直线：（选择第二条直线）

注意：有时用户在执行圆角和倒角命令时，发现命令不执行或执行没什么变化，那是因为系统默认圆角半径和倒角距离均为 0，如果不事先设定圆角半径或倒角距离，系统就以默认值执行命令，所以看起来好像没有执行命令。

 选项说明

1. 多段线（P）

对多段线的各个交叉点进行倒角。为了得到最好的连接效果，一般设置斜线是相等的值。系统根据指定的斜线距离把多义线的每个交叉点都作斜线连接，连接的斜线成为多段线新添加的构成部分，如图 3-60 所示。

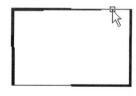 

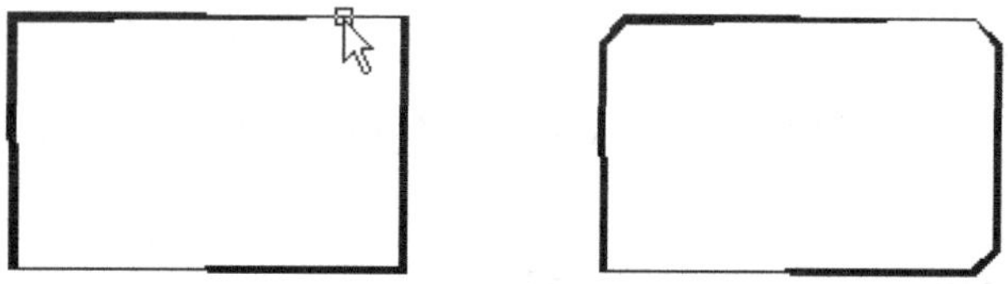

（a）选择多段线　　　　　　　　　　（b）倒角结果

图 3-60　斜线连接多义线

2. 距离（D）

选择倒角的两个斜线距离。这两个斜线距离可以相同或不相同，若二者均为 0，则系统不绘制连接的斜线，而是把两个对象延伸至相交并修剪超出的部分。

3. 角度（A）

选择第一条直线的斜线距离和第一条直线的倒角角度。

4. 修剪（T）

与圆角连接命令 FILLET 相同，该选项决定连接对象后是否剪切原对象。

5. 方式（E）

决定采用"距离"方式还是"角度"方式来倒角。

6. 多个（M）

同时对多个对象进行倒角编辑。

3.4.4　移动命令

 执行方式

命令行：MOVE。

菜单："修改"→"移动"。

快捷菜单：选择要复制的对象，在绘图区域右击，从打开的快捷菜单中选择"移动"。

工具栏："修改"→"移动" ✛。

功能区："常用"→"修改"→"移动" ✛。

操作步骤

> 命令：MOVE
> 选择对象：（选择对象）

用前面介绍的对象选择方法选择要移动的对象，用回车结束选择。系统继续提示：

> 指定基点或 [位移（D）] <位移>：（指定基点或位移）
> 指定第二个点或 <使用第一个点作为位移>：

命令选项功能与"复制"命令类似。

3.4.5　实例——油标

油标用来指示油面高度，应设置在便于检查和油面较稳定之处。常见的油标有油尺、圆形油标、长形油标等。

油尺结构简单，在减速器中应用较多。为便于加工和节省材料，油尺的手柄和尺杆常由两个元件铆接或焊接在一起。油尺在减速器上安装，可采用螺纹连接，也可采用 H9/h8 配合装入，本实例主要介绍移动命令的使用方法。

在此选用游标尺为 M16，其各个部分尺寸代号如图 3-61 所示，尺寸如表 3-1 所示。

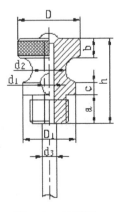

图 3-61　油标尺

表 3-1　油标尺各部分尺寸

d	d_1	d_2	d_3	h	a	b	c	D	D_1
M16	4	16	6	35	12	8	5	26	22

操作步骤

1．新建文件

单击菜单栏中的"文件"→"新建"命令，弹出"选择样板"对话框，单击"打开"按钮，创建一个新的图形文件。

2．设置图层

单击菜单栏中的"格式"→"图层"命令，弹出"图层特性管理器"对话框，在该对话框中依次创建"轮廓线"、"中心线"和"剖面线"三个图层，并设置"轮廓线"的线宽为0.3mm，设置"中心线"的线型为"CENTER2"。

3．绘制图形

（1）将"中心线"图层设置为当前层，单击"绘图"工具栏中的"直线" ╱命令，沿竖直方向绘制一条中心线。将"轮廓线"图层设置为当前层，以绘制的竖直中心线为对称轴绘制长度为 30 的直线 ab，效果如图 3-62 所示。

（2）单击"修改"工具栏中的"偏移" ╚命令，选择图 3-63 中的直线 ab 向下偏移，偏移距离为 8，18，23，25，35，90，图形效果如图 3-63 所示。

（3）再次单击"修改"工具栏中的"偏移" ╚命令，将图 3-63 中竖直中心线向左右偏移，偏移距离为 3，6，8，11，13，并将偏移后的直线转换到"轮廓线"层，效果如图 3-64 所示。

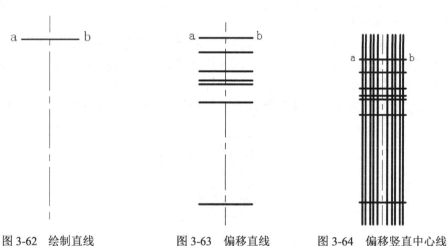

图 3-62　绘制直线　　　　图 3-63　偏移直线　　　　图 3-64　偏移竖直中心线

（4）单击"修改"工具栏中的"修剪" ╫命令，修剪掉多余的直线，效果如图 3-65 所示。

（5）单击"修改"工具栏中的"偏移" ╚命令，将图 3-65 中的直线 ab 向下偏移，偏移距离为 13，如图 3-66 所示。

（6）单击"绘图"工具栏中的"圆" ⊙ 命令，分别以图 3-66 中的 *c* 和 *d* 为圆心，绘制半径为 5 的圆，效果如图 3-67 所示。

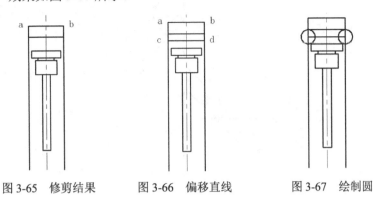

图 3-65 修剪结果   图 3-66 偏移直线   图 3-67 绘制圆

（7）单击"修改"工具栏中的"移动" ✣ 命令，将图 3-67 中绘制的两个圆分别向左右移动 2，命令行提示与操作如下。

命令：MOVE

选择对象：（选择左边圆）

指定基点或 [位移（D）] <位移>：（指定任意一点）

指定第二个点或 <使用第一个点作为位移>：@2，0

同样方法，把右边圆往左移动 2。单击"修改"工具栏中的"修剪" ⊹ 命令，修剪掉多余的直线，同时单击"修改"工具栏中的"删除" ✐ 命令，效果如图 3-68 所示。

（8）将"剖面线"图层设置为当前层，单击"修改"工具栏中的"偏移" ⌸ 命令，将图 3-68 中的直线 *em* 和 *fn* 分别向右、左偏移，偏移距离为 1.2，如图 3-69 所示。

（9）单击"修改"工具栏中的"倒角" ⌂ 命令，对图 3-69 中 *m* 和 *n* 点进行倒角，然后单击"修改"工具栏中的"修剪" ⊹ 命令修剪掉多余的直线，最后补充绘制相应的直线，效果如图 3-70 所示。

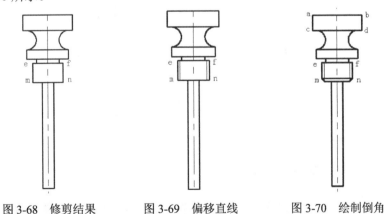

图 3-68 修剪结果   图 3-69 偏移直线   图 3-70 绘制倒角

🔑 **注意：** 检查油面高度时拔出油尺，以杆上油痕判断油面高度。油尺上两条刻线的位置分别对应最高和最低油面，如图 3-71 所示。

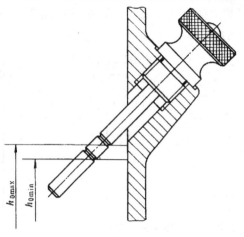

图 3-71　油尺的刻线

（10）单击"修改"工具栏中的"倒角" 命令，对图 3-70 中点 a、b、c、d 进行倒角，倒角距离为 1，并且补充绘制相应的直线，效果如图 3-72 所示。

（11）将当前图层设置为"剖面线"层，单击"绘图"工具栏中的"图案填充" 命令，选择的填充图案为"ANSI37"，单击"选择对象"按钮，暂时回到绘图窗口中进行选择，选择主视图上相关区域，按 Enter 键再次回到"填充图案选项板"对话框，单击"确定"按钮，完成剖面线的绘制，效果如图 3-73 所示。

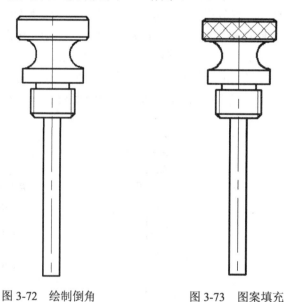

图 3-72　绘制倒角　　　　　　　图 3-73　图案填充

注意：油尺多安装在箱体侧面，设计时应合理确定油标尺插孔的位置及倾斜角度，既要避免箱体内的润滑油溢出，又要便于油标尺的插取及油标尺插孔的加工，见图 3-74。

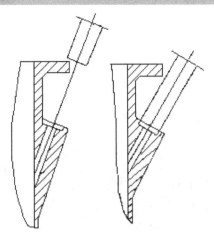

图 3-74　油尺座的位置

3.4.6　分解命令

 执行方式

命令行：EXPLODE。

菜单："修改"→"分解"。

工具栏："修改"→"分解" 🔲。

功能区："常用"→"修改"→"分解" 🔲。

 操作步骤

命令：EXPLODE

选择对象：（选择要分解的对象）

选择一个对象后，该对象会被分解。系统继续提示该行信息，允许分解多个对象。

3.4.7　合并命令

合并功能可以将直线、圆、椭圆弧和样条曲线等独立的线段合并为一个对象，如图 3-75 所示。

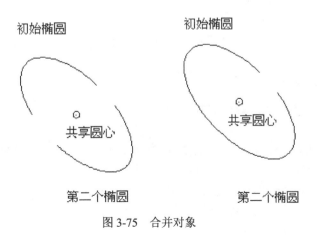

图 3-75　合并对象

执行方式

命令行：JOIN。

菜单："修改"→"合并"。

工具栏："修改"→"合并" ⊁。

功能区："常用"→"修改"→"合并" ⊁。

操作步骤

命令: JOIN

选择源对象:（选择一个对象）

选择要合并到源的直线:（选择另一个对象）

找到 1 个

选择要合并到源的直线:

已将 1 条直线合并到源

3.4.8 拉伸命令

拉伸对象是指拖拉选择的对象，且对象的形状发生改变。拉伸对象时应指定拉伸的基点和移置点。利用一些辅助工具如捕捉、钳夹功能及相对坐标等可以提高拉伸的精度，如图 3-76 所示。

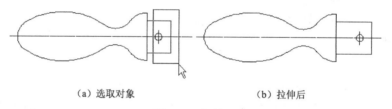

（a）选取对象　　　　　　　　　（b）拉伸后

图 3-76　拉伸

 执行方式

命令行：STRETCH。

菜单："修改"→"拉伸"。

工具栏："修改"→"拉伸" ⊿。

功能区："常用"→"修改"→"拉伸" ⊿。

操作步骤

命令：STRETCH

以交叉窗口或交叉多边形选择要拉伸的对象...

选择对象: C

指定第一个角点: 指定对角点: 找到 2 个（采用交叉窗口的方式选择要拉伸的对象）

指定基点或 [位移（D）] <位移>:（指定拉伸的基点）

指定第二个点或 <使用第一个点作为位移>:（指定拉伸的移至点）

此时，若指定第二个点，系统将根据这两点决定的矢量拉伸对象。若直接回车，系统会把第一个点作为 X 和 Y 轴的分量值。

STRETCH 移动完全包含在交叉窗口内的顶点和端点。部分包含在交叉选择窗口内的对象将被拉伸，如图 3-76 所示。

注意：用交叉窗口选择拉伸对象后，落在交叉窗口内的端点被拉伸，落在外部的端点保持不动。

3.4.9　拉长命令

执行方式

命令行：LENGTHEN。

菜单："修改"→"拉长"。

功能区："常用"→"修改"→"拉长" 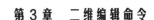。

操作步骤

命令:LENGTHEN

选择对象或 [增量（DE）/百分数（P）/全部（T）/动态（DY）]:（选定对象）

当前长度: 30.5001（给出选定对象的长度，如果选择圆弧则还将给出圆弧的包含角）

选择对象或 [增量（DE）/百分数（P）/全部（T）/动态（DY）]: DE（选择拉长或缩短的方式，如选择"增量（DE)"方式）

输入长度增量或 [角度（A）] <0.0000>: 10（输入长度增量数值。如果选择圆弧段，则可输入选项"A"给定角度增量）

选择要修改的对象或 [放弃（U）]:（选定要修改的对象，进行拉长操作）

选择要修改的对象或 [放弃（U）]:（继续选择，回车结束命令）

选项说明

1．增量（DE）

用指定增加量的方法改变对象的长度或角度。

2．百分数（P）

用指定占总长度的百分比的方法改变圆弧或直线段的长度。

3．全部（T）

用指定新的总长度或总角度值的方法来改变对象的长度或角度。

4．动态（DY）

打开动态拖拉模式。在这种模式下，可以使用拖拉鼠标的方法来动态地改变对象的长度或角度。

3.4.10　缩放命令

执行方式

命令行：SCALE。

菜单："修改"→"缩放"。

快捷菜单：选择要缩放的对象，在绘图区域右击，从打开的快捷菜单中选择"缩放"。

工具栏："修改"→"缩放" 🔲。

功能区："常用"→"修改"→"缩放" 🔲。

 操作步骤

命令：SCALE

选择对象：（选择要缩放的对象）

指定基点：（指定缩放操作的基点）

指定比例因子或 [复制（C）/参照（R）] <1.0000>:

 选项说明

（1）采用参考方向缩放对象时。系统提示：

指定参照长度 <1>:（指定参考长度值）

指定新的长度或 [点（P）] <1.0000>:（指定新长度值）

若新长度值大于参考长度值，则放大对象；否则，缩小对象。操作完毕后，系统以指定的基点按指定的比例因子缩放对象。如果选择"点（P）"选项，则指定两点来定义新的长度。

（2）可以用拖动鼠标的方法缩放对象。选择对象并指定基点后，从基点到当前光标位置会出现一条连线，线段的长度即为比例大小。移动鼠标选择的对象会动态地随着该连线长度的变化而缩放，回车会确认缩放操作。

（3）选择"复制（C）"选项时，可以复制缩放对象，即缩放对象时，保留原对象，如图 3-77 所示。

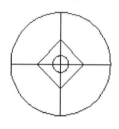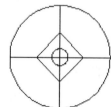

缩放前　　　　　　　　　　　缩放后

图 3-77　复制缩放

3.4.11　延伸命令

延伸命令是指延伸对象直至另一个对象的边界线。

 执行方式

命令行：EXTEND。

菜单："修改"→"延伸"。

工具栏："修改"→"延伸" ✂。

功能区："常用"→"修改"→"延伸" ✂。

操作步骤

命令：EXTEND

当前设置:投影=UCS，边=无

选择边界的边...选择对象：(选择边界对象)

此时可以选择对象来定义边界。若直接回车，则选择所有对象作为可能的边界对象。

系统规定可以用作边界对象的对象有：直线段、射线、双向无限长线、圆弧、圆、椭圆、二维和三维多义线、样条曲线、文本、浮动的视口、区域。如果选择二维多段线作为边界对象，系统会忽略其宽度而把对象延伸至多段线的中心线。

选择边界对象后，系统继续提示：

选择要延伸的对象，或按住 Shift 键选择要修剪的对象，或[栏选（F）/窗交（C）/投影（P）/边（E）/放弃（U）]:

结果如图 3-78 所示。

选择边界　　　选择要延伸的对象　　　执行结果

图 3-78　延伸对象

"延伸"命令与"修剪"命令操作方式类似。

3.4.12 圆角命令

圆角是指用指定的半径决定的一段平滑的圆弧连接两个对象。系统规定可以圆滑连接一对直线段、非圆弧的多义线段、样条曲线、双向无限长线、射线、圆、圆弧和真椭圆。可以在任何时刻圆滑连接多义线的每个节点。

执行方式

命令行：FILLET。

菜单："修改"→"圆角"。

工具栏："修改"→"圆角"　。

功能区："常用"→"修改"→"圆角"　。

操作步骤

命令：FILLET

当前设置: 模式 = 修剪，半径 = 0.0000

选择第一个对象或 [放弃（U）/多段线（P）/半径（R）/修剪（T）/多个（M）]:（选择第一个对象或别的选项）

选择第二个对象，或按住 Shift 键选择要应用角点的对象:（选择第二个对象）

选项说明

1. 多段线（P）

在一条二维多段线的两段直线段的节点处插入圆滑的弧。选择多段线后系统会根据指定的圆弧的半径把多段线各顶点用圆滑的弧连接起来。

2. 修剪（T）

决定在圆滑连接两条边时是否修剪这两条边，如图 3-79 所示。

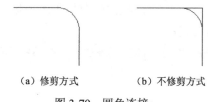

（a）修剪方式　　　　（b）不修剪方式

图 3-79　圆角连接

3. 多个（M）

同时对多个对象进行圆角编辑，而不必重新起用命令。

4. 按住 Shift 键并选择两条直线，可以快速创建零距离倒角或零半径圆角

3.4.13　实例——吊钩

本例利用直线命令绘制辅助线，再利用圆命令绘制吊钩主体，最后利用修剪命令细化图形，如图 3-80 所示。

图 3-80　吊钩

操作步骤

（1）单击"图层"工具栏中的"图层特性管理器"按钮，打开"图层特性管理器"对话框，单击其中的"新建图层"按钮，新建两个图层："轮廓线"图层，线宽为0.3mm，其余属性默认；"中心线"图层，颜色设为红色，线型加载为 CENTER，其余属性默认。

（2）将"中心线"图层设置为当前图层。利用直线命令绘制两条相互垂直的定位中心线，绘制结果如图 3-81 所示。

（3）单击"修改"工具栏中的"偏移"按钮，将竖直直线分别向右偏移 142 和160，将水平直线分别向下偏移 180 和 210，偏移结果如图 3-82 所示。

图 3-81　绘制定位中心线

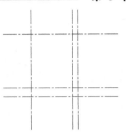

图 3-82　偏移处理 1

（4）单击"绘图"工具栏中的"圆"按钮⊙，以点 1 为圆心分别绘制半径为 120 和 40 的同心圆，再以点 2 为圆心绘制半径为 96 的圆，以点 3 为圆心绘制半径为 80 的圆，以点 4 为圆心绘制半径为 42 的圆，绘制结果如图 3-83 所示。

（5）单击"修改"工具栏中的"偏移"按钮⬡，将直线段 5 分别向左和向右偏移 22.5 和 30，将线段 6 向上偏移 80，偏移结果如图 3-84 所示。

（6）单击"修改"工具栏中的"修剪"按钮 ⁄⁻，修剪直线，结果如图 3-85 所示。

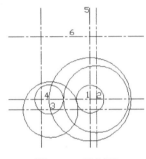

图 3-83　绘制圆

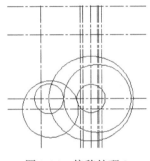

图 3-84　偏移处理 2

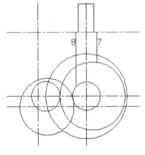

图 3-85　修剪处理

（7）单击"修改"工具栏中的"圆角"按钮◻，选择线段 7 和半径为 96 的圆进行倒圆角，命令行中的提示与操作如下。

```
命令: _fillet
当前设置: 模式 = 不修剪，半径 = 0.0000
选择第一个对象或 [多段线(P)/半径(R)/修剪(T)/多个(U)]: t
输入修剪模式选项 [修剪(T)/不修剪(N)] <不修剪>: t
选择第一个对象或 [多段线(P)/半径(R)/修剪(T)/多个(U)]: r
指定圆角半径 <0.0000>: 80
选择第一个对象或 [多段线(P)/半径(R)/修剪(T)/多个(U)]: （选择线段 7）
选择第二个对象: （选择半径为 80 的圆）
```

重复上述命令选择线段 8 和半径为 40 的圆，进行倒圆角，半径为 120，结果如图 3-86 所示。

（8）单击"绘图"工具栏中的"圆"按钮⊙，选用"三点"的方法绘制圆。以半径为 42 的圆为第一点，半径为 96 的圆为第二点，半径为 80 的圆为第三点，绘制结果如图 3-87 所示。

（9）单击"修改"工具栏中的"修剪"按钮 ⁄⁻，将多余线段进行修剪，结果如图 3-88 所示。

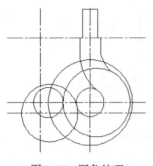

图 3-86　圆角处理

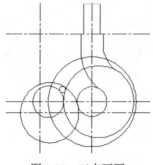

图 3-87　三点画圆

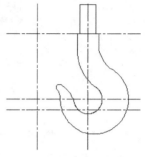

图 3-88　修剪处理

（10）单击"修改"工具栏中的"删除"按钮 🖉，删除多余线段，最终绘制结果如图 3-80 所示。

3.4.14　打断命令

　执行方式

命令行：BREAK。

菜单："修改"→"打断"。

工具栏："修改"→"打断" 🔲。

功能区："常用"→"修改"→"打断" 🔲。

　操作步骤

> 命令：BREAK
>
> 选择对象:（选择要打断的对象）
>
> 指定第二个打断点或 [第一点（F）]:（指定第二个断开点或键入 F）

　选项说明

如果选择"第一点（F）"，系统将丢弃前面的第一个选择点，重新提示用户指定两个断开点。

3.4.15　打断于点

打断于点与打断命令类似，是指在对象上指定一点从而把对象在此点拆分成两部分。

　执行方式

工具栏："修改"→"打断于点" 🔲。

功能区："常用"→"修改"→"打断于点" 🔲。

　操作步骤

输入此命令后，命令行提示：

> 选择对象:（选择要打断的对象）
>
> 指定第二个打断点或 [第一点（F）]:_f（系统自动执行"第一点（F）"选项）
>
> 指定第一个打断点:（选择打断点）
>
> 指定第二个打断点:@（系统自动忽略此提示）

3.4.16　光顺曲线

在两条选定直线或曲线之间的间隙中创建样条曲线。

执行方式

命令行：BLEND。
菜单：修改→光顺曲线。
工具栏：修改→光顺曲线 。

操作步骤

命令: BLEND
连续性=相切
选择第一个对象或[连续性（CON）]: CON
输入连续性[相切（T）/平滑（S）]<切线>:
选择第一个对象或[连续性（CON）]:
选择第二个点:

选项说明

1. 连续性（CON）

在两种过渡类型中指定一种。

2. 相切（T）

创建一条 3 阶样条曲线，在选定对象的端点处具有相切（G1）连续性。

3. 平滑（S）

创建一条 5 阶样条曲线，在选定对象的端点处具有曲率（G2）连续性。

如果使用"平滑"选项，请勿将显示从控制点切换为拟合点。此操作将样条曲线更改为 3 阶，这会改变样条曲线的形状。

注意： 为了将污油排放干净，应在油池的最低位置处设置放油孔，如图 3-89 所示，并安置在减速器不与其他部件靠近的一侧，以便于放油。

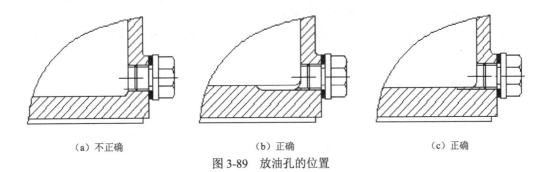

（a）不正确　　　　（b）正确　　　　（c）正确

图 3-89　放油孔的位置

3.5 对象特性修改命令

在编辑对象时，还可以对图形对象本身的某些特性进行编辑，从而方便地进行图形绘制。

3.5.1 钳夹功能

利用钳夹功能可以快速方便地编辑对象。AutoCAD 在图形对象上定义了一些特殊点，称为夹持点，利用夹持点可以灵活地控制对象，如图 3-90 所示。

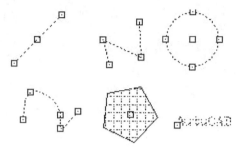

图 3-90 夹持点

要使用钳夹功能编辑对象必须先打开钳夹功能，打开方法是：在菜单中打开工具→选项→选择。

在"选择集"对话框的夹点选项组下面，打开"启用夹点"复选框。在该页面上还可以设置代表夹点的小方格的尺寸和颜色。

也可以通过 GRIPS 系统变量控制是否打开钳夹功能，1 代表打开，0 代表关闭。

打开了钳夹功能后，应该在编辑对象之前先选择对象。夹点表示了对象的控制位置。

使用夹点编辑对象，要选择一个夹点作为基点，称为基准夹点。然后，选择一种编辑操作：可以选择的编辑操作有删除、移动、复制选择、旋转和缩放等。可以用空格键、回车键或键盘上的快捷键循环选择这些功能。

下面仅就其中的拉伸对象操作为例进行讲述，其他操作类似。

在图形上拾取一个夹点，该夹点改变颜色，此点为夹点编辑的基准点。这时系统提示：

** 拉伸 **
指定拉伸点或 [基点（B）/复制（C）/放弃（U）/退出（X）]:

在上述拉伸编辑提示下输入缩放命令或右击，在右键快捷菜单中选择"缩放"命令，系统就会转换为"缩放"操作，其他操作类似。

3.5.2 特性选项板

执行方式

命令行：DDMODIFY 或 PROPERTIES。
菜单："修改"→"特性"。
工具栏："标准"→"特性" 。

功能区："视图"→"选项板"→"特性" 🖳。

快捷键：Ctrl+1。

操作步骤

命令：DDMODIFY

AutoCAD 打开特性工具板，如图 3-91 所示。利用它可以方便地设置或修改对象的各种属性。不同的对象属性种类和值不同，修改属性值，对象改变为新的属性。

图 3-91　特性工具板

3.5.3　实例——编辑图形

绘制如图 3-92 （a）所示的图形，并利用钳夹功能编辑成如图 3-92 （b）所示的图形。

 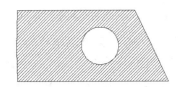

（a）绘制图形　　　　　　　　　　（b）编辑图形

图 3-92　编辑前的填充图案

操作步骤

（1）单击"绘图"工具栏中的"直线"按钮 ╱ 和"圆"按钮 ⊙，绘制图形轮廓。

（2）单击"绘图"工具栏中的"图案填充"按钮 ⊠，进行图案填充。在命令行中输入填充命令，系统打开如图 3-93 所示的"图案填充和渐变色"对话框，在"类型"下拉列表框中选择"用户定义"选项，"角度"设置为 0，间距设置为 20，结果如图 3-92 （a）所示。

（3）钳夹功能设置。选择菜单栏中的"工具"→"选项"命令，系统打开"选项"对话框，在"选择集"选项组中选取"显示夹点"复选框，并进行其他设置。确认退出。

（4）钳夹编辑。用鼠标分别点取图 3-94 中所示图形的左边界的两线段，这两线段上会显示出相应的特征点方框，再用鼠标点取图中最左边的特征点，该点则以醒目方式显示

（如图 3-94 所示）。拖动鼠标，使光标移到图 3-95 中的相应位置，按 Esc 键确认，则得到如图 3-96 所示的图形。

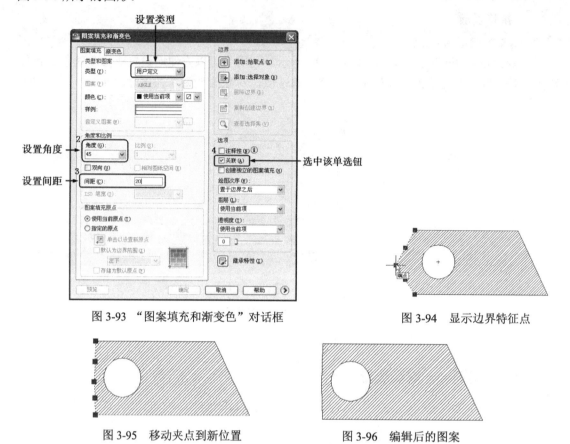

图 3-93 "图案填充和渐变色"对话框 图 3-94 显示边界特征点

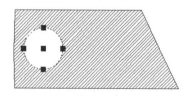 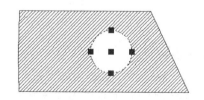

图 3-95 移动夹点到新位置 图 3-96 编辑后的图案

用鼠标点取圆，圆上会出现相应的特征点，再用鼠标点取圆的圆心部位，则该特征点以醒目方式显示（如图 3-97 所示）。拖动鼠标，使光标位于另一点的位置，如图 3-97 所示，然后按 Esc 键确认，则得到如图 3-98 所示的结果。

图 3-97 显示圆上特征点 图 3-98 夹点移到新位置

3.6 面域

面域是具有边界的平面区域，内部可以包含孔。用户可以将由某些对象围成的封闭区域转变为面域，这些封闭区域可以是圆、椭圆、封闭二维多段线、封闭样条曲线等，也可以是由圆弧、直线、二维多段线和样条曲线等构成的封闭区域。

3.6.1　创建面域

 执行方式

命令行：REGION（快捷命令：REG）。

菜单栏：选择菜单栏中的"绘图"→"面域"命令。

工具栏：单击"绘图"工具栏中的"面域"按钮◎。

操作步骤

> 命令：REGION
>
> 选择对象：

选择对象后，系统自动将所选择的对象转换成面域。

3.6.2　面域的布尔运算

布尔运算是数学中的一种逻辑运算，用在 AutoCAD 绘图中，能够极大地提高绘图效率。布尔运算包括并集、交集和差集 3 种，操作方法类似，一并介绍如下。

 执行方式

命令行：UNION（并集，快捷命令：UNI）、INTERSECT（交集，快捷命令：IN）或SUBTRACT（差集，快捷命令：SU）。

菜单栏：选择菜单栏中的"修改"→"实体编辑"→"并集"（"差集"、"交集"）命令。

工具栏：单击"实体编辑"工具栏中的"并集"按钮⑩（"差集"按钮⑩、"交集"按钮⑩）。

操作步骤

命令行提示与操作如下。

> 命令：UNION（SUBTRACT、INTERSECT）
>
> 选择对象：

选择对象后，系统对所选择的面域做并集（差集、交集）计算。

> 命令：SUBTRACT
>
> 选择要从中减去的实体、曲面和面域
>
> 选择对象：选择差集运算的主体对象
>
> 选择对象：右击结束选择
>
> 选择要减去的实体、曲面和面域
>
> 选择对象：选择差集运算的参照体对象
>
> 选择对象：右击结束选择

选择对象后，系统对所选择的面域做差集运算。运算逻辑是在主体对象上减去与参照体对象重叠的部分，布尔运算的结果如图 3-99 所示。

(a) 面域原图　　　(b) 并集　　　(c) 交集　　　(d) 差集

图 3-99　布尔运算的结果

注意：布尔运算的对象只包括实体和共面面域，对于普通的线条对象无法使用布尔运算。

3.6.3　实例——法兰盘

本实例利用上面学到的面域相关功能，绘制如图 3-100 所示的法兰盘。

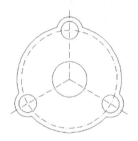

图 3-100　法兰盘

操作步骤

1. 设置图层

选择菜单栏中的"格式"→"图层"命令，或者单击"图层"工具栏中的"图层特性管理器"按钮，新建两个图层。

（1）第一图层命名为"粗实线"，线宽属性为 0.3mm，其余属性默认。

（2）第二图层命名为"中心线"，颜色设为红色，线型加载为 CENTER，其余属性默认。

2. 绘制圆

将"粗实线"图层设置为当前图层，单击"绘图"工具栏中的"圆"按钮，绘制圆，命令行提示与操作如下。

```
命令: CIRCLE
指定圆的圆心或 [三点(3P)/两点(2P)/切点、切点、半径(T)]:（指定圆心）
指定圆的半径或 [直径(D)]:60
```

同样方法，捕捉上一圆的圆心为圆心，指定半径为 20 绘制圆。结果如图 3-101 所示。

3. 绘制圆

将"中心线"图层设置为当前图层，绘制圆。单击"绘图"工具栏中的"圆"按钮，捕捉上一圆的圆心为圆心，指定半径为 55 绘制圆。

4. 绘制中心线

单击"绘图"工具栏中的"直线"按钮，以大圆的圆心为起点，终点坐标为（@0,75），结果如图 3-102 所示。

5. 绘制圆

将"粗实线"图层设置为当前图层，绘制圆。单击"绘图"工具栏中的"圆"按钮，以定位圆和中心线的交点为圆心，分别绘制半径为 15 和 10 的圆，结果如图 3-103 所示。

 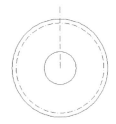 

图 3-101　绘制圆后的图形　　　图 3-102　绘制中心线后的图形　　　图 3-103　绘制圆后的图形

6. 阵列对象

选择菜单栏中的"修改"→"阵列"→"环形阵列"命令，或者单击"修改"工具栏中的"环形阵列"按钮，命令行提示与操作如下。

> 命令: _arraypolar
>
> 选择对象：（选择图中边缘的两个圆和中心线）
>
> 选择对象：
>
> 类型 = 极轴　关联 = 是
>
> 指定阵列的中心点或 [基点(B)/旋转轴(A)]：（用鼠标拾取图中大圆的中心点）
>
> 输入项目数或 [项目间角度(A)/表达式(E)] <4>:3
>
> 指定填充角度(+=逆时针、-=顺时针)或 [表达式(EX)] <360>:360
>
> 按 Enter 键接受或 [关联(AS)/基点(B)/项目(I)/项目间角度(A)/填充角度(F)/行(ROW)/层(L)/旋转项目(ROT)/退出(X)]

结果如图 3-104 所示。

7. 面域处理

选择菜单栏中的"绘图"→"面域"命令，或者单击"绘图"工具栏中的"面域"按钮，命令行提示与操作如下。

> 命令: REGION
>
> 选择对象：（依次选择图 3-104 中的圆 A、B、C 和 D）
>
> 选择对象：
>
> 已提取 4 个环
>
> 已创建 4 个面域

8. 并集处理

选择菜单栏中的"修改"→"实体编辑"→"并集"命令，或者单击"实体编辑"工具栏中的"并集"按钮⑩，命令行提示与操作如下。

> 命令：UNION（或者下同）
>
> 选择对象：（依次选择图 3-104 中的圆 *A*、*B*、*C* 和 *D*）
>
> 选择对象：

结果如图 3-105 示。

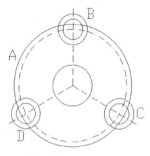

图 3-104　阵列后的图形

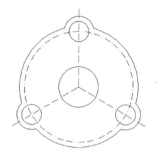

图 3-105　并集后的图形

9. 提取数据

选择菜单栏中的"工具"→"查询"→"面域/质量特性"命令，如图 3-106 所示，命令行提示与操作如下。

> 命令：MASSPROP（或者选择对象:框选对象）
>
> 指定对角点：（指定对角点）
>
> 找到 9 个
>
> 选择对象：

系统自动切换到文本显示框，如图 3-107 所示。

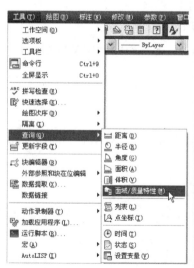

图 3-106　"面域/质量特性"菜单

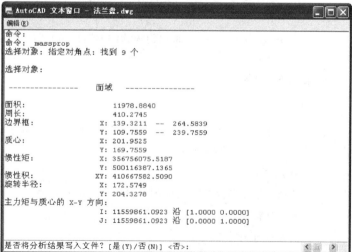

图 3-107　文本窗口

选择"是"或"否"，完成数据提取。

3.7　图案填充

当用户需要用一个重复的图案（pattern）填充一个区域时，可以使用"BHATCH"命令，创建一个相关联的填充阴影对象，即所谓的图案填充。

3.7.1　基本概念

1．图案边界

当进行图案填充时，首先要确定填充图案的边界。定义边界的对象只能是直线、双向射线、单向射线、多义线、样条曲线、圆弧、圆、椭圆、椭圆弧、面域等对象或用这些对象定义的块，而且作为边界的对象在当前图层上必须全部可见。

2．孤岛

在进行图案填充时，我们把位于总填充区域内的封闭区称为孤岛，如图 3-108 所示。在使用"BHATCH"命令填充时，AutoCAD 系统允许用户以拾取点的方式确定填充边界，即在希望填充的区域内任意拾取一点，系统会自动确定出填充边界，同时也确定该边界内的岛。如果用户以选择对象的方式确定填充边界，则必须确切地选取这些岛，有关知识将在下一节中介绍。

3．填充方式

在进行图案填充时，需要控制填充的范围，AutoCAD 系统为用户设置了以下 3 种填充方式以实现对填充范围的控制。

（1）普通方式。如图 3-109（a）所示，该方式从边界开始，从每条填充线或每个填充符号的两端向里填充，遇到内部对象与之相交时，填充线或符号断开，直到遇到下一次相交时再继续填充。采用这种填充方式时，要避免剖面线或符号与内部对象的相交次数为奇数，该方式为系统内部的默认方式。

（2）最外层方式。如图 3-109（b）所示，该方式从边界向里填充，只要在边界内部与对象相交，剖面符号就会断开，而不再继续填充。

（3）忽略方式。如图 3-109（c）所示，该方式忽略边界内的对象，所有内部结构都被剖面符号覆盖。

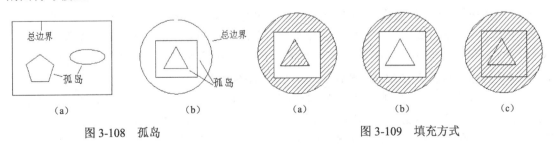

| （a） | （b） | | （a） | （b） | （c） |

图 3-108　孤岛　　　　　　　　　　　图 3-109　填充方式

3.7.2 图案填充的操作

 执行方式

命令行：BHATCH（快捷命令：H）。

菜单栏：选择菜单栏中的"绘图"→"图案填充"或"渐变色"命令。

工具栏：单击"绘图"工具栏中的"图案填充"按钮 或"渐变色"按钮 。

执行上述命令后，系统打开如图 3-110 所示的"图案填充和渐变色"对话框，各选项和按钮含义介绍如下。

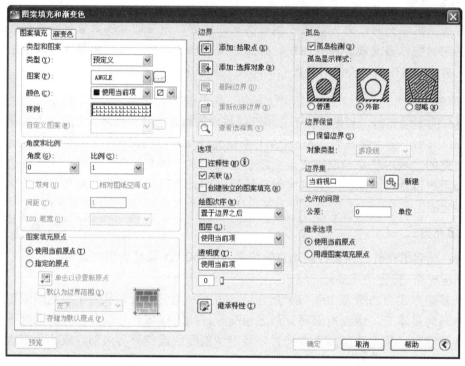

图 3-110 "图案填充和渐变色"对话框

1. "图案填充"对话框

此对话框中的各选项用来确定图案及其参数，单击此对话框后，打开如图 3-110 左边的控制面板，其中各选项含义如下。

（1）"类型"下拉列表框：用于确定填充图案的类型及图案。"用户定义"选项表示用户要临时定义填充图案，与命令行方式中的"U"选项作用相同；"自定义"选项表示选用 ACAD.PAT 图案文件或其他图案文件（.PAT 文件）中的图案填充；"预定义"选项表示用 AutoCAD 标准图案文件（ACAD.PAT 文件）中的图案填充。

（2）"图案"下拉列表框：用于确定标准图案文件中的填充图案。在其下拉列表框中，用户可从中选择填充图案。选择需要的填充图案后，在下面的"样例"显示框中会显示出该图案。只有在"类型"下拉列表框中选择了"预定义"选项，此选项才允许用户从自己定义的图案文件中选择填充图案。如果选择图案类型是"预定义"，单击"图案"下拉列表

框右侧的按钮 ，会打开如图 3-111 所示的"填充图案选项板"对话框。在该对话框中显示出所选类型具有的图案，用户可从中确定所需要的图案。

（3）"颜色"显示框：使用填充图案和实体填充的指定颜色替代当前颜色。

（4）"样例"显示框：用于给出一个样本图案。在其右侧有一长方形图像框，显示当前用户所选用的填充图案。可以单击该图像，迅速查看或选择已有的填充图案，如图 3-111 所示。

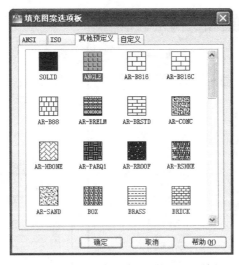

图 3-111　"填充图案选项板"对话框

（5）"自定义图案"下拉列表框：此下拉列表框只用于用户自定义的填充图案。只有在"类型"下拉列表框中选择"自定义"选项，该项才允许用户从自己定义的图案文件中选择填充图案。

（6）"角度"下拉列表框：用于确定填充图案时的旋转角度。每种图案在定义时的旋转角度为零，用户可以在"角度"文本框中设置所希望的旋转角度。

（7）"比例"下拉列表框：用于确定填充图案的比例值。每种图案在定义时的初始比例为 1，用户可以根据需要放大或缩小，其方法是在"比例"文本框中输入相应的比例值。

（8）"双向"复选框：用于确定用户临时定义的填充线是一组平行线，还是相互垂直的两组平行线。只有在"类型"下拉列表框中选择"用户定义"选项时，该项才可以使用。

（9）"相对图纸空间"复选框：确定是否相对于图纸空间单位来确定填充图案的比例值。选中该复选框，可以按适合于版面布局的比例方便地显示填充图案。该选项仅适用于图形版面编排。

（10）"间距"文本框：设置线之间的间距，在"间距"文本框中输入值即可。只有在"类型"下拉列表框中选择"用户定义"选项，该项才可以使用。

（11）"ISO 笔宽"下拉列表框：用于告诉用户根据所选择的笔宽确定与 ISO 有关的图案比例。只有选择了已定义的 ISO 填充图案后，才可确定它的内容。

（12）"图案填充原点"选项组：控制填充图案生成的起始位置。此图案填充（如砖块图案）需要与图案填充边界上的一点对齐。默认情况下，所有图案填充原点都对应于当前的 UCS 原点。也可以点选"指定的原点"单选钮，以及设置下面一级的选项重新指定原点。

2. "渐变色"对话框

渐变色是指从一种颜色到另一种颜色的平滑过渡。渐变色能产生光的视觉感受，可为图形添加视觉立体效果。该对话框如图 3-112 所示，其中各选项含义如下。

（1）"单色"单选钮：应用单色对所选对象进行渐变填充。其下面的显示框显示用户所选择的真彩色，单击右侧的按钮 […]，系统打开"选择颜色"对话框，如图 3-113 所示。该对话框将在第 5 章详细介绍。

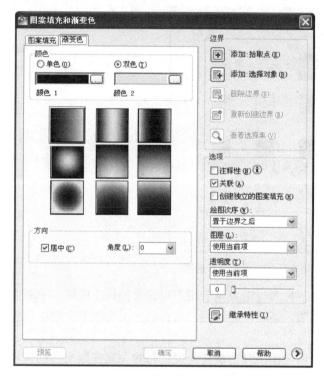

图 3-112 "渐变色"对话框　　　　　　　图 3-113 "选择颜色"对话框

（2）"双色"单选钮：应用双色对所选对象进行渐变填充。填充颜色从颜色 1 渐变到颜色 2，颜色 1 和颜色 2 的选择与单色选择相同。

（3）渐变方式样板：在"渐变色"对话框中有 9 个渐变方式样板，分别表示不同的渐变方式，包括线形、球形、抛物线形等方式。

（4）"居中"复选框：决定渐变填充是否居中。

（5）"角度"下拉列表框：在该下拉列表框中选择的角度为渐变色倾斜的角度。不同的渐变填充如图 3-114 所示。

3. "边界"选项组

（1）"添加：拾取点"按钮 ⊞：以拾取点的方式自动确定填充区域的边界。在填充的区域内任意拾取一点，系统会自动确定包围该点的封闭填充边界，并且高亮显示，如图 3-115 所示。

（2）"添加：选择对象"按钮 ⊞：以选择对象的方式确定填充区域的边界。可以根据需要选择构成填充区域的边界。同样，被选择的边界也会以高亮方式显示，如图 3-116 所示。

（a）单色线形居中 0°渐变填充

（b）双色抛物线形居中 0°渐变填充

（c）单色线形居中 45°渐变填充

（d）双色球形不居中 0°渐变填充

图 3-114 不同的渐变填充

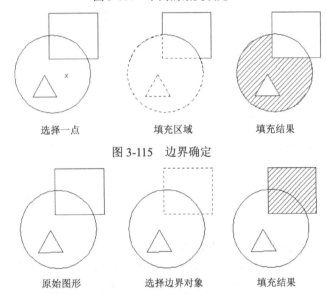

选择一点　　　　　　　　填充区域　　　　　　　　填充结果

图 3-115 边界确定

原始图形　　　　　　　　选择边界对象　　　　　　　填充结果

图 3-116 选择边界对象

（3）"删除边界"按钮：从边界定义中删除以前添加的任何对象，如图 3-117 所示。

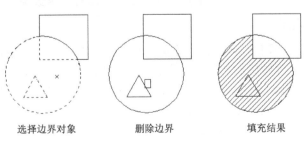

选择边界对象　　　　　　　删除边界　　　　　　　　填充结果

图 3-117 删除边界后的填充图形

（4）"重新创建边界"按钮：对选定的图案填充或填充对象创建多段线或面域。

（5）"查看选择集"按钮：查看填充区域的边界。单击该按钮，AutoCAD 系统临时切换到作图状态，将所选的作为填充边界的对象以高亮方式显示。只有通过"添加：拾取点"按钮或"添加：选择对象"按钮选择填充边界，"查看选择集"按钮才可以使用。

4．"选项"选项组

（1）"注释性"复选框：此特性会自动完成缩放注释过程，从而使注释能够以正确的大小在图纸上打印或显示。

（2）"关联"复选框：用于确定填充图案与边界的关系。选中该复选框，则填充的图案与填充边界保持关联关系，即图案填充后，当用钳夹（Grips）功能对边界进行拉伸等编辑操作时，系统会根据边界的新位置重新生成填充图案。

（3）"创建独立的图案填充"复选框：当指定了几个独立的闭合边界时，控制是创建单个图案填充对象，还是多个图案填充对象，如图 3-118 所示。

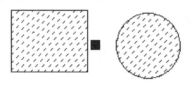

（a）不独立，选中时是一个整体　　　　　（b）独立，选中时不是一个整体

图 3-118　不独立与独立填充

（4）"绘图次序"下拉列表框：指定图案填充的绘图顺序。图案填充可以置于所有其他对象之后、所有其他对象之前、图案填充边界之后或图案填充边界之前。

5．"继承特性"按钮

此按钮的作用是继承特性，即选用图中已有的填充图案作为当前的填充图案。

6．"孤岛"选项组

（1）"孤岛检测"复选框：确定是否检测孤岛。

（2）"孤岛显示样式"选项组：用于确定图案的填充方式。用户可以从中选择想要的填充方式。默认的填充方式为"普通"。用户也可以在快捷菜单中选择填充方式。

7．"边界保留"选项组

指定是否将边界保留为对象，并确定应用于这些对象的对象类型是多段线还是面域。

8．"边界集"选项组

此选项组用于定义边界集。当单击"添加：拾取点"按钮，以根据指定点方式确定填充区域时，有两种定义边界集的方法：一种是将包围所指定点的最近有效对象作为填充边界，即"当前视口"选项，该选项是系统的默认方式；另一种方式是用户自己选定一组对象来构造边界，即"现有集合"选项，选定对象通过"新建"按钮实现，单击该按钮，AutoCAD 临时切换到作图状态，并在命令行中提示用户选择作为构造边界集的对象。此时若选择"现有集合"选项，系统会根据用户指定的边界集中的对象来构造一个封闭边界。

9."允许的间隙"选项组

设置将对象用作图案填充边界时可以忽略的最大间隙。默认值为 0，此值要求对象必须是封闭区域而没有间隙。

10."继承选项"选项组

使用"继承特性"创建图案填充时，控制图案填充原点的位置。

3.7.3　编辑填充的图案

利用 HATCHEDIT 命令可以编辑已经填充的图案。

 执行方式

命令行：HATCHEDIT（快捷命令：HE）。

菜单栏：选择菜单栏中的"修改"→"对象"→"图案填充"命令。

工具栏：单击"修改 II"工具栏中的"编辑图案填充"按钮 。

执行上述操作后，系统提示"选择图案填充对象"。选择填充对象后，系统打开如图 3-119所示的"图案填充编辑"对话框。

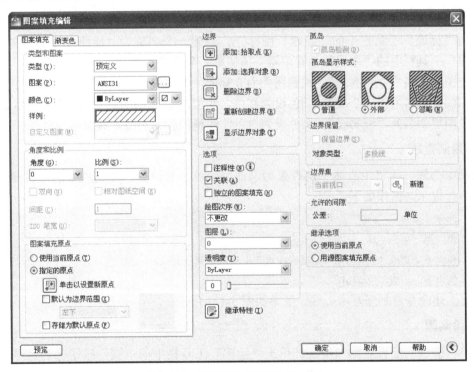

图 3-119　"图案填充编辑"对话框

在图 3-119 中，只有高亮显示的选项才可以对其进行操作。该对话框中各项的含义与图 3-110 所示的"图案填充和渐变色"对话框中各项的含义相同，利用该对话框，可以对已填充的图案进行一系列的编辑修改。

3.7.4　实例——旋钮

本例利用上面所学的图案填充相关功能绘制旋钮。

根据图形的特点，采用圆命令、阵列命令等绘制主视图，利用镜像命令和图案填充命令完成左视图。绘制流程图如图 3-120 所示。

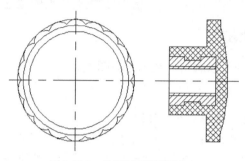

图 3-120　绘制旋钮流程图

操作步骤

1. 设置图层

单击"标准"工具栏中的"新建"图标，新建一个名称为"旋钮.dwg"的文件。单击"图层"工具栏中的"图层特性管理器"按钮，新建 3 个图层：

第一图层命名为"轮廓线"，线宽属性为 0.3mm，其余属性默认。

第二图层命名为"中心线"，颜色设为红色，线型加载为 CENTER，其余属性默认。

第三图层命名为"细实线"，颜色设为白色，线型加载为实线，其余属性默认。

2. 绘制直线

绘制中心线，将"中心线"层设置为当前层，单击"绘图"工具栏中的"直线"按钮。命令行提示与操作如下。

> 命令: line
> 指定第一点:
> 指定下一点或 [放弃(u)]:（用鼠标在水平方向上取两点）
> 指定下一点或 [放弃(u)]:

重复上述命令绘制竖直中心线。结果如图 3-121 所示。

3. 绘制圆

将"轮廓线"层设置为当前层。单击"绘图"工具栏中的"圆"按钮。命令行提示与操作如下。

> 命令: circle
> 指定圆的圆心或 [三点(3p)/两点(2p)/切点、切点、半径(t)]:（选择两中心线的交点）
> 指定圆的半径或 [直径(d)]: 20

重复上述命令分别绘制半径为 22.5 和 25 的同心圆，再以半径为 20 的圆和竖直中心线的交点为圆心，绘制半径为 5 的圆。结果如图 3-122 所示。

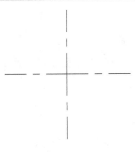

图 3-121 绘制中心线

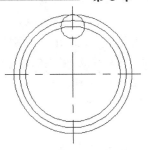

图 3-122 绘制圆

4. 绘制辅助直线

单击"绘图"工具栏中的"直线"按钮 。命令行提示与操作如下。

命令: line 指定第一点:

指定下一点或 [放弃(u)]: @30<80

指定下一点或 [放弃(u)]:

命令: line 指定第一点:

指定下一点或 [放弃(u)]: @30<100

指定下一点或 [放弃(u)]:

结果如图 3-123 所示。

5. 修剪处理

单击"修改"工具栏中的"修剪"按钮 ，修剪相关图线，结果如图 3-124 所示。

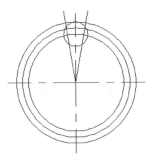

图 3-123 绘制辅助直线

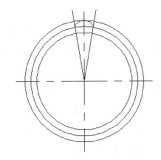

图 3-124 修剪处理

6. 删除线段

单击"修改"工具栏中的"删除"按钮 ，删除辅助直线，结果如图 3-125 所示。

7. 阵列处理

单击"修改"工具栏中的"环形阵列"按钮 ，将图形阵列。命令行提示与操作如下。

命令: _arraypolar

选择对象: 找到 1 个（选择修剪后的圆弧）

选择对象:

类型 = 极轴 关联 = 是

指定阵列的中心点或 [基点(B)/旋转轴(A)]: （选择两中心线的交点）

输入项目数或 [项目间角度(A)/表达式(E)] <4>: 18

指定填充角度(+=逆时针、-=顺时针)或 [表达式(EX)] <360>:

按 Enter 键接受或 [关联(AS)/基点(B)/项目(I)/项目间角度(A)/填充角度(F)/行(ROW)/层(L)/旋转项目(ROT)/退出(X)] <退出>: *取消*

结果如图 3-126 所示。

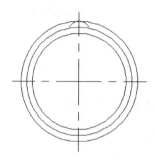

图 3-125　删除结果

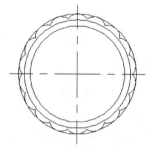

图 3-126　阵列处理

8. 绘制直线

单击"绘图"工具栏中的"直线"按钮 ，绘制线段 1 和线段 2，其中线段 1 与左边的中心线同水平位置。结果如图 3-127 所示。

9. 偏移处理

单击"修改"工具栏中的"偏移"按钮 ，命令行提示与操作如下。

命令: offset

当前设置: 删除源=否　图层=源　OFFSETGAPTYPE=0

指定偏移距离或 [通过(T)/删除(E)/图层(L)] <通过>: 5

选择要偏移的对象，或 [退出(E)/放弃(U)] <退出>:（选择线段 1）

指定要偏移的那一侧上的点，或 [退出(E)/多个(M)/放弃(U)] <退出>:（选择线段 1 的上侧）

选择要偏移的对象，或 [退出(E)/放弃(U)] <退出>:

重复上述命令将线段 1 分别向上偏移 6、8.5、10、14 和 25，将线段 2 分别向右偏移 6.5、15.5、16、20、22 和 25。

选取偏移后的直线，将其所在层分别修改为"轮廓线"层和"细实线"层，其中离基准点画线最近的线为细实线。结果如图 3-128 所示。

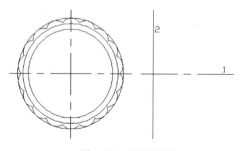

图 3-127　绘制直线

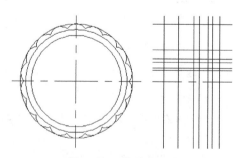

图 3-128　偏移处理

10. 修剪处理

单击"修改"工具栏中的"修剪"按钮 ─/─，将多余的线段进行修剪，结果如图 3-129 所示。

11. 绘制圆

单击"绘图"工具栏中的"圆"按钮 ⊙。命令行提示与操作如下。

命令: circle

指定圆的圆心或 [三点(3p)/两点(2p)/切点、切点、半径(t)]:（从对象捕捉快捷菜单中按下 Shift 键后右击，选择"自"菜单） _from 基点:（选择圆心）

<偏移>: @-80,0

指定圆的半径或 [直径(d)]: 80

结果如图 3-130 所示。

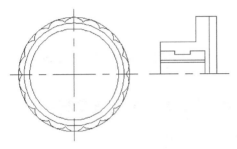

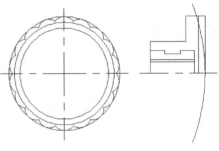

图 3-129 修剪处理　　　　　　　　　图 3-130 绘制圆

12. 修剪处理

单击"修改"工具栏中的"修剪"按钮 ─/─，将多余的线段进行修剪，结果如图 3-131 所示。

13. 删除多余线段

单击"修改"工具栏中的"删除"按钮 ✎，将多余线段进行删除，结果如图 3-132 所示。

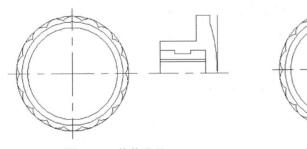

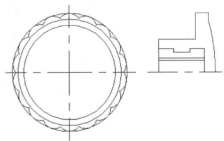

图 3-131 修剪处理　　　　　　　　　图 3-132 删除结果

14. 镜像处理

单击"修改"工具栏中的"镜像"按钮 ⚊，命令行提示与操作如下。

命令: mirror

选择对象:（选择左视图）

选择对象:

指定镜像线的第一点: 指定镜像线的第二点:（在水平中心线上取两点）

要删除源对象？[是(y)/否(n)] <n>:

结果如图 3-133 所示。

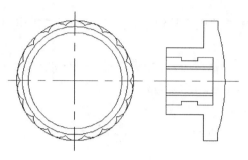

图 3-133　镜像处理

15. 绘制剖面线

切换当前图层为"细实线"层，单击"绘图"工具栏中的"图案填充"按钮，打开"图案填充和渐变色"对话框，如图 3-134 所示。

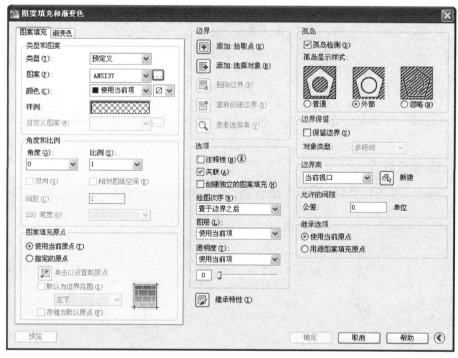

图 3-134　"图案填充和渐变色"对话框

在"图案填充"选项卡中，单击"图案"右侧的按钮，打开"填充图案选项板"对话框；在 ANSI 选项卡中选择"ANSI37"填充图案，单击"确定"按钮，回到"边界图案填充"对话框。单击"拾取点"按钮，暂时回到绘图窗口中，在所需填充区域中拾取任意一个点，重复拾取直至所有填充区域都被虚线框所包围，按 Enter 键结束拾取，回到"边界图案填充"对话框，单击"确定"按钮，完成图案填充操作，重复操作填充"ANSI31"填充图案即完成剖面线的绘制。至此，旋钮的绘制工作完成，结果如图 3-120 所示。

3.8　综合实例——底座

底座与前面讲述的压紧螺母类似，其绘制过程分两步，对于左视图，由多边形和圆构成，直接绘制；对于主视图，则需要利用与左视图的投影对应关系进行定位和绘制，如图 3-135 所示。

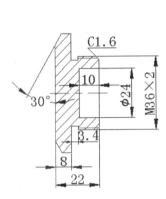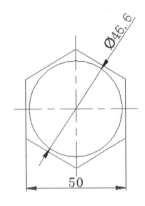

图 3-135　底座

操作步骤

1. 创建图层

单击"图层"工具栏中的"图层特性管理器"按钮，打开"图层特性管理器"对话框，设置图层：

（1）中心线：颜色为红色，线型为 CENTER，线宽为 0.15mm；

（2）粗实线：颜色为白色，线型为 Continuous，线宽为 0.30mm；

（3）细实线：颜色为白色，线型为 Continuous，线宽为 0.15mm；

（4）尺寸标注：颜色为白色，线型为 Continuous，线宽为默认；

（5）文字说明：颜色为白色，线型为 Continuous，线宽为默认。

2. 绘制左视图

（1）绘制中心线。将"中心线"图层设定为当前图层。单击"绘图"工具栏中的"直线"按钮，以坐标点{(200,150)，(300,150)}、{(250,200)，(250,100)}绘制中心线，修改线型比例为 0.5。结果如图 3-136 所示。

（2）绘制多边形。将"粗实线"图层设定为当前图层。单击"绘图"工具栏中的"正多边形"按钮，绘制正六边形，并单击"修改"工具栏中的"旋转"按钮，将绘制的正六边形旋转 90°，命令行提示与操作如下。

```
命令：_polygon 输入侧面数 <4>：6
指定正多边形的中心点或 [边(E)]：（选取中心线交点）
```

输入选项 [内接于圆(I)/外切于圆(C)] <C>: c

指定圆的半径: 25

命令: _rotate

UCS 当前的正角方向： ANGDIR=逆时针 ANGBASE=0

选择对象: 找到 1 个（选取绘制的正六边形）

选择对象:

指定基点:（选取中心线交点）

指定旋转角度，或 [复制(C)/参照(R)] <0>: 90

结果如图 3-137 所示。

图 3-136 绘制中心线　　　　　　　　图 3-137 绘制正六边形

（3）绘制圆。单击"绘图"工具栏中的"圆"按钮⊙，以中心线交点为圆心，绘制半径为 23.3 的圆，结果如图 3-138 所示。

3. 绘制主视图

（1）绘制中心线。将"中心线"图层设定为当前图层。单击"绘图"工具栏中的"直线"按钮／，以坐标点{(130,150)，(170,150)}、{(140,190)，(140,110)}绘制中心线，修改线型比例为 0.5。结果如图 3-139 所示。

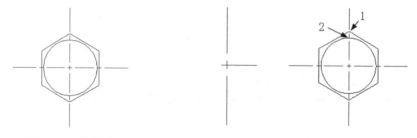

图 3-138 绘制圆　　　　　　　　　图 3-139 绘制中心线

（2）绘制辅助线。单击"绘图"工具栏中的"直线"按钮／，以图 3-139 中的点 1、2 为基准向左侧绘制直线，结果如图 3-140 所示。

（3）绘制图形。将"粗实线"图层设定为当前图层。单击"绘图"工具栏中的"直线"按钮／，根据辅助线及尺寸绘制图形。结果如图 3-141 所示。

（4）绘制退刀槽。单击"绘图"工具栏中的"直线"按钮／和"修改"工具栏中的"修剪"按钮┼，绘制退刀槽。结果如图 3-142 所示。

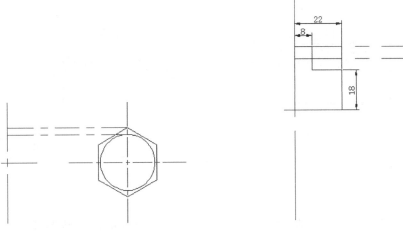

图 3-140　绘制辅助线　　　　　　　　　　　图 3-141　绘制图形

（5）创建倒角 1。单击"修改"工具栏中的"倒角"按钮，以 1.6 为边长创建倒角。结果如图 3-143 所示。

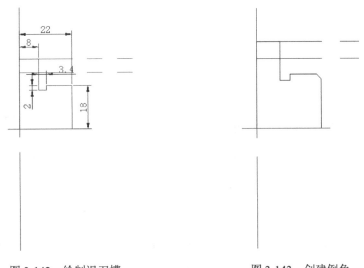

图 3-142　绘制退刀槽　　　　　　　　　　　图 3-143　创建倒角

（6）创建倒角 2。选取极轴追踪角度为 30°，将"极轴追踪"打开，单击"绘图"工具栏中的"直线"按钮和"修改"工具栏中的"修剪"按钮，绘制倒角。结果如图 3-144 所示。

（7）绘制螺纹线。单击"修改"工具栏中的"偏移"按钮，将水平中心线向上偏移，偏移距离为 16.9，并单击"修改"工具栏中的"修剪"按钮，剪切线段，将剪切后的线段修改图层为"细实线"。结果如图 3-145 所示。

（8）绘制内孔。将"粗实线"图层设定为当前图层。单击"绘图"工具栏中的"直线"按钮，绘制螺纹线。结果如图 3-146 所示。

（9）镜像图形。单击"修改"工具栏中的"镜像"按钮，将绘制好的一半图形镜像到另一侧。结果如图 3-147 所示。

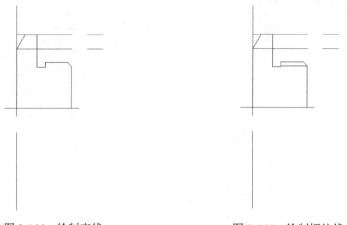

图 3-144　绘制直线　　　　　　　　　　图 3-145　绘制螺纹线

（10）绘制剖面线。将"细实线"图层设定为当前图层。单击"绘图"工具栏中的"图案填充"按钮，设置填充图案为"ANST31"，角度为 0，比例为 1。结果如图 3-148 所示。

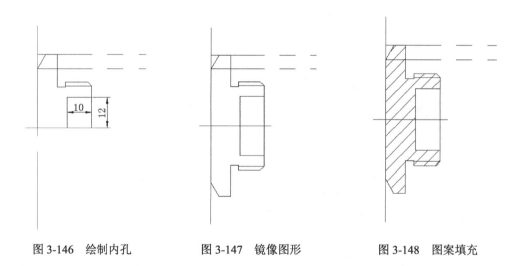

图 3-146　绘制内孔　　　　图 3-147　镜像图形　　　　图 3-148　图案填充

（11）删除多余的辅助线，并利用"打断"命令修剪过长的中心线。最后打开状态栏上的"线宽"按钮，最终结果如图 3-135 所示。

3.9　上机实验

通过前面的学习，读者对本章知识也有了大体的了解，本节通过两个操作练习使读者进一步掌握本章知识要点。

题目1：绘制均布结构图形

1．目的要求

本例设计的图形是一个常见的机械零件，如图 3-149 所示。在绘制的过程中，除了要用到"直线"、"圆"等基本绘图命令外，还要用到"剪切"和"阵列"编辑命令。通过本例，要求读者熟练掌握"剪切"和"阵列"编辑命令的用法。

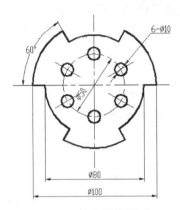

图 3-149　均布结构图形

2．操作提示

（1）设置新图层。

（2）绘制中心线和基本轮廓。

（3）进行阵列编辑。

（4）进行剪切编辑。

题目 2：绘制轴承座

1．目的要求

本例设计的图形是一个常见的机械零件，如图 3-150 所示。在绘制的过程中，除了要用到"直线"、"圆"等基本绘图命令外，还要用到"剪切"、"镜像"和"圆角"编辑命令。通过本例，要求读者熟练掌握"剪切"、"镜像"和"圆角"编辑命令的用法。

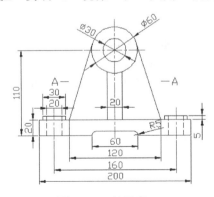

图 3-150　轴承座

2．操作提示

（1）利用"图层"命令设置 3 个图层。

（2）利用"直线"命令绘制中心线。

（3）利用"直线"命令和"圆"命令绘制部分轮廓线。

（4）利用"圆角"命令进行圆角处理。

（5）利用"直线"命令绘制螺孔线。

（6）利用"镜像"命令对左端局部结构进行镜像。

3.10　思考与练习

1．使用偏移命令时，下列说法正确的是（　　）。

    A．偏移值可以小于 0，这是向反向偏移

    B．可以框选对象一次偏移多个对象

    C．一次只能偏移一个对象

    D．偏移命令执行时不能删除原对象

2．将圆心在（30,30）处的圆移动，移动中指定圆心的第二个点时，在动态输入框中输入（10,20），其结果是（　　）。

    A．圆心坐标为（10,20）   B．圆心坐标为（30,30）

    C．圆心坐标为（40,50）   D．圆心坐标为（20,10）

3．绘制一个半径为 10 的圆，然后将其制作成块，这时候会发现这个圆有（　　）个夹点。

    A．1   B．4   C．5   D．0

4．对于一个多段线对象中的所有角点倒圆角，可以使用圆角命令中的（　　）命令选项。

    A．多段线(P)   B．修剪(T)   C．多个(U)   D．半径(R)

5．拉伸命令对下列（　　）对象没有作用。

    A．多段线   B．样条曲线   C．圆   D．矩形

6．同时填充多个区域，如果修改一个区域的填充图案而不影响其他区域，则（　　）。

    A．将图案分解

    B．在创建图案填充的时候选择"关联"

    C．删除图案，重新对该区域进行填充

    D．在创建图案填充的时候选择"创建独立的图案填充"

第4章

精确绘图

本章将循序渐进地介绍 AutoCAD 2012 绘图的有关基本知识。帮助读者了解操作界面基本布局,掌握如何设置图形的系统参数,熟悉文件管理方法,学会各种基本输入操作方式,熟练进行图层设置,应用各种绘图辅助工具等。为后面进入系统学习准备必要的前提知识。

学习要点

● 熟练进行图层设置、精确定位
● 熟练进行对象的追踪与捕捉

4.1 精确定位工具

精确定位工具是指能够快速准确地定位某些特殊点（如端点、中点、圆心等）和特殊位置（如水平位置、垂直位置）的工具，包括"推断约束"、"捕捉模式"、"栅格显示"、"正交模式"、"极轴追踪"、"对象捕捉"、"三维对象捕捉"、"对象捕捉追踪"、"允许/禁止动态 UCS"、"动态输入"、"显示/隐藏线宽"、"显示/隐藏透明度"、"快捷特征"和"选择循环"14 个功能开关按钮，如图 4-1 所示。

图 4-1　状态栏按钮

4.1.1 正交模式

在 AutoCAD 绘图过程中，经常需要绘制水平直线和垂直直线，但是用光标控制选择线段的端点时很难保证两个点严格沿水平或垂直方向，为此，AutoCAD 提供了正交功能，当启用正交模式时，画线或移动对象只能沿水平方向或垂直方向移动光标，也只能绘制平行于坐标轴的正交线段。

 执行方式

命令行：ORTHO。
状态栏：按下状态栏中的"正交模式"按钮 。
快捷键：按 F8 键。

 操作步骤

命令行提示与操作如下。

> 命令: ORTHO
> 输入模式 [开(ON)/关(OFF)] <开>:（设置开或关）

4.1.2 栅格显示

用户可以应用栅格显示工具使绘图区显示网格，它是一个形象的画图工具，就像传统的坐标纸一样。本节介绍控制栅格显示及设置栅格参数的方法。

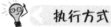 **执行方式**

菜单栏：选择菜单栏中的"工具"→"绘图设置"命令。
状态栏：按下状态栏中的"栅格显示"按钮 （仅限于打开与关闭）。
快捷键：按 F7 键（仅限于打开与关闭）。

 操作步骤

选择菜单栏中的"工具"→"绘图设置"命令，系统打开"草图设置"对话框，单击"捕捉和栅格"选项卡，如图 4-2 所示。

图 4-2　"捕捉和栅格"选项卡

其中，"启用栅格"复选框用于控制是否显示栅格；"栅格 X 轴间距"和"栅格 Y 轴间距"文本框用于设置栅格在水平与垂直方向的间距。如果"栅格 X 轴间距"和"栅格 Y 轴间距"设置为 0，则 AutoCAD 系统会自动将捕捉栅格间距应用于栅格，且其原点和角度总是与捕捉栅格的原点和角度相同。另外，还可以通过"Grid"命令在命令行设置栅格间距。

> 注意：在"栅格 X 轴间距"和"栅格 Y 轴间距"文本框中输入数值时，若在"栅格 X 轴间距"文本框中输入一个数值后按 Enter 键，系统将自动传送这个值给"栅格 Y 轴间距"，这样可减少工作量。

4.1.3　捕捉模式

为了准确地在绘图区捕捉点，AutoCAD 提供了捕捉工具，可以在绘图区生成一个隐含的栅格（捕捉栅格），这个栅格能够捕捉光标，约束它只能落在栅格的某一个节点上，使用户能够高精确度地捕捉和选择这个栅格上的点。本节主要介绍捕捉栅格的参数设置方法。

执行方式

菜单栏：选择菜单栏中的"工具"→"草图设置"命令。

状态栏：按下状态栏中的"捕捉模式"按钮（仅限于打开与关闭）。

快捷键：按 F9 键（仅限于打开与关闭）。

操作步骤

选择菜单栏中的"工具"→"绘图设置"命令，打开"草图设置"对话框，单击"捕捉和栅格"选项卡，如图 4-2 所示。

选项说明

（1）"启用捕捉"复选框：控制捕捉功能的开关，与按 F9 快捷键或按下状态栏上的"捕捉模式"按钮功能相同。

（2）"捕捉间距"选项组：设置捕捉参数，其中"捕捉 X 轴间距"与"捕捉 Y 轴间距"文本框用于确定捕捉栅格点在水平和垂直两个方向上的间距。

（3）"捕捉类型"选项组：确定捕捉类型和样式。AutoCAD 提供了两种捕捉栅格的方式："栅格捕捉"和"PolarSnap"（极轴捕捉）。"栅格捕捉"是指按正交位置捕捉位置点，"PolarSnap"则可以根据设置的任意极轴角捕捉位置点。

"栅格捕捉"又分为"矩形捕捉"和"等轴测捕捉"两种方式。在"矩形捕捉"方式下捕捉栅格是标准的矩形，在"等轴测捕捉"方式下捕捉栅格和光标十字线不再互相垂直，而是成绘制等轴测图时的特定角度，这种方式对于绘制等轴测图十分方便。

（4）"极轴间距"选项组：该选项组只有在选择"PolarSnap"捕捉类型时才可用。可在"极轴距离"文本框中输入距离值，也可以在命令行输入"SNAP"，设置捕捉的有关参数。

4.2 对象捕捉

在利用 AutoCAD 画图时经常要用到一些特殊点，如圆心、切点、线段或圆弧的端点、中点等，如果只利用光标在图形上选择，要准确地找到这些点是十分困难的。因此，AutoCAD 提供了一些识别这些点的工具，通过这些工具即可容易地构造新几何体，精确地绘制图形，其结果比传统手工绘图更精确且更容易维护。在 AutoCAD 中，这种功能称为对象捕捉功能。

4.2.1 特殊位置点捕捉

在绘制 AutoCAD 图形时，有时需要指定一些特殊位置的点，如圆心、端点、中点、平行线上的点等，这些点如表 4-1 所示。可以通过对象捕捉功能来捕捉这些点。

表 4-1　特殊位置点捕捉

捕 捉 模 式	快 捷 命 令	功　　　能
临时追踪点	TT	建立临时追踪点
两点之间的中点	M2P	捕捉两个独立点之间的中点
捕捉自	FRO	与其他捕捉方式配合使用建立一个临时参考点，作为指出后继点的基点
端点	ENDP	用来捕捉对象（如线段或圆弧等）的端点
中点	MID	用来捕捉对象（如线段或圆弧等）的中点
圆心	CEN	用来捕捉圆或圆弧的圆心
节点	NOD	捕捉用 POINT 或 DIVIDE 等命令生成的点
象限点	QUA	用来捕捉距光标最近的圆或圆弧上可见部分的象限点，即圆周上 0°、90°、180°、270°位置上的点
交点	INT	用来捕捉对象（如线、圆弧或圆等）的交点
延长线	EXT	用来捕捉对象延长路径上的点
插入点	INS	用于捕捉块、形、文字、属性或属性定义等对象的插入点
垂足	PER	在线段、圆、圆弧或它们的延长线上捕捉一个点，使之与最后生成的点的连线与该线段、圆或圆弧正交
切点	TAN	最后生成的一个点到选中的圆或圆弧上引切线的切点位置

续表

捕 捉 模 式	快 捷 命 令	功　　能
最近点	NEA	用于捕捉离拾取点最近的线段、圆、圆弧等对象上的点
外观交点	APP	用来捕捉两个对象在视图平面上的交点。若两个对象没有直接相交，则系统自动计算其延长后的交点；若两对象在空间上为异面直线，则系统计算其投影方向上的交点
平行线	PAR	用于捕捉与指定对象平行方向的点
无	NON	关闭对象捕捉模式
对象捕捉设置	OSNAP	设置对象捕捉

AutoCAD 提供了命令行、工具栏和右键快捷菜单 3 种执行特殊点对象捕捉的方法。

在使用特殊位置点捕捉的快捷命令前，必须先选择绘制对象的命令或工具，再在命令行中输入其快捷命令。

4.2.2　实例——盘盖

利用上面学到的特殊位置点捕捉功能，依次绘制不同半径、不同位置的圆。绘制如图 4-3 所示的盘盖。

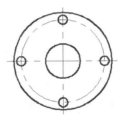

图 4-3　绘制盘盖

操作步骤

1. 设置图层

选择菜单栏中的"格式"→"图层"命令，弹出图层选项板。新建图层如下。

（1）中心线层：线型为 CENTER，颜色为红色，其余属性默认；

（2）粗实线层：线宽为 0.30mm，其余属性默认。

2. 绘制中心线

将中心线层设置为当前层，单击"绘图"工具栏中的"直线"按钮，绘制垂直中心线。

3. 绘制辅助圆

单击"绘图"工具栏中的"圆"按钮，绘制圆形中心线，在指定圆心时，捕捉垂直中心线的交点，如图 4-4 所示。结果如图 4-5 所示。

4. 绘制外圆和内孔

转换到粗实线层，单击"绘图"工具栏中的"圆"按钮，绘制两个同心圆，在指定圆心时，捕捉刚绘制的圆的圆心，如图 4-6 所示。结果如图 4-7 所示。

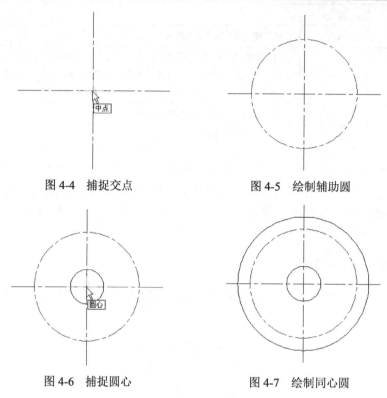

图 4-4　捕捉交点　　　　　　　　　图 4-5　绘制辅助圆

图 4-6　捕捉圆心　　　　　　　　　图 4-7　绘制同心圆

5. 绘制螺孔

单击"绘图"工具栏中的"圆"按钮⊙，绘制侧边小圆。在指定圆心时，捕捉圆形中心线与水平中心线或垂直中心线的交点，如图 4-8 所示。结果如图 4-9 所示。

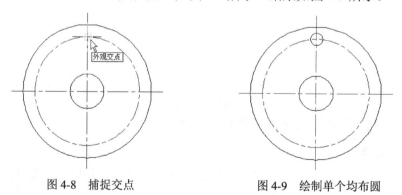

图 4-8　捕捉交点　　　　　　　　　图 4-9　绘制单个均布圆

6. 绘制其余螺孔

同样方法绘制其他 3 个螺孔，最终结果如图 4-3 所示。

4.2.3　对象捕捉设置

在 AutoCAD 中绘图之前，可以根据需要事先设置开启一些对象捕捉模式，绘图时系统就能自动捕捉这些特殊点，从而加快绘图速度，提高绘图质量。

执行方式

命令行：DDOSNAP。

菜单栏：选择菜单栏中的"工具"→"草图设置"命令。

工具栏：单击"对象捕捉"工具栏中的"对象捕捉设置"按钮。

状态栏：按下状态栏中的"对象捕捉"按钮（仅限于打开与关闭）。

快捷键：按 F3 键（仅限于打开与关闭）。

快捷菜单：选择快捷菜单中的"捕捉替代"→"对象捕捉设置"命令。

执行上述操作后，系统打开"草图设置"对话框，单击"对象捕捉"选项卡，如图 4-10 所示，利用此选项卡可对对象捕捉方式进行设置。

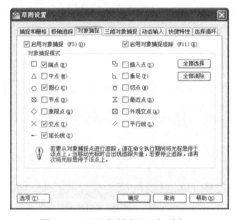

图 4-10　"对象捕捉"选项卡

选项说明

（1）"启用对象捕捉"复选框：选中该复选框，在"对象捕捉模式"选项组中选中的捕捉模式处于激活状态。

（2）"启用对象捕捉追踪"复选框：用于打开或关闭自动追踪功能。

（3）"对象捕捉模式"选项组：此选项组中列出各种捕捉模式的复选框，被选中的复选框处于激活状态。单击"全部清除"按钮，则所有模式均被清除。单击"全部选择"按钮，则所有模式均被选中。

另外，在对话框的左下角有一个"选项"按钮，单击该按钮可以打开"选项"对话框的"草图"选项卡，利用该选项卡可决定捕捉模式的各项设置。

4.2.4　实例——公切线的绘制

绘制如图 4-11 所示的圆的公切线。

图 4-11　圆的公切线

（1）单击"绘图"工具栏中的"圆"按钮⊙，以适当半径绘制两个圆，绘制结果如图 4-12 所示。

（2）在操作界面的顶部工具栏区右击，选择快捷菜单中的"autocad"→"对象捕捉"命令，打开"对象捕捉"工具栏。

（3）单击"绘图"工具栏中的"直线"按钮，绘制公切线，命令行提示与操作如下。

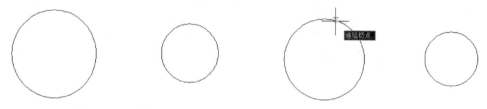

图 4-12　绘制圆　　　　　　图 4-13　捕捉切点

（4）单击"绘图"工具栏中的"直线"按钮，绘制公切线。单击"对象捕捉"工具栏中的"捕捉到切点"按钮，捕捉切点，如图 4-15 所示为捕捉第二个切点的情形。

（5）系统自动捕捉到切点的位置，最终绘制结果如图 4-11 所示。

图 4-14　捕捉另一切点　　　　　图 4-15　捕捉第二个切点

注意：不管指定圆上哪一点作为切点，系统都会根据圆的半径和指定的大致位置确定准确的切点位置，并能根据大致指定点与内外切点距离，依据距离趋近原则判断绘制外切线还是内切线。

4.2.5　基点捕捉

在绘制图形时，有时需要指定以某个点为基点的一个点。这时，可以利用基点捕捉功能来捕捉此点。基点捕捉要求确定一个临时参考点作为指定后续点的基点，通常与其他对象捕捉模式及相关坐标联合使用。

执行方式

命令行：FROM。

快捷键：自（如图 4-16 所示）。

选择该命令

图 4-16　快捷菜单

操作步骤

当在输入一点的提示下输入 From，或单击相应的工具图标时，命令行提示：

基点:(指定一个基点)
<偏移>:（输入相对于基点的偏移量）

则得到一个点，这个点与基点之间坐标差为指定的偏移量。

4.3　对象追踪

对象追踪是指按指定角度或与其他对象建立指定关系绘制对象。可以结合对象捕捉功能进行自动追踪，也可以指定临时点进行临时追踪。

4.3.1　自动追踪

利用自动追踪功能，可以对齐路径，有助于以精确的位置和角度创建对象。自动追踪包括"极轴追踪"和"对象捕捉追踪"两种追踪选项。"极轴追踪"是指按指定的极轴角或极轴角的倍数对齐要指定点的路径；"对象捕捉追踪"是指以捕捉到的特殊位置点为基点，按指定的极轴角或极轴角的倍数对齐要指定点的路径。

"极轴追踪"必须配合"对象捕捉"功能一起使用，即同时按下状态栏中的"极轴追踪"按钮和"对象捕捉"按钮；"对象捕捉追踪"必须配合"对象捕捉"功能一起使用，即同时按下状态栏中的"对象捕捉"按钮和"对象捕捉追踪"按钮。

 执行方式

命令行：DDOSNAP。

菜单栏：选择菜单栏中的"工具"→"草图设置"命令。

工具栏：单击"对象捕捉"工具栏中的"对象捕捉设置"按钮 。

状态栏：按下状态栏中的"对象捕捉"按钮 和"对象捕捉追踪"按钮 。

快捷键：按 F11 键。

快捷菜单：选择快捷菜单中的"捕捉替代"→"对象捕捉设置"命令。

执行上述操作后，或在"对象捕捉"按钮 与"对象捕捉追踪"按钮 上右击，选择快捷菜单中的"设置"命令，系统打开"草图设置"对话框的"对象捕捉"选项卡，选中"启用对象捕捉追踪"复选框，即可完成对象捕捉追踪的设置。

4.3.2 极轴追踪设置

 执行方式

命令行：DDOSNAP。

菜单栏：选择菜单栏中的"工具"→"草图设置"命令。

工具栏：单击"对象捕捉"工具栏中的"对象捕捉设置"按钮 。

状态栏：按下状态栏中的"对象捕捉"按钮 和"极轴追踪"按钮 。

快捷键：按 F10 键。

快捷菜单：选择快捷菜单中的"捕捉替代"→"对象捕捉设置"命令。

执行上述操作或在"极轴追踪"按钮 上右击，选择快捷菜单中的"设置"命令，系统打开如图 4-17 所示的"草图设置"对话框的"极轴追踪"选项卡，其中各选项功能如下。

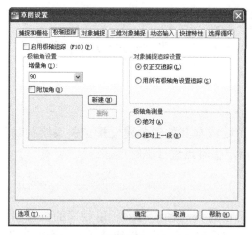

图 4-17 "极轴追踪"选项卡

（1）"启用极轴追踪"复选框：选中该复选框，即启用极轴追踪功能。

（2）"极轴角设置"选项组：设置极轴角的值，可以在"增量角"下拉列表框中选择一种角度值，也可选中"附加角"复选框。单击"新建"按钮设置任意附加角，系统在进行极轴追踪时，同时追踪增量角和附加角，可以设置多个附加角。

（3）"对象捕捉追踪设置"和"极轴角测量"选项组：按界面提示设置相应单选选项。利用自动追踪可以完成三视图绘制。

4.4　综合实例——圆锥齿轮轴

本节将介绍圆锥齿轮轴的绘制过程，圆锥齿轮轴也是对称结构，因此可以利用图形的对称性，绘制图形的一半再进行镜像处理来完成。结果如图 4-18 所示。

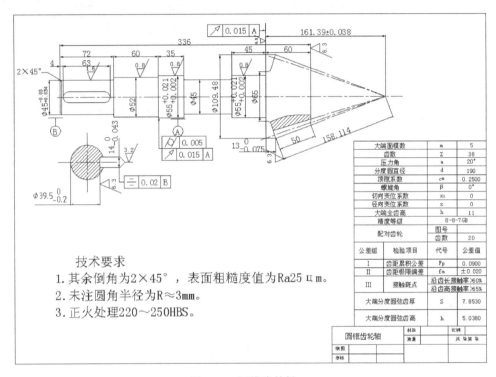

图 4-18　圆锥齿轮轴

操作步骤

1. 绘制主视图

1）新建文件

单击菜单栏中的"文件"→"新建"命令，弹出"选择样板"对话框，单击"打开"按钮，创建一个新的图形文件。

2）设置图层

单击菜单栏中的"视图"→"选项板"→"图层特性"命令，弹出"图层特性管理器"对话框，在该对话框中依次创建"轮廓线"、"点画线"和"剖面线" 3 个图层，并设置"轮廓线"的线宽为 0.5mm，设置"点画线"的线型为"CENTER2"。

3）绘制轮廓线

（1）将"点画线"图层设置为当前层，单击菜单栏中的"绘图"→"直线"命令，沿水平方向绘制一条中心线；将"轮廓线"图层设置为当前层，再次单击菜单栏中的"绘图"→"直线"命令，沿竖直方向绘制一条直线，效果如图 4-19 所示。

（2）单击"修改"工具栏中的"偏移"命令，将竖直线向右偏移 72、132、167、231、276、336、437.389，效果如图 4-20 所示。

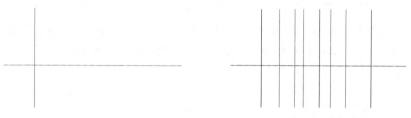

图 4-19　绘制定位直线　　　　　　　图 4-20　偏移竖直直线

（3）再次单击"修改"工具栏中的"偏移"命令，将水平中心线向上偏移，偏移距离为 22.5、26、27.5、32.5、54.74，同时将偏移的直线转换到"轮廓线"层，效果如图 4-21 所示。

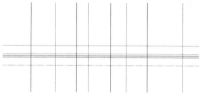

图 4-21　偏移水平直线

（4）单击"修改"工具栏中的"修剪"命令，修剪掉多余的直线，图形效果如图 4-22 所示。

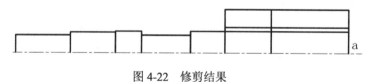

图 4-22　修剪结果

4）绘制锥齿

（1）将"轮廓线"层设置为当前层，单击"绘图"工具栏中的"直线"命令，以图 4-22 中的 a 点为起点，绘制角度为 159.75° 和 161.4° 的斜线，并将角度为 161.4° 的斜线转换到"点画线"层，如图 4-23 所示。

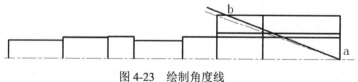

图 4-23　绘制角度线

（2）单击"绘图"工具栏中的"直线"命令，以图 4-23 中的 b 点为起点，绘制角度为 251.57° 的斜线，如图 4-24 所示。

（3）单击"修改"工具栏中的"修剪"命令，修剪掉多余的直线，图形效果如图 4-25 所示。

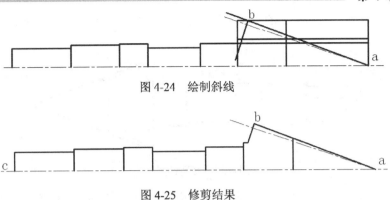

图 4-24　绘制斜线

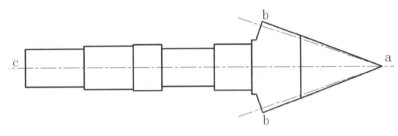

图 4-25　修剪结果

（4）单击"修改"工具栏中的"镜像" 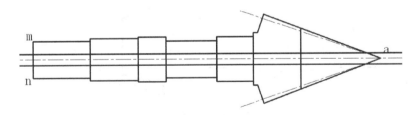命令，镜像对象为图 4-25 中心线上方部分，直线 *ac* 为镜像线，得到的结果如图 4-26 所示。

图 4-26　镜像结果

5）绘制键槽

（1）单击"修改"工具栏中的"偏移" 命令，将水平中心线分别向上下偏移，偏移距离为 7，同时将偏移的直线转换到"轮廓线"层，效果如图 4-27 所示。

图 4-27　偏移结果

（2）单击"修改"工具栏中的"偏移" 命令，将图 4-27 中的直线 *mn* 向右偏移，偏移距离为 4、67，效果如图 4-28 所示。

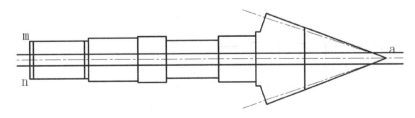

图 4-28　偏移直线

（3）单击"修改"工具栏中的"修剪" ⊹ 命令，对图 4-28 中偏移的直线进行修剪，效果如图 4-29 所示。

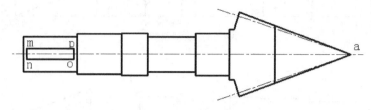

图 4-29　修剪结果

（4）单击"修改"工具栏中的"圆角" ⌒ 命令，对图 4-29 中角点 *m*、*n*、*p*、*o* 倒圆角，圆角半径为 7mm，单击"修改"工具栏中的"修剪" ⊹ 命令和"删除" ✍ 命令，修剪并删除掉多余的线条，图形效果如图 4-30 所示。

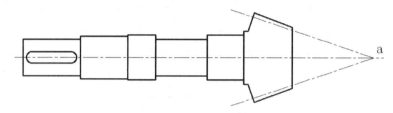

图 4-30　圆角结果

6）绘制齿根线

（1）将"轮廓线"图层设置为当前层，单击"绘图"工具栏中的"直线" ✐ 命令，以图 4-30 中的 *a* 点为起点，绘制角度为 196.25° 的斜线，然后单击"修改"工具栏中的"修剪" ⊹ 命令，修剪掉多余的直线，如图 4-31 所示。

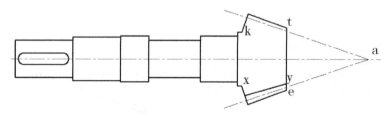

图 4-31　绘制角度线

（2）单击"修改"工具栏中的"圆角" ⌒ 命令，对图 4-31 中角点 *k*、*x* 倒圆角，圆角半径为 5mm；将"点画线"层设置为当前层，然后单击"绘图"工具栏中的"直线" ✐ 命令，连接图 4-31 中的 *at*、*ae* 和 *ay*，图形效果如图 4-32 所示。

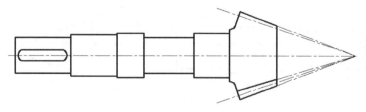

图 4-32　绘制圆角和直线

7）绘制局部剖面图

（1）将"剖面线"层设置为当前层，单击"绘图"工具栏中的"样条曲线" $\curvearrowright$ 命令，绘制一条波浪线，然后单击"绘图"工具栏中的"图案填充" $\boxtimes$ 命令，完成剖面线的绘制，最后单击"修改"工具栏中的"倒角" $\triangle$ 命令，对图中相应位置进行倒角，这样就完成了主视图的绘制，效果如图4-33所示。

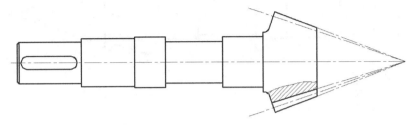

图4-33　完成主视图

（2）下面开始绘制键槽处的剖面图，将"点画线"层设置为当前层，单击"绘图"工具栏中的"直线" $\nearrow$ 命令，在对应的位置绘制中心线，然后将当前图层设置为"轮廓线"层，单击"绘图"工具栏中的"圆" $\odot$ 命令，以刚绘制的中心线的交点为圆心，绘制半径为22.5的圆，效果如图4-34所示。

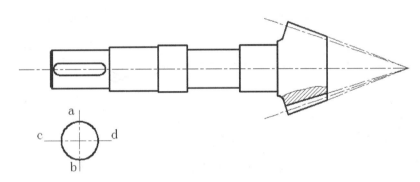

图4-34　绘制剖面图

（3）单击"修改"工具栏中的"偏移" $\triangleq$ 命令，将直线 ab 向右偏移17mm，直线 cd 分别向上下偏移7mm，效果如图4-35所示。

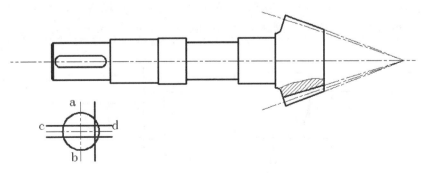

图4-35　偏移结果

（4）单击"修改"工具栏中的"修剪" 命令，修剪掉多余的直线，效果如图 4-36 所示。

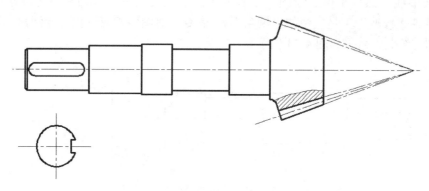

图 4-36　修剪图形

（5）将当前图层设置为"剖面线"层，单击"绘图"工具栏中的"图案填充" 命令，完成剖面线的绘制，这样就完成了键槽剖面图的绘制，效果如图 4-37 所示。

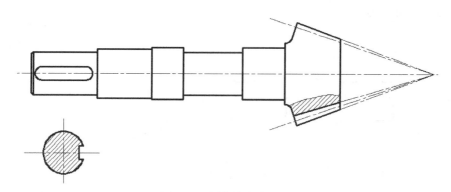

图 4-37　图案填充结果

（6）单击"修改"工具栏中的"圆角" 命令，对各个轴肩倒圆角。

注意：轴肩高度 h、圆角半径 R 及轴上零件的倒角 C_1 或圆角 R_1 要保证如下关系：$h>R_1>R$ 或 $h>C_1$，如图 4-38 所示。轴径与圆角半径的关系如表 4-2 所示，如 $d=50\text{mm}$，由表查得 $R=1.6\text{mm}$，$C_1=2\text{mm}$，则 $h\approx2.5\sim3.5\text{mm}$。

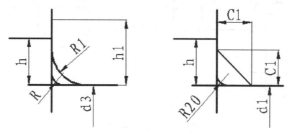

图 4-38　轴肩高度和圆角半径

表 4-2　零件倒圆和倒角的推荐值（GB 6403.4—86）

直径 d	>10~18	>18~30	>30~50	>50~80	>80~120	>120~180	>180~250
R	0.8	1.0	1.6	2.0	2.5	3.0	4.0
C_1	1.2	1.6	2.0	2.5	3.0	4.0	5.0

注意：安装滚动轴承处的 R 和 R_1 可由轴承标准中查取。轴肩高度 h 除了应大于 R_1 外，还要小于轴承内圈厚度 h_1，以便拆卸轴承，如图 4-39（a）所示。如有结构原因，必须使 $h \geqslant h_1$，则可采用轴槽结构，供拆卸轴承用，如图 4-39（b）所示。如果可以通过其他零件拆卸轴承，则 h 不受此限制。

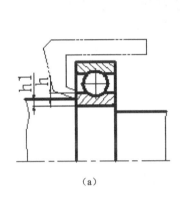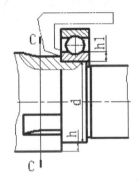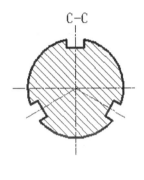

（a）　　　　　　　　　　　　　　　　　　　（b）

图 4-39　轴承的拆卸

2. 添加标注

1）标注轴向尺寸

（1）单击菜单栏中的"格式"→"标注样式"命令，创建"圆锥齿轮标注（不带偏差）"标注样式，进行相应的设置，完成后将其设置为当前标注样式，然后单击菜单栏中的"标注"→"线性" $\square$ 命令，对齿轮轴中不带偏差的轴向尺寸进行标注，效果如图 4-40 所示。

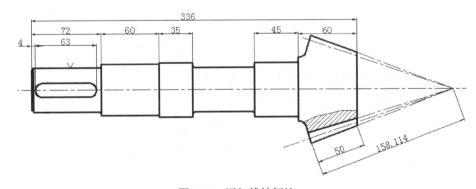

图 4-40　添加线性标注

（2）单击菜单栏中的"格式"→"标注样式"命令，弹出"标注样式管理器"对话框，单击"新建"按钮，弹出"创建新标注样式"对话框，输入新样式名"圆锥齿轮标注

（带偏差）"。在"创建新标注样式"对话框中，单击"继续"按钮，在弹出的对话框中选择"公差"选项卡，在"公差格式"中的"方式"中，选择"极限偏差"，"精度"中选择"0.000"，"垂直位置"中选择"中"，单击"确定"按钮完成标注样式的新建。将新建的标注样式置为当前标注，标注带有偏差的轴向尺寸，效果如图 4-41 所示。

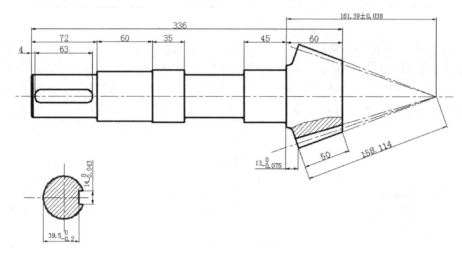

图 4-41 添加带偏差标注

2）标注径向尺寸

（1）将"圆锥齿轮标注（不带偏差）"标注样式设置为当前标注样式，使用线性标注对不带偏差的轴径尺寸进行标注。单击菜单栏中的"标注"→"线性"命令，标注各个直径尺寸，然后双击标注的文字，在弹出的"特性"对话框中修改标注文字。

（2）将"圆锥齿轮标注（带偏差）"标注样式设置为当前标注样式，单击菜单栏中的"格式"→"标注样式"命令，弹出"标注样式管理器"对话框，单击"修改"按钮，弹出"修改标注样式"对话框，选择"主单位"选项卡，在"线性标注"下的"前缀"中输入"%%c"，单击"确定"按钮完成标注样式的修改。标注带有偏差的径向尺寸，最终效果如图 4-42 所示。

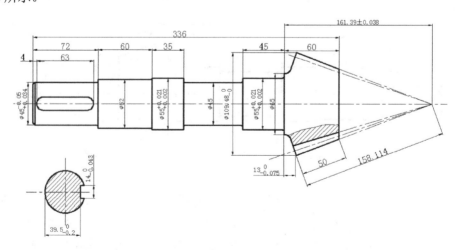

图 4-42 标注径向尺寸

3）标注表面粗糙度

查阅"轴的工作表面的表面粗糙度"推荐表中的数值，标注图中的表面粗糙度，效果如图 4-43 所示。

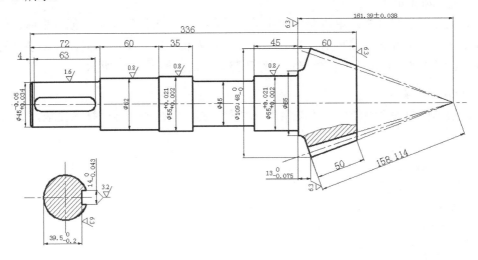

图 4-43　标注表面粗糙度

4）标注形位公差

（1）单击菜单栏中的"标注"→"公差"命令，弹出"形位公差"对话框。选择所需的符号、基准，输入公差数值，单击"确定"按钮完成形位公差的标注，标注结果如图 4-44 所示。

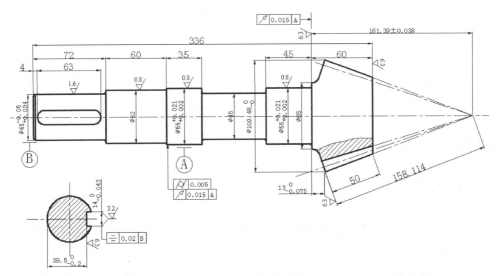

图 4-44　标注形位公差

（2）单击菜单栏中的"标注"→"角度"命令，对图中的角度尺寸进行标注，然后单击菜单栏中的"标注"→"半径"命令，对图中的圆角进行标注，在命令行输入 QLEADER 命令，对图中的倒角进行标注，至此完成了主视图的标注。

5）标注参数表

（1）修改表格样式：单击菜单栏中的"格式"→"表格样式"命令，对表格样式进行相应的设置，确定退出。

（2）创建并填写表格：单击菜单栏中的"绘图"→"表格"命令，创建表格，然后双击单元格，打开多行文字编辑器，在各单元格中输入相应的文字或数据，并将多余的单元格合并，也可以调入前面绘制的表格进行修改整理，效果如图 4-45 所示。

6）标注技术要求

单击菜单栏中的"绘图"→"文字"→"多行文字"命令，标注技术要求，如图 4-46 所示。

大端面模数	m	5
齿数	Z	38
压力角	α	20°
分度圆直径	d	190
顶隙系数	c*	0.2500
螺旋角	β	0°
切向变位系数	x_t	0
径向变位系数	x	0
大端全齿高	h	11
精度等级	8-8-7bB	
配对齿轮	图号	
	齿数	20
公差组	检验项目	代号	公差值
I	齿距累积公差	Fp	0.090
II	齿距极限偏差	f_{pt}	±0.020
III	接触斑点	沿齿长接%触率>60%	
		沿齿高接%触率>65%	
大端分度圆弦齿厚	S	7.853
大端分度圆弦齿高	h_a	5.038

图 4-45　参数表

技术要求
1.其余倒角为2×45°，表面粗糙度值为Ra25μm。
2.未注圆角半径为R≈3mm。
3.正火处理220～250HBS。

图 4-46　标注技术要求

7）插入标题栏

单击菜单栏中的"插入"→"块"命令，插入标题栏图块，然后单击菜单栏中的"绘图"→"文字"→"多行文字"命令，填写相应的内容。也可以直接调入前面绘制的 A3 样板图进行修改，至此，圆锥齿轮轴绘制完毕。

4.5　上机实验

题目 1：如图 4-47 所示，过四边形上、下边延长线交点作四边形右边的平行线

1．目的要求

本例要绘制的图形比较简单，但是要准确找到四边形上、下边延长线必须启用"对象捕捉"功能，捕捉延长线交点。通过本例，读者可以体会到对象捕捉功能的方便与快捷作用。

2．操作提示

（1）在界面上方的工具栏区右击，选择快捷菜单中的"AutoCAD"→"对象捕捉"命令，打开"对象捕捉"工具栏。

（2）利用"对象捕捉"工具栏中的"捕捉到交点"工具捕捉四边形上、下边的延长线交点作为直线起点。

（3）利用"对象捕捉"工具栏中的"捕捉到平行线"工具捕捉一点作为直线终点。

题目 2：利用极轴追踪的方法绘制如图 4-48 所示的方头平键

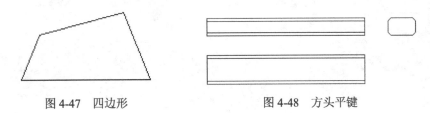

图 4-47　四边形　　　　　　　　图 4-48　方头平键

1．目的要求

方头平键的绘制比较简单，在绘制俯视图和左视图时要利用极轴追踪功能捕捉延长线交点。通过本例，读者可以体会到极轴追踪功能的用法。

2．操作提示

（1）单击"绘图"工具栏中的"矩形"按钮□，绘制主视图外形。

（2）单击"绘图"工具栏中的"直线"按钮／，绘制主视图棱线。

（3）同时打开状态栏上的"对象捕捉"和"对象追踪"按钮，启动对象捕捉追踪功能。打开"草图设置"对话框中的"极轴追踪"选项卡，将"增量角"设置为 90°，将"对象捕捉追踪设置"设置为"仅正交追踪"。

（4）单击"绘图"工具栏中的"矩形"按钮□，绘制俯视图外形。

（5）单击"绘图"工具栏中的"直线"按钮／，结合基点捕捉功能绘制俯视图棱线。

（6）单击"绘图"工具栏中的"构造线"按钮／，绘制左视图构造线。

（7）单击"绘图"工具栏中的"矩形"按钮□，绘制左视图。

（8）删除构造线。

（9）启用对象捕捉追踪与对象捕捉功能。

（10）在三角形左边延长线上捕捉一点作为直线起点。

（11）结合对象捕捉追踪与对象捕捉功能在三角形右边延长线上捕捉一点作为直线终点。

4.6　思考与练习

1．对"极轴"追踪进行设置，把增量角设为 30°，把附加角设为 10°，采用极轴追踪时，不会显示极轴对齐的是（　　）。

　　A．10°　　　　　　B．30°　　　　　　C．40°　　　　　　D．60°

2．默认状态下，若对象捕捉关闭，命令执行过程中，按住（　　）可以实现对象捕捉。

　　A．Shift　　　　　B．Shift+A　　　　　C．Shift+s　　　　D．Alt

3．当捕捉设定的间距与栅格所设定的间距不同时，（　　）。

　　A．捕捉仍然只按栅格进行　　　　　　B．捕捉时按照捕捉间距进行

　　C．捕捉既按栅格，又按捕捉间距进行　　D．无法设置

第5章

辅助绘图工具

为了方便绘图，提高绘图效率，AutoCAD 2012 提供了一些快速绘图工具，包括图块及其属性、设计中心、工具选项板以及样板图等。这些工具的一个共同特点是可以将分散的图形通过一定的方式组织成一个单元，在绘图时将这些单元插入到图形中，达到提高绘图速度和图形标准化的目的。

学习要点

- 熟练运用图块及其属性、设计中心、工具选项板以及样板图
- 提高绘图速度和图形标准化

5.1 图块及其属性

把一组图形对象组合成图块加以保存，需要的时候可以把图块作为一个整体以任意比例和旋转角度插入到图中任意位置，这样不仅避免了大量的重复工作，提高绘图速度和工作效率，而且可大大节省磁盘空间。

5.1.1 图块操作

1. 图块定义

 执行方式

命令行：BLOCK。
菜单：绘图→块→创建。
工具栏：绘图→创建块 。

操作步骤

执行上述命令，系统打开如图 5-1 所示的"块定义"对话框，利用该对话框指定定义对象和基点以及其他参数，可定义图块并命名。

图 5-1 "块定义"对话框

2. 图块保存

 执行方式

命令行：WBLOCK。

操作步骤

执行上述命令，系统打开如图 5-2 所示的"写块"对话框。利用此对话框可把图形对象保存为图块或把图块转换成图形文件。

注意： 以 BLOCK 命令定义的图块只能插入到当前图形。以 WBLOCK 保存的图块则既可以插入到当前图形，也可以插入到其他图形。

3. 图块插入

 执行方式

命令行：INSERT。

菜单：插入→块。

工具栏：插入→插入块或绘图→插入块。

操作步骤

执行上述命令，系统打开"插入"对话框，如图 5-3 所示。利用此对话框设置插入点位置、插入比例以及旋转角度可以指定要插入的图块及插入位置。

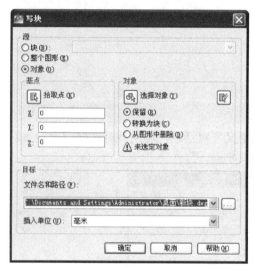

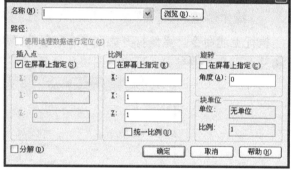

图 5-2 "写块"对话框   图 5-3 "插入"对话框

5.1.2 图块的属性

 执行方式

命令行：ATTDEF。

菜单：绘图→块→定义属性。

操作步骤

执行上述命令，系统打开"属性定义"对话框，如图 5-4 所示。

选项说明

1. "模式"选项组

（1）"不可见"复选框：选中此复选框，属性为不可见显示方式，即插入图块并输入属性值后，属性值在图中并不显示出来。

（2）"固定"复选框：选中此复选框，属性值为常量，即属性值在属性定义时给定，在插入图块时 AutoCAD 不再提示输入属性值。

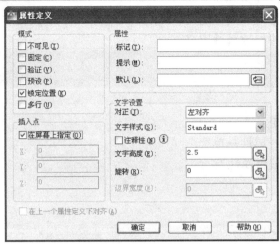

图 5-4 "属性定义"对话框

（3）"验证"复选框：选中此复选框，当插入图块时 AutoCAD 重新显示属性值让用户验证该值是否正确。

（4）"预设"复选框：选中此复选框，当插入图块时 AutoCAD 自动把事先设置好的默认值赋予属性，而不再提示输入属性值。

（5）"锁定位置"复选框：定块参照中属性的位置。解锁后，属性可以相对于使用夹点编辑的块的其他部分移动，并且可以调整多行文字属性的大小。

（6）"多行"复选框：指定属性值可以包含多行文字。选定此选项后，可以指定属性的边界宽度。

2. "属性"选项组

（1）"标记"文本框：输入属性标签。属性标签可由除空格和感叹号以外的所有字符组成。AutoCAD 自动把小写字母改为大写字母。

（2）"提示"文本框：输入属性提示。属性提示是插入图块时，AutoCAD 要求输入属性值的提示。如果不在此文本框内输入文本，则以属性标签作为提示。如果在"模式"选项组选中"固定"复选框，即设置属性为常量，则不需设置属性提示。

（3）"默认"文本框：设置默认的属性值。可把使用次数较多的属性值作为默认值，也可不设默认值。

其他各选项组比较简单，不再赘述。

3. 修改属性定义

 执行方式

命令行：DDEDIT。

菜单：修改→对象→文字→编辑。

操作步骤

命令: DDEDIT

选择注释对象或 [放弃（U）]:

在此提示下选择要修改的属性定义，AutoCAD 打开"编辑属性定义"对话框，如图 5-5 所示。可以在该对话框中修改属性定义。

4. 图块属性编辑

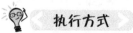
执行方式

命令行：EATTEDIT。

菜单：修改→对象→属性→单个。

工具栏：修改 II→编辑属性 🐝 。

操作步骤

> 命令: EATTEDIT
>
> 选择块:

选择块后，系统打开"增强属性编辑器"对话框，如图 5-6 所示。该对话框不仅可以编辑属性值，还可以编辑属性的文字选项和图层、线型、颜色等特性值。

图 5-5 "编辑属性定义"对话框

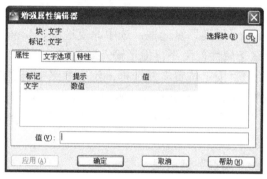

图 5-6 "增强属性编辑器"对话框

5.1.3 实例——胶垫图块

将图 5-7 所示图形定义为图块，取名为"HU3"，并保存。

图 5-7 创建"HU3"图块

操作步骤

（1）从"绘图"菜单中选择"块"子菜单，从"块"子菜单中选择"创建"命令，或单击"绘图"工具栏中的"创建块"图标，打开"块定义"对话框。

（2）在"名称"下拉列表框中输入"HU3"。

（3）单击"拾取"按钮切换到作图屏幕，选择圆心为插入基点，返回"块定义"对话框。

（4）单击"选择对象"按钮切换到作图屏幕，选择图 5-7 中的对象后，回车返回"块定义"对话框。

（5）确认关闭对话框。

（6）在命令行输入 WBLOCK 命令，系统打开"写块"对话框，在"源"选项组中选择"块"单选按钮，在后面的下拉列表框中选择"HU3"块，并进行其他相关设置确认退出。

5.2 设计中心与工具选项板

使用 AutoCAD 2012 设计中心可以很容易地组织设计内容，并把它们拖到当前图形中。工具选项板是"工具选项板"窗口中对话框形式的区域，提供组织、共享和放置块及填充图案的有效方法。工具选项板还可以包含由第三方开发人员提供的自定义工具。也可以利用设置中组织内容，并将其创建为工具选项板。设计中心与工具选项板的使用大大方便了绘图，加快绘图的效率。

5.2.1 设计中心

1．启动设计中心

 执行方式

命令行：ADCENTER。
菜单：工具→选项板→设计中心。
工具栏：标准→设计中心▦。
快捷键：Ctrl+2。

操作步骤

执行上述命令，系统打开设计中心。第一次启动设计中心时，它默认打开的对话框为"文件夹"。内容显示区采用大图标显示，左边的资源管理器采用 tree view 显示方式显示系统的树形结构，浏览资源的同时，在内容显示区显示所浏览资源的有关细目或内容，如图 5-8 所示。也可以搜索资源，方法与 Windows 资源管理器类似。

2．利用设计中心插入图形

设计中心一个最大的优点是可以将系统文件夹中的 DWG 图形当成图块插入到当前图形中去。

（1）从文件夹列表或查找结果列表框选择要插入的对象，拖动对象到打开的图形。
（2）单击鼠标右键，从快捷菜单选择"比例"、"旋转"等命令，如图 5-9 所示。
（3）在相应的命令行提示下输入比例和旋转角度等数值。
被选择的对象根据指定的参数插入到图形当中。

5.2.2 工具选项板

1．打开工具选项板

 执行方式

命令行：TOOLPALETTES。
菜单：工具→选项板→工具选项板。
工具栏：标准→工具选项板窗口▦。
快捷键：Ctrl+3。

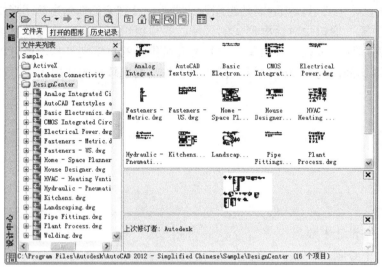

图 5-8　AutoCAD 2012 设计中心的资源管理器和内容显示区　　　　图 5-9　右键快捷菜单

操作步骤

执行上述命令，系统自动打开工具选项板窗口，如图 5-10 所示。该工具选项板上有系统预设置的 3 个对话框。可以单击鼠标右键，在系统打开的快捷菜单中选择"新建选项板"命令，如图 5-11 所示。系统新建一个空白对话框，可以命名该对话框，如图 5-12 所示。

图 5-10　工具选项板　　　　图 5-11　快捷菜单　　　　图 5-12　新建选项板

2. 将设计中心内容添加到工具选项板

在 DesignCenter 文件夹上单击鼠标右键，系统打开快捷菜单，从中选择"创建块的工具选项板"命令，如图 5-13 所示。设计中心中储存的图元就出现在工具选项板中新建的 DesignCenter 对话框上，如图 5-14 所示。这样就可以将设计中心与工具选项板结合起来，建立一个快捷方便的工具选项板。

3. 利用工具选项板绘图

只需要将工具选项板中的图形单元拖动到当前图形，该图形单元就以图块的形式插入到当前图形中。如图 5-15 所示的是将工具选项板中"机械"对话框中的"滚珠轴承-公制"图形单元拖到当前图形并填充绘制的滚珠轴承图。

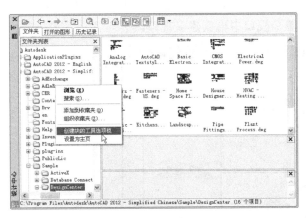

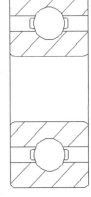

图 5-13　快捷菜单　　　　图 5-14　创建工具选项板　　图 5-15　滚珠轴承

5.3　视口与空间

视口和空间是有关图形显示和控制的两个重要概念，下面简要介绍。

5.3.1　视口

绘图区可以被划分为多个相邻的非重叠视口。在每个视口中可以进行平移和缩放操作，也可以进行三维视图设置与三维动态观察，如图 5-16 所示。

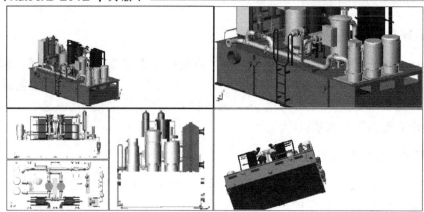

图 5-16　视口

1. 新建视口

 执行方式

命令行：VPORTS。

菜单栏：选择菜单栏中的"视图"→"视口"→"新建视口"命令。

工具栏：单击"视口"工具栏中的"显示'视口'对话框"按钮。

执行上述操作后，系统打开如图 5-17 所示的"视口"对话框的"新建视口"选项卡，该选项卡列出了一个标准视口配置列表，可用来创建层叠视口。如图 5-18 所示为按图 5-17 中设置创建的新图形视口，可以在多视口的单个视口中再创建多视口。

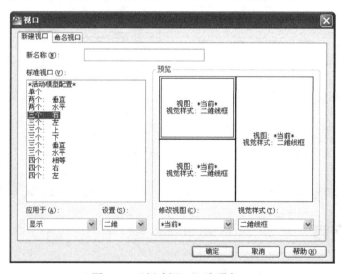

图 5-17　"新建视口"选项卡

2. 命名视口

 执行方式

命令行：VPORTS。

菜单栏：选择菜单栏中的"视图"→"视口"→"命名视口"命令。

工具栏：单击"视口"工具栏中的"显示'视口'对话框"按钮。

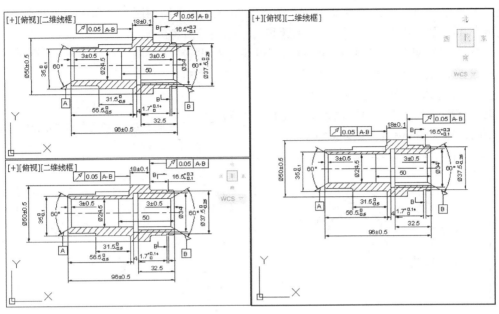

图 5-18　创建的视口

执行上述操作后，系统打开如图 5-19 所示的"视口"对话框的"命名视口"选项卡，该选项卡用来显示保存在图形文件中的视口配置。其中"当前名称"提示行显示当前视口名；"命名视口"列表框用来显示保存的视口配置；"预览"显示框用来预览被选择的视口配置。

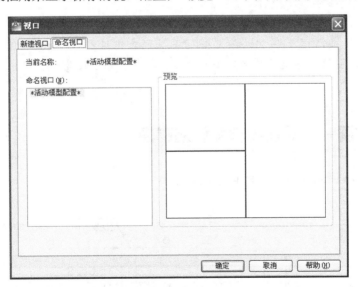

图 5-19　"命名视口"选项卡

5.3.2　模型空间与图纸空间

AutoCAD 可在两个环境中完成绘图和设计工作，即"模型空间"和"图纸空间"。模型空间又可分为平铺式和浮动式。大部分设计和绘图工作都是在平铺式模型空间中完成的，而图纸空间是模拟手工绘图的空间，它是为绘制平面图而准备的一张虚拟图纸，是一个二维空间的工作环境。从某种意义上说，图纸空间就是为布局图面、打印出图而设计的，我们还可在其中添加诸如边框、注释、标题和尺寸标注等内容。

在模型空间和图纸空间中，我们都可以进行输出设置。在绘图区底部有"模型"选项卡及一个或多个"布局"选项卡，如图 5-20 所示。

单击"模型"或"布局"选项卡，可以在它们之间进行空间的切换，如图 5-21 和图 5-22 所示。

图 5-20 "模型"和"布局"选项卡

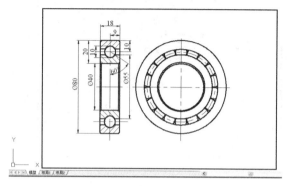

图 5-21 "模型"空间

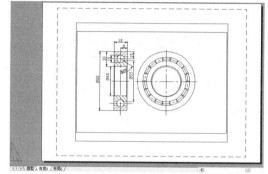

图 5-22 "布局"空间

 注意： 输出图像文件方法：

选择菜单栏中的"文件"→"输出"命令，或直接在命令行输入"export"，系统将打开"输出"对话框，在"保存类型"下拉列表中选择"*.bmp"格式，单击"保存"按钮，在绘图区选中要输出的图形后按 Enter 键，被选图形便被输出为.bmp 格式的图形文件。

5.4 综合实例——标注销轴表面粗糙度

标注如图 5-23 所示的销轴表面粗糙度。

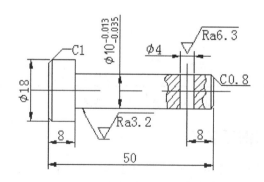

图 5-23 标注销轴表面粗糙度

操作步骤

1. 打开图形

打开前面绘制的销轴图形，如图 5-24 所示。

图 5-24　销轴

2. 绘制粗糙度符号

单击"绘图"工具栏中的"直线"按钮 ✏，绘制粗糙度符号，三角形夹角为 60°，结果如图 5-25 所示。

3. 定义块属性

选择菜单栏中的"绘图"→"块"→"定义属性"命令，系统打开"属性定义"对话框，进行如图 5-26 所示的设置，其中模式为"验证"，确认退出，将标记插入到图形中，结果如图 5-27 所示。

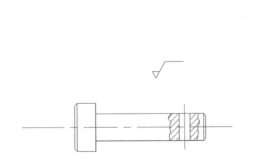

图 5-25　绘制粗糙度符号

图 5-26　"属性定义"对话框

4. 创建图块

在命令行输入 WBLOCK 命令打开"写块"对话框，如图 5-28 所示。拾取图 5-25 图形下尖点为基点，以此图形为对象，输入图块名称并指定路径，确认退出。

5. 插入图块

单击"绘图"工具栏中的"插入块"按钮 🖸，打开"插入"对话框，单击"浏览"按钮找到刚才保存的图块，如图 5-29 所示。在屏幕上指定插入点和旋转角度，将该图块插入到如图 5-30 所示的图形中，这时，命令行会提示输入属性，并要求验证属性值，此时输入标高数值 $Ra6.3$，就完成了一个粗糙度的标注，命令行提示如下。

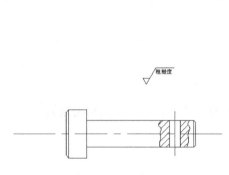

图 5-27　插入标记

图 5-28　"写块"对话框

命令: _insert
指定插入点或 [基点(B)/比例(S)/X/Y/Z/旋转(R)]:（选取图块插入点）
输入属性值
粗糙度: $Ra6.3$
验证属性值
粗糙度 <$Ra6.3$>:

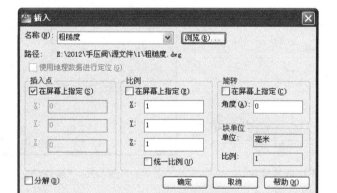

图 5-29　"插入"对话框

6. 继续插入粗糙度符号图块

单击"绘图"工具栏中的"插入块"按钮，继续插入粗糙度符号图块，并输入不同的属性值作为粗糙度数值，并单击"绘图"工具栏中的"多段线"按钮，绘制引出线，直到完成所有粗糙度符号标注，如图 5-31 所示。

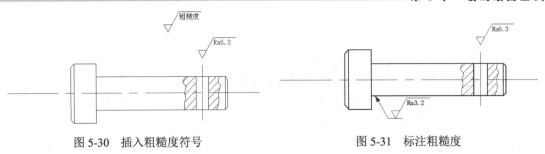

图 5-30　插入粗糙度符号　　　　　图 5-31　标注粗糙度

5.5　上机实验

题目 1：标注如图 5-32 所示图形表面粗糙度

1．目的要求

在实际绘图过程中，会经常遇到重复性的图形单元。解决这类问题最简单快捷的办法是将重复性的图形单元制作成图块，然后将图块插入图形。本例通过粗糙度符号的标注，使读者掌握图块相关的操作。

2．操作提示

（1）利用"直线"命令绘制表面粗糙度符号。

（2）定义表面粗糙度符号的属性，将标表面粗糙度值设置为其中需要验证的标记。

（3）将绘制的表面粗糙度符号及其属性定义成图块。

（4）保存图块。

（5）在图形中插入表面粗糙度图块，每次插入时输入不同的表面粗糙度值作为属性值。

题目 2：利用设计中心创建一个常用机械零件工具选项板，并利用该选项板绘制如图 5-33 所示的盘盖组装图

1．目的要求

设计中心与工具选项板的优点是能够建立一个完整的图形库，并且能够快速简捷地绘制图形。通过本例组装图形的绘制，使读者掌握利用设计中心创建工具选项板的方法。

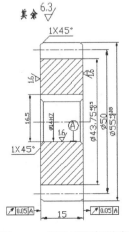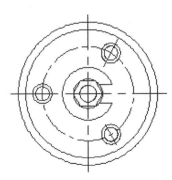

图 5-32　标注表面粗糙度　　　　　图 5-33　盘盖组装图

2．操作提示

（1）打开设计中心与工具选项板。

（2）创建一个新的工具选项板对话框。

（3）在设计中心查找已经绘制好的常用机械零件图。

（4）将查找到的常用机械零件图拖入到新创建的工具选项板对话框中。

（5）打开一个新图形文件。

（6）将需要的图形文件模块从工具选项板上拖入到当前图形中，并进行适当的缩放、移动、旋转等操作，最终完成如图 5-33 所示的图形。

5.6 思考与练习

1．用 BLOCK 命令定义的内部图块，下面说法正确的是（　　　）。

    A．只能在定义它的图形文件内自由调用

    B．只能在另一个图形文件内自由调用

    C．既能在定义它的图形文件内自由调用，又能在另一个图形文件内自由调用

    D．两者都不能用

2．如果要合并两个视口，必须（　　　）。

    A．是模型空间视口并且共享长度相同的公共边　　　B．在"模型"选项卡

    C．在"布局"选项卡　　　D．一样大小

3．在布局中创建视口，以下说法错误的是（　　　）。

    A．不能将面域转换为视口　　　B．可以将椭圆转换为视口

    C．可以将圆转换为视口　　　D．可以一次性新建 4 个视口

第**6**章

文本与表格

　　文字注释是图形中很重要的一部分内容，进行各种设计时，通常不仅要绘出图形，还要在图形中标注一些文字，如技术要求、注释说明等，对图形对象加以解释。AutoCAD 提供了多种写入文字的方法，本章将介绍文本的注释和编辑功能。图表在 AutoCAD 图形中也有大量的应用，如名细表、参数表和标题栏等。AutoCAD 新增的图表功能使绘制图表变得方便快捷。

学习要点

- 文本标注
- 图表标注

6.1 文本样式

所有 AutoCAD 图形中的文字都有和其相对应的文本样式。当输入文字对象时，AutoCAD 使用当前设置的文本样式。文本样式是用来控制文字基本形状的一组设置。AutoCAD 2012 提供了"文字样式"对话框，通过这个对话框可以方便、直观地定制需要的文本样式，或者对已有的样式进行修改。

6.1.1 设置文本样式

 执行方式

命令行：STYLE 或 DDSTYLE。
菜单："格式"→"文字样式"。
工具栏："文字"→"文字样式" **A**。

操作步骤

命令：STYLE

在命令行输入 STYLE 或 DDSTYLE 命令，或在"格式"菜单中单击"文字样式"命令，AutoCAD 打开"文字样式"对话框，如图 6-1 所示。用户可以选择其中的样式。

"样式"列表框主要用于命名新样式或对已有样式名进行相关操作。单击"新建"按钮，打开如图 6-2 所示的"新建文字样式"对话框。在此对话框中可以为新建的样式输入名字。从"样式"列表框中选中要改名的文本样式，右击，在弹出的快捷菜单中选择"重命名"命令，可以为所选文本样式输入新的名字。

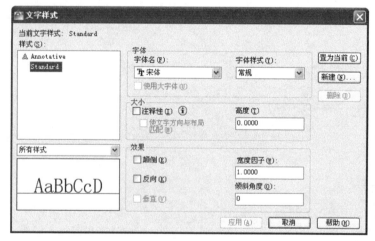

图 6-1 "文字样式"对话框

图 6-2 "新建文字样式"对话框

6.1.2 设置当前文本样式

在 6.1.1 节打开的"文字样式"对话框中可以进行文本样式的设置。

 选项说明

1. "字体"选项组

"字体"选项组用来确定字体样式。文字的字体确定字符的形状，在 AutoCAD 中，除了它固有的 SHX 形状字体文件外，还可以使用 TrueType 字体（如宋体、楷体、Italley 等）。一种字体可以设置不同的效果，从而被多种文本样式使用，例如图 6-3 所示就是同一种字体（宋体）的不同样式。

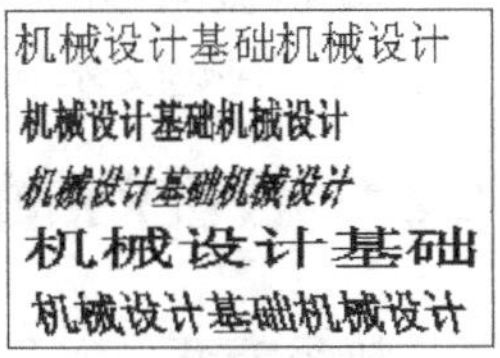

图 6-3 同一种字体的不同样式

2. "效果"选项组

（1）"颠倒"复选框：选中此复选框，表示将文本文字倒置标注，如图 6-4（a）所示。

（2）"反向"复选框：确定是否将文本文字反向标注。图 6-4（b）给出了这种标注效果。

（3）"垂直"复选框：确定文本是水平标注还是垂直标注。此复选框选中时为垂直标注，否则为水平标注，如图 6-5 所示。

图 6-4 文字倒置标注与反向标注

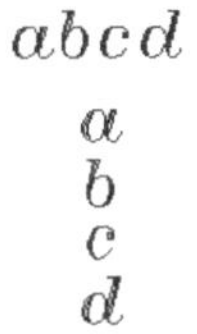

图 6-5 垂直标注文字

注意： "垂直"复选框只有在 SHX 字体下才可用。

（4）宽度因子：设置宽度系数，确定文本字符的宽高比。当比例系数为 1 时，表示将按字体文件中定义的宽高比标注文字；当此系数小于 1 时，字会变窄，反之变宽。

（5）倾斜角度：用于确定文字的倾斜角度。角度为 0 时不倾斜，为正时向右倾斜，为负时向左倾斜。

3. "大小"选项组

（1）"注释性"复选框：指定文字为注释性文字。

（2）"使文字方向与布局匹配"复选框：指定图纸空间视口中的文字方向与布局方向匹配。如果取消选中"注释性"复选框，则该选项不可用。

（3）"高度"文本框：设置文字高度。如果输入 0.0，则每次用该样式输入文字时，文字高度默认值为 0.2。

4. "应用"按钮

确认对文本样式的设置。当建立新的样式或者对现有样式的某些特征进行修改后，都需单击此按钮，确认所做的改动。

6.2 文本标注

文本是机械图形的基本组成部分，在技术要求、标注、标题栏、明细栏等地方都要用到文本。本节讲述文本标注的基本方法。

6.2.1 设置文本样式

执行方式

命令行：STYLE 或 DDSTYLE。
菜单：格式→文字样式。
工具栏：文字→文字样式A。

操作步骤

执行上述命令，系统打开"文字样式"对话框，如图 6-6 所示。

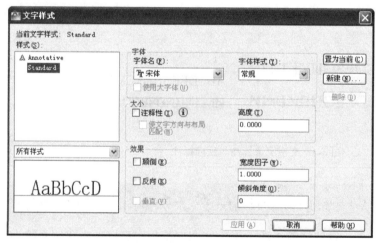

图 6-6 "文字样式"对话框

利用该对话框可以新建文字样式或修改当前文字样式。图 6-7～图 6-8 所示为各种文字样式。

ABCDEFGHIJKLMN ABCDEFGHIJKLMN abcd
ΛBCDEFGHIJKLMN ИWΓΚΓIHΘHЭΟΘΑ a b c d

(a)　　　　　　　　　(b)

图 6-7 文字倒置标注与反向标注　　　图 6-8 垂直标注文字

6.2.2 单行文本标注

执行方式

命令行：TEXT 或 DTEXT。

菜单：绘图→文字→单行文字。

工具栏：文字→单行文字 **AI**。

　操作步骤

> 命令: TEXT
>
> 当前文字样式：Standard　当前文字高度：0.2000
>
> 指定文字的起点或 [对正(J)/样式(S)]:

选项说明

1. 指定文字的起点

在此提示下直接在作图屏幕上点取一点作为文本的起始点，AutoCAD 提示：

> 指定高度 <0.2000>:（确定字符的高度）
>
> 指定文字的旋转角度 <0>:（确定文本行的倾斜角度）
>
> 输入文字:（输入文本）
>
> 输入文字:（输入文本或回车）

2. 对正（J）

在上面的提示下输入 J，用来确定文本的对齐方式，对齐方式决定文本的哪一部分与所选的插入点对齐。执行此选项，AutoCAD 提示：

> 输入选项 [对齐(A)/调整(F)/中心(C)/中间(M)/右®/左上(TL)/中上(TC)/右上(TR)/左中(ML)/正中(MC)/右中(MR)/左下(BL)/中下(BC)/右下(BR)]:

在此提示下选择一个选项作为文本的对齐方式。当文本串水平排列时，AutoCAD 为标注文本串定义了图 6-9 所示的顶线、中线、基线和底线，各种对齐方式如图 6-10 所示，图中大写字母对应上述提示中各命令。下面以"对齐"为例进行简要说明。

图 6-9　文本行的底线、基线、中线和顶线

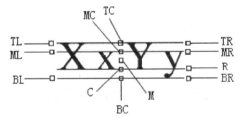

图 6-10　文本的对齐方式

实际绘图时，有时需要标注一些特殊字符，如直径符号、上画线或下画线、温度符号等，由于这些符号不能直接从键盘上输入，AutoCAD 提供了一些控制码，用来实现这些要求。控制码用两个百分号（%%）加一个字符构成，常用的控制码如表 6-1 所示。

表 6-1　AutoCAD 常用控制码

符　　号	功　　能
%%O	上画线
%%U	下画线
%%D	"度"符号

符　　号	功　　能
%%P	正负符号
%%C	直径符号
%%%	百分号%
\u+2248	几乎相等
\u+2220	角度
\u+E100	边界线
\u+2104	中心线
\u+0394	差值
\u+0278	电相位
\u+E101	流线
\u+2261	标识
\u+E102	界碑线
\u+2260	不相等
\u+2126	欧姆
\u+03A9	欧米加
\u+214A	地界线
\u+2082	下标2
\u+00B2	上标2

6.2.3　多行文本标注

 执行方式

命令行：MTEXT。

菜单：绘图→文字→多行文字。

工具栏：绘图→多行文字 **A** 或文字→多行文字 **A**。

 操作步骤

命令:MTEXT

当前文字样式:"Standard"当前文字高度:1.9122

指定第一角点:（指定矩形框的第一个角点）

指定对角点或[高度(H)/对正(J)/行距(L)/旋转(R)/样式(S)/宽度(W)/栏(C)]:

 选项说明

1.指定对角点

指定对角点后，系统打开图 6-11 所示的多行文字编辑器，可利用此对话框与编辑器输入多行文本并对其格式进行设置。该对话框与 Word 软件界面类似，不再赘述。

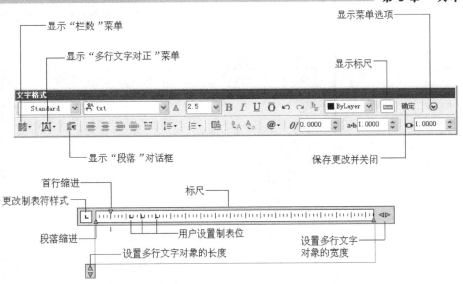

图 6-11　"文字格式"对话框和多行文字编辑器

2. 其他选项

（1）对正（J）：确定所标注文本的对齐方式。

（2）行距（L）：确定多行文本的行间距，这里所说的行间距是指相邻两文本行的基线之间的垂直距离。

（3）旋转（R）：确定文本行的倾斜角度。

（4）样式（S）：确定当前的文本样式。

（5）宽度（W）：指定多行文本的宽度。

在多行文字绘制区域，单击鼠标右键，系统打开右键快捷菜单，如图 6-12 所示。该快捷菜单提供标准编辑选项和多行文字特有的选项。在多行文字编辑器中单击右键以显示快捷菜单。菜单顶层的选项是基本编辑选项：放弃、重做、剪切、复制和粘贴。后面的选项是多行文字编辑器特有的选项。

（1）插入字段：显示"字段"对话框，如图 6-13 所示，从中可以选择要插入到文字中的字段。关闭该对话框后，字段的当前值将显示在文字中。

（2）符号：在光标位置插入符号或不间断空格。也可以手动插入符号。

（3）输入文字：显示"选择文件"对话框（标准文件选择对话框）。选择任意 ASCII 或 RTF 格式的文件。

（4）段落对齐：设置多行文字对象的对正和对齐方式。"左上"选项是默认设置。在一行的末尾输入的空格也是文字的一部分，并会影响该行文字的对正。文字根据其左右边界进行置中对正、左对正或右对正。文字根据其上下边界进行中央对齐、顶对齐或底对齐。各种对齐方式与前面所述类似，不再赘述。

（5）段落：为段落和段落的第一行设置缩进。指定制表位和缩进，控制段落对齐方式、段落间距和段落行距，如图 6-14 所示。

（6）项目符号和列表：显示用于编号列表的选项。

（7）分栏：为当前多行文字对象指定"不分栏"。

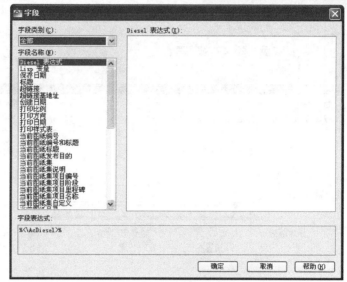

图 6-12　右键快捷菜单　　　　　　　　　图 6-13　"字段"对话框

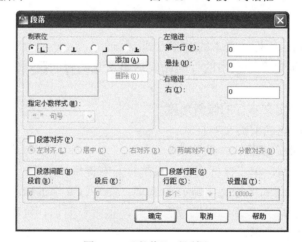

图 6-14　"段落"对话框

（8）改变大小写：改变选定文字的大小写。可以选择"大写"或"小写"。

（9）自动大写：将所有新输入的文字转换成大写。自动大写不影响已有的文字。要改变已有文字的大小写，请选择文字，单击右键，然后在快捷菜单上单击"改变大小写"。

（10）字符集：显示代码页菜单。选择一个代码页并将其应用到选定的文字。

（11）全部选择：选择多行文字对象中的所有文字。

（12）合并段落：将选定的段落合并为一段并用空格替换每段的回车。

（13）背景遮罩：用设定的背景对标注的文字进行遮罩。单击该命令，系统打开"字段"对话框，如图 6-15 所示。

（14）删除格式：清除选定文字的粗体、斜体或下画线格式。

（15）编辑器设置：显示"文字格式"工具栏的选项列表。有关详细信息请参见编辑器设置。

（16）了解多行文字：显示"新功能专题研习"，其中包含多行文字功能概述。

图 6-15　"字段"对话框

（17）查找和替换：显示"查找和替换"对话框，如图 6-16 所示。在该对话框中可以进行替换操作，操作方式与 Word 编辑器中替换操作类似，不再赘述。

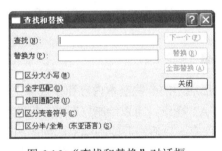

图 6-16　"查找和替换"对话框

6.2.4　多行文本编辑

 执行方式

命令行：DDEDIT。

菜单：修改→对象→文字→编辑。

工具栏：文字→编辑 A。

 操作步骤

命令：DDEDIT

选择注释对象或 [放弃(U)]:

要求选择想要修改的文本，同时光标变为拾取框。用拾取框点击对象，如果选取的文本是用 TEXT 命令创建的单行文本，可对其直接进行修改。如果选取的文本是用 MTEXT 命令创建的多行文本，选取后则打开多行文字编辑器（如图 6-11 所示），可根据前面的介绍对各项设置或内容进行修改。

6.3 文本编辑

本节主要介绍文本编辑命令 DDEDIT。

6.3.1 文本编辑命令

执行方式

命令行：DDEDIT。

菜单：修改→对象→文字→编辑。

工具栏：文字→编辑 ᴬⱽ。

快捷菜单："修改多行文字"或"编辑文字"。

操作步骤

选择相应的菜单项，或在命令行输入 DDEDIT 命令后回车，AutoCAD 提示：

命令: DDEDIT

选择注释对象或 [放弃(U)]:

要求选择想要修改的文本，同时光标变为拾取框。用拾取框点击对象，如果选取的文本是用 TEXT 命令创建的单行文本，则深显该文本，可对其进行修改。如果选取的文本是用 MTEXT 命令创建的多行文本，选取后则打开多行文字编辑器，可根据前面的介绍对各项设置或内容进行修改。

6.3.2 实例——样板图

所谓样板图就是将绘制图形通用的一些基本内容和参数事先设置好，并绘制出来，以.dwt的格式保存起来。例如国标的 A3 图纸，可以绘制好图框、标题栏，设置好图层、文字样式、标注样式等，然后作为样板图保存。以后需要绘制 A3 幅面的图形时，可打开此样板图，在此基础上绘图。如果有很多张图纸，就可以明显提高绘图效率，也有利于图形的标准化。

本节绘制的样板图如图 6-17 所示。样板图包括边框绘制、图形外围设置、标题栏绘制、图层设置、文本样式设置、标注样式设置等。可以逐步进行设置。

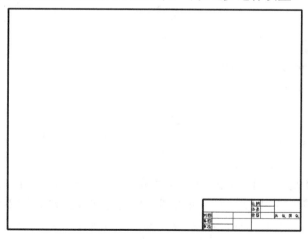

图 6-17　绘制的样板图

操作步骤

（1）设置单位。选择菜单栏中的"格式"→"单位"命令，打开"图形单位"对话框，如图 6-18 所示。设置"长度"的类型为"小数"，"精度"为 0；"角度"的类型为"十进制度数"，"精度"为 0，系统默认逆时针方向为正，插入时的缩放单位设置为"无单位"。

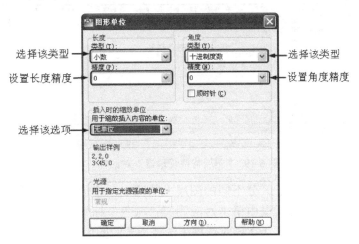

图 6-18　"图形单位"对话框

（2）设置图形边界。国标对图纸的幅面大小作了严格规定，在这里，按国标 A3 图纸幅面设置图形边界，A3 图纸的幅面为 420mm×297mm，故设置图形边界如下。

命令：LIMITS

重新设置模型空间界限：

指定左下角点或 [开(ON)/关(OFF)] <0.0000,0.0000>：

指定右上角点 <12.0000,9.0000>：420,297

（3）设置图层。图层约定如表 6-2 所示。

表6-2　图层约定

图 层 名	颜 色	线 型	线 宽	用 途
0	7（黑色）	CONTINUOUS	b	默认
实体层	1（黑色）	CENTER	1/2b	可见轮廓线
细实线层	2（黑色）	HIDDEN	1/2b	细实线隐藏线
中心线层	7（黑色）	CONTINUOUS	b	中心线
尺寸标注层	6（绿色）	CONTINUOUS	b	尺寸标注
波浪线层	4（青色）	CONTINUOUS	1/2b	一般注释
剖面层	1（品红）	CONTINUOUS	1/2b	填充剖面线
图框层	5（黑色）	CONTINUOUS	1/2b	图框线
标题栏层	3（黑色）	CONTINUOUS	1/2b	标题栏零件名
备层	2（白色）	CONTINUOUS	1/2b	

（4）设置层名。选择菜单栏中的"格式"→"图层"命令，打开"图层特性管理器"

对话框，如图 6-19 所示。在该对话框中单击"新建图层"按钮 ，建立不同层名的新图层，这些不同的图层分别存放不同的图线或图形。

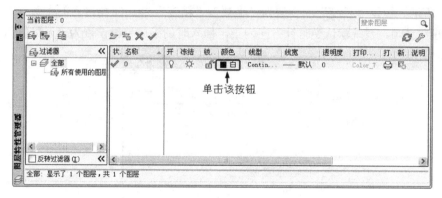

图 6-19 "图层特性管理器"对话框

（5）设置图层颜色。为了区分不同的图层上的图线，增加图形不同部分的对比性，可以在"图层特性管理器"对话框中单击对应图层"颜色"标签下的颜色色块，打开"选择颜色"对话框，如图 6-20 所示。在该对话框中选择需要的颜色。

（6）设置线型。在常用的工程图纸中，通常要用到不同的线型，这是因为不同的线型表示不同的含义。在"图层特性管理器"中单击"线型"标签下的线型选项，打开"选择线型"对话框，如图 6-21 所示。在该对话框中选择对应的线型，如果在"已加载的线型"列表框中没有需要的线型，可以单击"加载"按钮，打开"加载或重载线型"对话框加载线型，如图 6-22 所示。

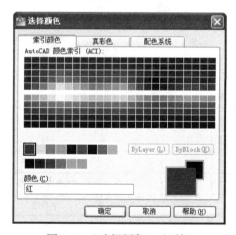

图 6-20 "选择颜色"对话框

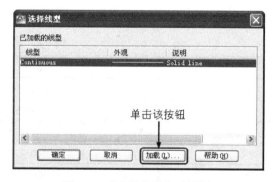

图 6-21 "选择线型"对话框

（7）设置线宽。在工程图纸中，不同的线宽也表示不同的含义，因此也要对不同的图层的线宽进行设置。单击"图层特性管理器"中"线宽"标签下的选项，打开"线宽"对话框，如图 6-23 所示。在该对话框中选择适当的线宽。需要注意的是，应尽量保持细线与粗线之间的比例大约为 1∶2。

（8）设置文字样式。下面列出一些文字样式中的格式，按如下约定进行设置：文字高度一般为 7，零件名称为 10，标题栏中其他文字为 5，尺寸文字为 5，线型比例为 1，图纸空间线型比例为 1，单位十进制，小数点后 0 位，角度小数点后 0 位。

　可以生成 4 种文字样式，分别用于一般注释、标题块中零件名、标题块注释及尺寸标注。

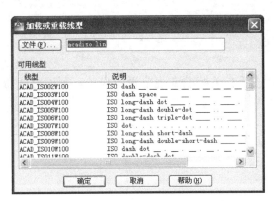

图 6-22　"加载或重载线型"对话框

图 6-23　"线宽"对话框

　（9）选择菜单栏中的"格式"→"文字样式"命令，打开"文字样式"对话框，单击"新建"按钮，系统打开"新建文字样式"对话框，如图 6-24 所示。接受默认的"样式 1"文字样式名，确认退出。

图 6-24　"新建文字样式"对话框

　（10）系统回到"文字样式"对话框。在"字体名"下拉列表框中选择"宋体"选项，在"宽度因子"文本框中将宽度比例设置为 1，将文字高度设置为 3，如图 6-25 所示。单击"应用"按钮，然后再单击"关闭"按钮。其他文字样式类似设置。

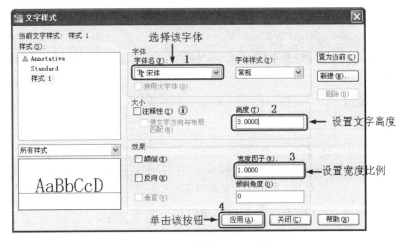

图 6-25　"文字样式"对话框

（11）绘制图框线。将当前图层设置为 0 层。在该层绘制图框线，操作步骤如下。

> 命令: line
> 指定第一点: 25,5
> 指定下一点或 [放弃(U)]: 415,5
> 指定下一点或 [放弃(U)]: 415,292
> 指定下一点或 [闭合(C)/放弃(U)]: 25,292
> 指定下一点或 [闭合(C)/放弃(U)]: c

（12）绘制标题栏。绘制标题栏图框。按照有关标准或规范设定尺寸，利用直线命令和相关编辑命令绘制标题栏，如图 6-26 所示。

图 6-26　绘制标题栏图框

（13）设置文字样式。选择菜单栏中的"格式"→"文字样式"命令，打开"文字样式"对话框，在"文字样式"下拉列表框中选择"样式 1"，单击"关闭"按钮，确认退出。

（14）注写标题栏中的文字。

> 命令:dtext（或者单击下拉菜单"绘图"→"文字"→"单行文字"，下同）
> 当前文字样式: 样式 1　文字高度: 3.0000
> 指定文字的起点或 [对正(J)/样式(S)]:（指定文字输入的起点）
> 指定文字的旋转角度 <0>:
> 输入文字: 制图
> 命令: move
> 选择对象:（选择刚标注的文字）
> 找到 1 个
> 选择对象:
> 指定基点或位移:（指定一点）
> 指定位移的第二点或 <用第一点作位移>:（指定适当的一点，使文字刚好处于图框中间位置）

结果如图 6-27 所示。

制图					

图 6-27　标注和移动文字

（15）单击"修改"工具栏中的"复制"按钮，复制文字。

> 命令:copy
> 选择对象:（选择文字"制图"）

找到 1 个

选择对象:

当前设置: 复制模式 = 多个

指定基点或 [位移(D)/模式(O)] <位移>: (指定基点)

指定第二个点或 [阵列(A)] <使用第一个点作为位移>: (指定第二点)

结果如图 6-28 所示。

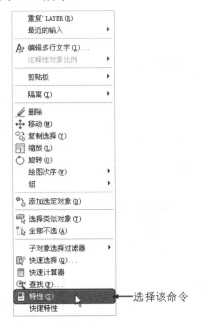

图 6-28　复制文字

（16）修改文字。选择复制的文字"制图"，单击亮显，在夹点编辑标志点上单击鼠标右键，打开快捷菜单，选择"特性"选项，如图 6-29 所示。系统打开特性工具板，如图 6-30 所示。选择"文字"选项组中的内容选项，单击后面的 ... 按钮，打开多行文字编辑器，如图 6-31 所示。在编辑器中将其中的文字"制图"改为"校核"。用同样方法修改其他文字，结果如图 6-32 所示。

图 6-29　右键快捷菜单 　　　　　　 图 6-30　特性工具板

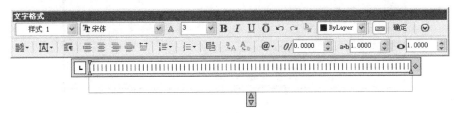

图 6-31　多行文字编辑器

图 6-32　修改文字

绘制标题栏后的样板图如图 6-33 所示。

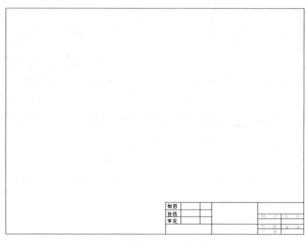

图 6-33　绘制标题栏后的样板图

（17）设置尺寸标注样式。有关尺寸标注内容下一章将详细介绍，在此从略。

（18）保存成样板图文件。样板图及其环境设置完成后，可以将其保存成样板图文件。在"文件"下拉菜单中单击"保存"或"另存为"选项，打开"保存"或"图形另存为"对话框，如图 6-34 所示。在"文件类型"下拉列表框中选择"AutoCAD 图形样板（*.dwt）"选项，输入文件名"机械"，单击"保存"按钮，保存文件。系统打开"样板选项"对话框，如图 6-35 所示，单击"确定"按钮，保存文件。下次绘图时，可以打开该样板图文件，在此基础上开始绘图。

图 6-34　保存样板图

单击该按钮

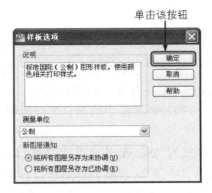

图 6-35　"样板选项"对话框

6.4　表格

在以前的版本中，要绘制表格必须采用绘制图线或者图线结合偏移或复制等编辑命令来完成，这样的操作过程烦琐而复杂，不利于提高绘图效率。从 AutoCAD 2005 开始，新增加了一个"表格"绘图功能，有了该功能，创建表格就变得非常容易，用户可以直接插入设置好样式的表格，而不用绘制由单独的图线组成的栅格。

6.4.1　设置表格样式

执行方式

命令行：TABLESTYLE。

菜单：格式→表格样式。

工具栏：样式→表格样式管理器。

操作步骤

执行上述命令，系统打开"表格样式"对话框，如图 6-36 所示。

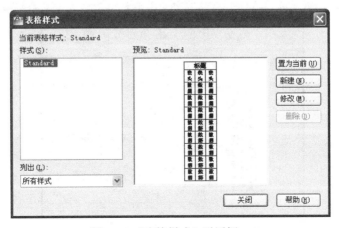

图 6-36　"表格样式"对话框

选项说明

1. 新建

单击该按钮，系统打开"创建新的表格样式"对话框，如图 6-37 所示。输入新的表格样式名后，单击"继续"按钮，系统打开"新建表格样式"对话框，如图 6-38 所示。从中可以定义新的表格样式。分别控制表格中数据、列标题和总标题的有关参数如图 6-39 所示。

图 6-40 所示为数据文字样式为"Standard"，文字高度为 4.5，文字颜色为"红色"，填充颜色为"黄色"，对齐方式为"右下"；没有列标题行，标题文字样式为"Standard"，文字高度为 6，文字颜色为"蓝色"，填充颜色为"无"，对齐方式为"正中"；表格方向为"上"，水平单元边距和垂直单元边距都为"1.5"的表格样式。

图 6-37 "创建新的表格样式"对话框

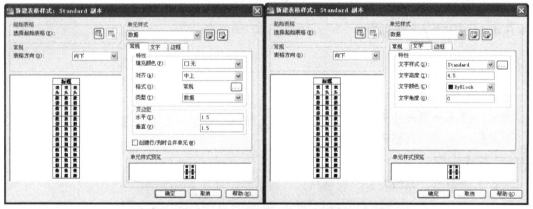

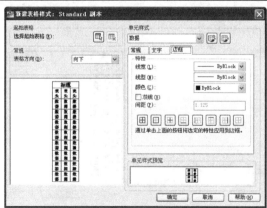

图 6-38 "新建表格样式"对话框

标题		
页眉	页眉	页眉
数据	数据	数据
数据	数据	数据
数据	数据	数据
数据	数据	数据
数据	数据	数据
数据	数据	数据
数据	数据	数据
数据	数据	数据
数据	数据	数据

图 6-39 表格样式

数据	数据	数据
数据	数据	数据
数据	数据	数据
数据	数据	数据
数据	数据	数据
数据	数据	数据
数据	数据	数据
数据	数据	数据
数据	数据	数据
标题		

图 6-40 表格示例

2. 修改

对当前表格样式进行修改，方式与新建表格样式相同。

6.4.2 创建表格

执行方式

命令行：TABLE。

菜单：绘图→表格。

工具栏：绘图→表格。

操作步骤

执行上述命令，系统打开"插入表格"对话框，如图 6-41 所示。

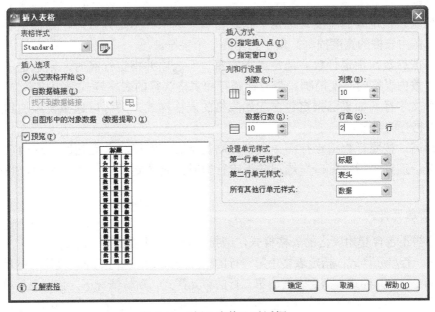

图 6-41 "插入表格"对话框

181

 选项说明

1. 表格样式

在要从中创建表格的当前图形中选择表格样式。通过单击下拉列表旁边的按钮，用户可以创建新的表格样式。

（1）插入选项：指定插入表格的方式。

（2）从空表格开始：创建可以手动填充数据的空表格。

（3）自数据链接：从外部电子表格中的数据创建表格。

（4）自图形中的对象数据（数据提取）：启动"数据提取"向导。

2. 预览

显示当前表格样式的样例。

（1）插入方式：指定表格位置。

（2）指定插入点：指定表格左上角的位置。可以使用定点设备，也可以在命令提示下输入坐标值。如果表格样式将表格的方向设置为由下而上读取，则插入点位于表格的左下角。

（3）指定窗口：指定表格的大小和位置。可以使用定点设备，也可以在命令提示下输入坐标值。选定此选项时，行数、列数、列宽和行高取决于窗口的大小以及列和行设置。

3. 列和行设置

设置列和行的数目和大小。

（1）列数：选定"指定窗口"选项并指定列宽时，"自动"选项将被选定，且列数由表格的宽度控制。如果已指定包含起始表格的表格样式，则可以选择要添加到此起始表格的其他列的数量。

（2）列宽：指定列的宽度。选定"指定窗口"选项并指定列数时，则选定了"自动"选项，且列宽由表格的宽度控制。最小列宽为一个字符。

（3）数据行数：指定行数。选定"指定窗口"选项并指定行高时，则选定了"自动"选项，且行数由表格的高度控制。带有标题行和表格头行的表格样式最少应有 3 行。最小行高为一个文字行。如果已指定包含起始表格的表格样式，则可以选择要添加到此起始表格的其他数据行的数量。

（4）行高：按照行数指定行高。文字行高基于文字高度和单元边距，这两项均在表格样式中设置。选定"指定窗口"选项并指定行数时，则选定了"自动"选项，且行高由表格的高度控制。

4. 设置单元样式

对于那些不包含起始表格的表格样式，请指定新表格中行的单元格式。

（1）第一行单元样式：指定表格中第一行的单元样式。默认情况下，使用标题单元样式。

（2）第二行单元样式：指定表格中第二行的单元样式。默认情况下，使用表头单元样式。

（3）所有其他行单元样式：指定表格中所有其他行的单元样式。默认情况下，使用数据单元样式。

在"插入表格"对话框中进行相应设置后，单击"确定"按钮，系统在指定的插入点或窗口自动插入一个空表格，并显示多行文字编辑器，用户可以逐行逐列输入相应的文字或数据，如图 6-42 所示。

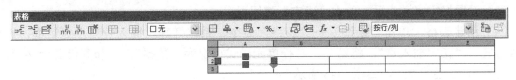

图 6-42 多行文字编辑器

6.4.3 编辑表格文字

执行方式

命令行：TABLEDIT。

定点设备：表格内双击。

快捷菜单：编辑单元文字。

操作步骤

执行上述命令，系统打开如图 6-43 所示的多行文字编辑器，用户可以对指定表格单元的文字进行编辑。

图 6-43 多行文字编辑器

6.5 综合实例——齿轮参数表

绘制如图 6-44 所示的齿轮参数表。

齿　数	Z	24
模　数	m	3
压力角	α	30°
公差等级及配合类别	6H-GB	T3478.1-1995
作用齿槽宽最小值	E_{Vmin}	4.712
实际齿槽宽最大值	E_{max}	4.837
实际齿槽宽最小值	E_{min}	4.759
作用齿槽宽最大值	E_{Vmax}	4.790

图 6-44 齿轮参数表

操作步骤

（1）设置表格样式。单击"格式"→"表格样式"命令，弹出"表格样式"对话框。

（2）单击"修改"按钮，系统打开"修改表格样式"对话框，如图 6-45 所示。在该对话框中进行如下设置：文字样式为 Standard，文字高度为 4.5，文字颜色为 ByBlock，填充颜色为"无"，对齐方式为"正中"，在"边框特性"选项组中单击第一个单选按钮，栅格颜色为"洋红"；表格方向向下，水平单元边距和垂直单元边距都为 1.5。

（3）设置好文字样式后，单击"确定"按钮退出。

（4）创建表格。单击"绘图"→"表格"命令，系统打开"插入表格"对话框，设置插入方式为"指定插入点"，将第一、二行单元样式指定为"数据"，行和列设置为 6 行 3 列，列宽为 8，行高为 1，如图 6-46 所示。

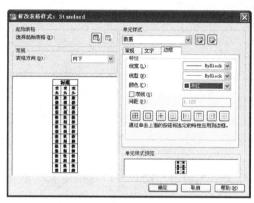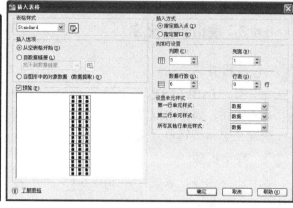

图 6-45 "修改表格样式"对话框　　　　　图 6-46 "插入表格"对话框

单击"确定"按钮后，在绘图平面指定插入点，则插入空表格，并显示多行文字编辑器。不输入文字，直接在多行文字编辑器中单击"确定"按钮退出。

（5）单击第一列某一个单元格，出现钳夹点后，将右边钳夹点向右拉，使列宽大约变成 60，同样方法，将第二列和第三列的列宽拉成约 15 和 30。结果如图 6-47 所示。

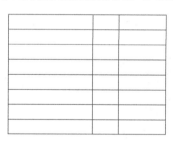

图 6-47　改变列宽

（6）双击单元格，重新打开多行文字编辑器，在各单元格中输入相应的文字或数据，最终结果如图 6-44 所示。

6.6　上机实验

题目1：标注技术要求

1．目的要求

本例主要利用多行文字标注命令，填写技术要求并在技术要求中插入字符以及堆叠等，如图 6-48 所示。

2．操作提示

（1）设置文字标注的样式。

（2）利用"多行文字"命令进行标注。

（3）利用右键菜单，输入特殊字符。在输入尺寸公差时要注意一定要输入"+0.05^-0.06"，然后选择这些文字，单击"文字格式"对话框上的"堆叠"按钮。

1.当无标准齿轮时,允许检查下列三项代替检查径

向综合公差和一齿径向综合公差

　　a.齿圈径向跳动公差Fr为0.056

　　b.齿形公差ff为0.016

　　c.基节极限偏差±f_{pb}为0.018

2.用带凸角的刀具加工齿轮,但齿根不允许有凸

台,允许下凹,下凹深度不大于0.2

3.未注倒角1x45°

4.尺寸为⌀30$^{+0.05}_{-0.06}$的孔抛光处理

图 6-48　技术要求

题目 2：绘制并填写标题栏

1．目的要求

标题栏是工程制图中常用的表格。本例通过绘制标题栏，要求读者掌握表格相关命令的用法，体会表格功能的便捷性。

2．操作提示

（1）如图 6-49 所示，按照有关标准或规范设定的尺寸，利用直线命令和相关编辑命令绘制标题栏。

（2）设置两种不同的文字样式。

（3）注写标题栏中的文字。

图 6-49　标注图形名和单位名称

6.7　思考与练习

1．在表格中不能插入（　　）。

　　A．块　　　　　　B．字段　　　　　　C．公式　　　　　　D．点

2．在设置文字样式的时候，设置了文字的高度，其效果是（　　）。

　　A．在输入单行文字时，可以改变文字高度

B. 在输入单行文字时，不可以改变文字高度

C. 在输入多行文字时，不能改变文字高度

D. 都能改变文字高度

3. 在正常输入汉字时却显示"？"，是因为（　　　）。

　　A. 文字样式没有设定好　　　　　　B. 输入错误

　　C. 堆叠字符　　　　　　　　　　　D. 字高太高

4. 按照图 6-50 中的设置，创建的表格是（　　　）。

　　A. 8 行 5 列　　　B. 6 行 5 列　　　C. 10 行 5 列　　　D. 8 行 7 列

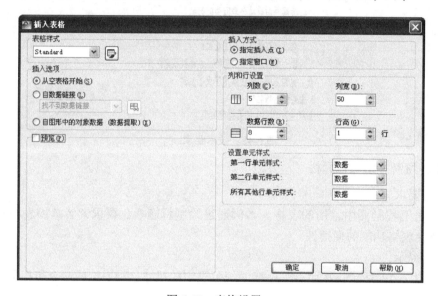

图 6-50　表格设置

第 **7** 章

尺 寸 标 注

    尺寸标注是绘图设计过程当中相当重要的一个环节。AutoCAD 2012 提供了方便、准确的标注尺寸功能。

学习要点

● 尺寸标注与编辑

7.1 尺寸样式

组成尺寸标注的尺寸线、尺寸界线、尺寸文本和尺寸箭头可以采用多种形式，尺寸标注以什么形态出现，取决于当前所采用的尺寸标注样式。标注样式决定尺寸标注的形式，包括尺寸线、尺寸界线、尺寸箭头和中心标记的形式、尺寸文本的位置、特性等。在 AutoCAD 2012 中用户可以利用"标注样式管理器"对话框方便地设置自己需要的尺寸标注样式。

7.1.1 新建或修改尺寸样式

在进行尺寸标注前，先要创建尺寸标注的样式。如果用户不创建尺寸样式而直接进行标注，则系统使用默认名称为 Standard 的样式。如果用户认为使用的标注样式某些设置不合适，也可以修改标注样式。

 执行方式

命令行：DIMSTYLE（快捷命令：D）。

菜单栏：选择菜单栏中的"格式"→"标注样式"命令或"标注"→"标注样式"命令。

工具栏：单击"标注"工具栏中的"标注样式"按钮 。

执行上述操作后，系统打开"标注样式管理器"对话框，如图 7-1 所示。利用此对话框可方便直观地定制和浏览尺寸标注样式，包括创建新的标注样式、修改已存在的标注样式、设置当前尺寸标注样式、样式重命名以及删除已有标注样式等。

 选项说明

1. "置为当前"按钮

单击此按钮，把在"样式"列表框中选择的样式设置为当前标注样式。

2. "新建"按钮

创建新的尺寸标注样式。单击此按钮，系统打开"创建新标注样式"对话框，如图 7-2 所示，利用此对话框可创建一个新的尺寸标注样式，其中各项的功能说明如下。

（1）"新样式名"文本框：为新的尺寸标注样式命名。

（2）"基础样式"下拉列表框：选择创建新样式所基于的标注样式。单击"基础样式"下拉列表框，打开当前已有的样式列表，从中选择一个作为定义新样式的基础，新的样式是在所选样式的基础上修改一些特性得到的。

（3）"用于"下拉列表框：指定新样式应用的尺寸类型。单击此下拉列表框，打开尺寸类型列表，如果新建样式应用于所有尺寸，则选择"所有标注"选项；如果新建样式只应用于特定的尺寸标注（如只在标注直径时使用此样式），则选择相应的尺寸类型。

（4）"继续"按钮：各选项设置好以后，单击"继续"按钮，系统打开"新建标注样式"对话框，如图 7-3 所示，利用此对话框可对新标注样式的各项特性进行设置。该对话框中各部分的含义和功能将在后面介绍。

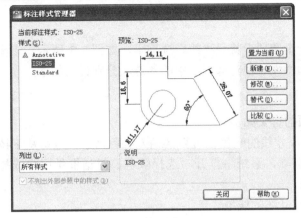

图 7-1 "标注样式管理器"对话框　　　　图 7-2 "创建新标注样式"对话框

3. "修改"按钮

修改一个已存在的尺寸标注样式。单击此按钮，系统打开"修改标注样式"对话框，该对话框中的各选项与"新建标注样式"对话框中完全相同，可以对已有标注样式进行修改。

4. "替代"按钮

设置临时覆盖尺寸标注样式。单击此按钮，系统打开"替代当前样式"对话框，该对话框中各选项与"新建标注样式"对话框中完全相同，用户可改变选项的设置，以覆盖原来的设置，但这种修改只对指定的尺寸标注起作用，而不影响当前其他尺寸变量的设置。

5. "比较"按钮

比较两个尺寸标注样式在参数上的区别，或浏览一个尺寸标注样式的参数设置。单击此按钮，系统打开"比较标注样式"对话框，如图 7-4 所示。可以把比较结果复制到剪贴板上，然后再粘贴到其他的 Windows 应用软件上。

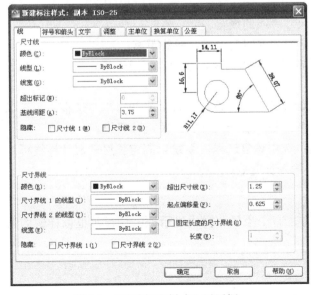

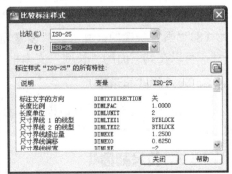

图 7-3 "新建标注样式"对话框　　　　图 7-4 "比较标注样式"对话框

7.1.2　线

在"新建标注样式"对话框中，第一个选项卡就是"线"选项卡，如图 7-3 所示。该选项卡用于设置尺寸线、尺寸界线的形式和特性。现对选项卡中的各选项分别说明如下。

1."尺寸线"选项组

用于设置尺寸线的特性，其中各选项的含义如下。

（1）"颜色"下拉列表框：用于设置尺寸线的颜色。可直接输入颜色名字，也可从下拉列表框中选择，如果选择"选择颜色"选项，系统将打开"选择颜色"对话框供用户选择其他颜色。

（2）"线型"下拉列表框：用于设置尺寸线的线型。

（3）"线宽"下拉列表框：用于设置尺寸线的线宽，下拉列表框中列出了各种线宽的名称和宽度。

（4）"超出标记"微调框：当尺寸箭头设置为短斜线、短波浪线等，或尺寸线上无箭头时，可利用此微调框设置尺寸线超出尺寸界线的距离。

（5）"基线间距"微调框：设置以基线方式标注尺寸时，相邻两尺寸线之间的距离。

（6）"隐藏"复选框组：确定是否隐藏尺寸线及相应的箭头。选中"尺寸线 1"复选框，表示隐藏第一段尺寸线；选中"尺寸线 2"复选框，表示隐藏第二段尺寸线。

2."尺寸界线"选项组

用于确定尺寸界线的形式，其中各选项的含义如下。

（1）"颜色"下拉列表框：用于设置尺寸界线的颜色。

（2）"尺寸界线 1 的线型"下拉列表框：用于设置第一条尺寸界线的线型（DIMLTEX1 系统变量）。

（3）"尺寸界线 2 的线型"下拉列表框：用于设置第二条尺寸界线的线型（DIMLTEX2 系统变量）。

（4）"线宽"下拉列表框：用于设置尺寸界线的线宽。

（5）"超出尺寸线"微调框：用于确定尺寸界线超出尺寸线的距离。

（6）"起点偏移量"微调框：用于确定尺寸界线的实际起始点相对于指定尺寸界线起始点的偏移量。

（7）"隐藏"复选框组：确定是否隐藏尺寸界线。选中"尺寸界线 1"复选框，表示隐藏第一段尺寸界线；选中"尺寸界线 2"复选框，表示隐藏第二段尺寸界线。

（8）"固定长度的尺寸界线"复选框：选中该复选框，系统以固定长度的尺寸界线标注尺寸，可以在其下面的"长度"文本框中输入长度值。

3.尺寸样式显示框

在"新建标注样式"对话框的右上方，有一个尺寸样式显示框，该显示框以样例的形式显示用户设置的尺寸样式。

7.1.3　符号和箭头

在"新建标注样式"对话框中，第二个选项卡是"符号和箭头"选项卡，如图 7-5 所示。该选项卡用于设置箭头、圆心标记、弧长符号和半径标注折弯的形式和特性，现对选项卡中的各选项分别说明如下。

1．"箭头"选项组

用于设置尺寸箭头的形式。AutoCAD 提供了多种箭头形状，列在"第一个"和"第二个"下拉列表框中。另外，还允许采用用户自定义的箭头形状。两个尺寸箭头可以采用相同的形式，也可采用不同的形式。

（1）"第一个"下拉列表框：用于设置第一个尺寸箭头的形式。单击此下拉列表框，打开各种箭头形式，其中列出了各类箭头的形状及名称。一旦选择了第一个箭头的类型，第二个箭头则自动与其匹配，要想第二个箭头取不同的形状，可在"第二个"下拉列表框中设定。

如果在列表框中选择了"用户箭头"选项，则打开如图 7-6 所示的"选择自定义箭头块"对话框，可以事先把自定义的箭头存成一个图块，在此对话框中输入该图块名即可。

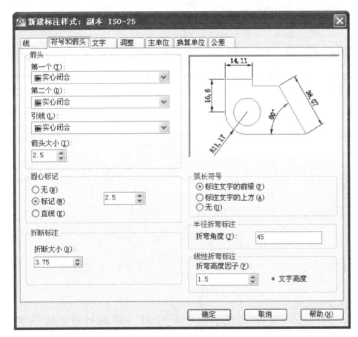

图 7-5 "符号和箭头"选项卡

图 7-6 "选择自定义箭头块"对话框

（2）"第二个"下拉列表框：用于设置第二个尺寸箭头的形式，可与第一个箭头形式不同。

（3）"引线"下拉列表框：确定引线箭头的形式，与"第一个"设置类似。

（4）"箭头大小"微调框：用于设置尺寸箭头的大小。

2．"圆心标记"选项组

用于设置半径标注、直径标注和中心标注中的中心标记和中心线形式。其中各项含义如下。

（1）"无"单选钮：点选该单选钮，既不产生中心标记，也不产生中心线。

（2）"标记"单选钮：点选该单选钮，中心标记为一个点记号。

（3）"直线"单选钮：点选该单选钮，中心标记采用中心线的形式。

（4）"大小"微调框：用于设置中心标记和中心线的大小和粗细。

3．"折断标注"选项组

用于控制折断标注的间距宽度。

4．"弧长符号"选项组

用于控制弧长标注中圆弧符号的显示，对其中的 3 个单选钮含义介绍如下。

（1）"标注文字的前缀"单选钮：点选该单选钮，将弧长符号放在标注文字的左侧，如图 7-7（a）所示。

（2）"标注文字的上方"单选钮：点选该单选钮，将弧长符号放在标注文字的上方，如图 7-7（b）所示。

（3）"无"单选钮：点选该单选钮，不显示弧长符号，如图 7-7（c）所示。

5．"半径折弯标注"选项组

用于控制折弯（Z 字形）半径标注的显示。折弯半径标注通常在中心点位于页面外部时创建。在"折弯角度"文本框中可以输入连接半径标注的尺寸界线和尺寸线的横向直线角度，如图 7-8 所示。

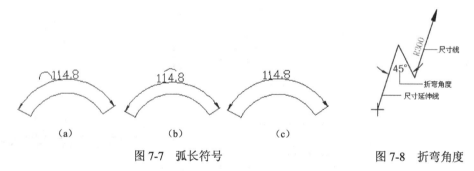

图 7-7　弧长符号　　　　　　　　　　　图 7-8　折弯角度

6．"线性折弯标注"选项组

用于控制折弯线性标注的显示。当标注不能精确表示实际尺寸时，常将折弯线添加到线性标注中。通常，实际尺寸比所需值小。

7.1.4　文字

在"新建标注样式"对话框中，第 3 个选项卡是"文字"选项卡，如图 7-9 所示。该选项卡用于设置尺寸文本文字的形式、布置、对齐方式等，现对选项卡中的各选项分别说明如下。

1．"文字外观"选项组

（1）"文字样式"下拉列表框：用于选择当前尺寸文本采用的文字样式。单击此下拉列表框，可以从中选择一种文字样式，也可单击右侧的按钮 ⌷，打开"文字样式"对话框以创建新的文字样式或对文字样式进行修改。

（2）"文字颜色"下拉列表框：用于设置尺寸文本的颜色，其操作方法与设置尺寸线颜色的方法相同。

（3）"填充颜色"下拉列表框：用于设置标注中文字背景的颜色。如果选择"选择颜色"选项，系统将打开"选择颜色"对话框，可以从 255 种 AutoCAD 索引（ACI）颜色、真彩色和配色系统颜色中选择颜色。

（4）"文字高度"微调框：用于设置尺寸文本的字高。如果选用的文本样式中已设置了具体的字高（不是 0），则此处的设置无效；如果文本样式中设置的字高为 0，才以此处设置为准。

（5）"分数高度比例"微调框：用于确定尺寸文本的比例系数。

（6）"绘制文字边框"复选框：选中此复选框，AutoCAD 在尺寸文本的周围加上边框。

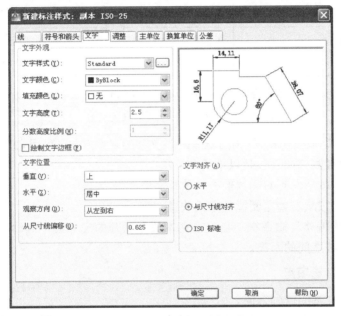

图 7-9　"文字"选项卡

2. "文字位置"选项组

（1）"垂直"下拉列表框：用于确定尺寸文本相对于尺寸线在垂直方向的对齐方式。单击此下拉列表框，可从中选择的对齐方式有以下 5 种。

① 居中：将尺寸文本放在尺寸线的中间。

② 上：将尺寸文本放在尺寸线的上方。

③ 外部：将尺寸文本放在远离第一条尺寸界线起点的位置，即和所标注的对象分列于尺寸线的两侧。

④ 下：将尺寸文本放在尺寸线的下方。

⑤ JIS：使尺寸文本的放置符合 JIS（日本工业标准）规则。

其中 4 种文本布置方式效果如图 7-10 所示。

（2）"水平"下拉列表框：用于确定尺寸文本相对于尺寸线和尺寸界线在水平方向的对齐方式。单击此下拉列表框，可从中选择的对齐方式有 5 种：居中、第一条尺寸界线、第二条尺寸界线、第一条尺寸界线上方、第二条尺寸界线上方，如图 7-11 所示。

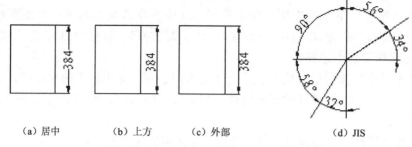

（a）居中　　　　（b）上方　　　　（c）外部　　　　　　（d）JIS

图 7-10　尺寸文本在垂直方向的放置

（a）居中　　（b）第一条尺寸界线　　（c）第二条尺寸界线　（d）第一条尺寸界线上方（e）第二条尺寸界线上方

图 7-11　尺寸文本在水平方向的放置

（3）"观察方向"下拉列表框：用于控制标注文字的观察方向（可用 DIMTXTDIRECTION 系统变量设置）。"观察方向"包括以下两项选项。

① 从左到右：按从左到右阅读的方式放置文字。

② 从右到左：按从右到左阅读的方式放置文字。

（4）"从尺寸线偏移"微调框：当尺寸文本放在断开的尺寸线中间时，此微调框用来设置尺寸文本与尺寸线之间的距离。

3．"文字对齐"选项组

用于控制尺寸文本的排列方向。

（1）"水平"单选钮：点选该单选钮，尺寸文本沿水平方向放置。不论标注什么方向的尺寸，尺寸文本总保持水平。

（2）"与尺寸线对齐"单选钮：点选该单选钮，尺寸文本沿尺寸线方向放置。

（3）"ISO 标准"单选钮：点选该单选钮，当尺寸文本在尺寸界线之间时，沿尺寸线方向放置；在尺寸界线之外时，沿水平方向放置。

7.1.5　调整

在"新建标注样式"对话框中，第 4 个选项卡是"调整"选项卡，如图 7-12 所示。该选项卡根据两条尺寸界线之间的空间，设置将尺寸文本、尺寸箭头放置在两尺寸界线内还是外。如果空间允许，AutoCAD 总是把尺寸文本和箭头放置在尺寸界线的里面；如果空间不够，则根据本选项卡的各项设置放置。现对选项卡中的各选项分别说明如下。

1．"调整选项"选项组

（1）"文字或箭头"单选钮：点选此单选钮，如果空间允许，把尺寸文本和箭头都放置在两尺寸界线之间；如果两尺寸界线之间只够放置尺寸文本，则把尺寸文本放置在尺寸界线之间，而把箭头放置在尺寸界线之外；如果只够放置箭头，则把箭头放在里面，把尺寸文本放在外面；如果两尺寸界线之间既放不下文本，也放不下箭头，则把二者均放在外面。

（2）"箭头"单选钮：点选此单选钮，如果空间允许，把尺寸文本和箭头都放置在两尺寸界线之间；如果空间只够放置箭头，则把箭头放在尺寸界线之间，把文本放在外面；如果尺寸界线之间的空间放不下箭头，则把箭头和文本均放在外面。

（3）"文字"单选钮：点选此单选钮，如果空间允许，把尺寸文本和箭头都放置在两尺寸界线之间；否则把文本放在尺寸界线之间，把箭头放在外面；如果尺寸界线之间放不下尺寸文本，则把文本和箭头都放在外面。

（4）"文字和箭头"单选钮：点选此单选钮，如果空间允许，把尺寸文本和箭头都放置在两尺寸界线之间；否则把文本和箭头都放在尺寸界线外面。

（5）"文字始终保持在尺寸界线之间"单选钮：点选此单选钮，AutoCAD 总是把尺寸文本放在两条尺寸界线之间。

（6）"若箭头不能放在尺寸界线内，则将其消除"复选框：选中此复选框，尺寸界线之间的空间不够时省略尺寸箭头。

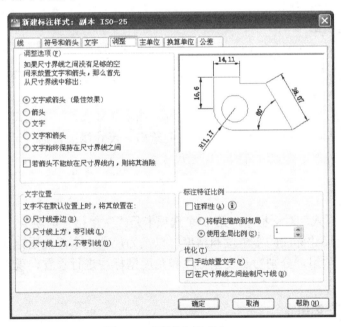

图 7-12　"调整"选项卡

2."文字位置"选项组

用于设置尺寸文本的位置，其中 3 个单选钮的含义如下。

（1）"尺寸线旁边"单选钮：点选此单选钮，把尺寸文本放在尺寸线的旁边，如图 7-13（a）所示。

（2）"尺寸线上方，带引线"单选钮：点选此单选钮，把尺寸文本放在尺寸线的上方，并用引线与尺寸线相连，如图 7-13（b）所示。

（3）"尺寸线上方，不带引线"单选钮：点选此单选钮，把尺寸文本放在尺寸线的上方，中间无引线，如图7-13（c）所示。

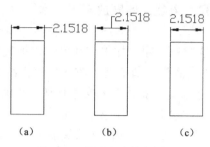

（a）　　　　　（b）　　　　　（c）

图7-13　尺寸文本的位置

3. "标注特征比例"选项组

（1）"将标注缩放到布局"单选钮：根据当前模型空间视口和图纸空间之间的比例确定比例因子。当在图纸空间而不是模型空间视口中工作，或当 TILEMODE 被设置为 1 时，将使用默认的比例因子 1.0。

（2）"使用全局比例"单选钮：确定尺寸的整体比例系数。其后面的"比例值"微调框可以用来选择需要的比例。

4. "优化"选项组

用于设置附加的尺寸文本布置选项，包含以下两个选项。

（1）"手动放置文字"复选框：选中此复选框，标注尺寸时由用户确定尺寸文本的放置位置，忽略前面的对齐设置。

（2）"在尺寸界线之间绘制尺寸线"复选框：选中此复选框，不论尺寸文本在尺寸界线里面还是外面，AutoCAD 均在两尺寸界线之间绘出一尺寸线；否则当尺寸界线内放不下尺寸文本而将其放在外面时，尺寸界线之间无尺寸线。

7.1.6　主单位

在"新建标注样式"对话框中，第 5 个选项卡是"主单位"选项卡，如图 7-14 所示。该选项卡用来设置尺寸标注的主单位和精度，以及为尺寸文本添加固定的前缀或后缀。本选项卡包含两个选项组，分别对长度型标注和角度型标注进行设置，现对选项卡中的各选项分别说明如下。

1. "线性标注"选项组

用来设置标注长度型尺寸时采用的单位和精度。

（1）"单位格式"下拉列表框：用于确定标注尺寸时使用的单位制（角度型尺寸除外）。在其下拉列表框中 AutoCAD 2012 提供了"科学"、"小数"、"工程"、"建筑"、"分数"和"Windows 桌面"6 种单位制，可根据需要选择。

（2）"精度"下拉列表框：用于确定标注尺寸时的精度，也就是精确到小数点后几位。

（3）"分数格式"下拉列表框：用于设置分数的形式。AutoCAD 2012 提供了"水平"、"对角"和"非堆叠"3 种形式供用户选用。

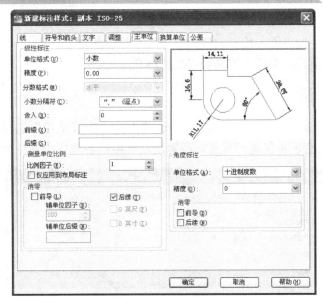

图 7-14　"主单位"选项卡

（4）"小数分隔符"下拉列表框：用于确定十进制单位（Decimal）的分隔符。AutoCAD 2012 提供了句点（.）、逗点（,）和空格 3 种形式。

（5）"舍入"微调框：用于设置除角度之外的尺寸测量圆整规则。在文本框中输入一个值，如果输入 1，则所有测量值均圆整为整数。

（6）"前缀"文本框：为尺寸标注设置固定前缀。可以输入文本，也可以利用控制符产生特殊字符，这些文本将被加在所有尺寸文本之前。

（7）"后缀"文本框：为尺寸标注设置固定后缀。

（8）"测量单位比例"选项组：用于确定 AutoCAD 自动测量尺寸时的比例因子。其中"比例因子"微调框用来设置除角度之外所有尺寸测量的比例因子。例如，用户确定比例因子为 2，AutoCAD 则把实际测量为 1 的尺寸标注为 2。如果选中"仅应用到布局标注"复选框，则设置的比例因子只适用于布局标注。

（9）"消零"选项组：用于设置是否省略标注尺寸时的 0。

①"前导"复选框：选中此复选框，省略尺寸值处于高位的 0。例如，0.50000 标注为.50000。

②"后续"复选框：选中此复选框，省略尺寸值小数点后末尾的 0。例如，6.7000 标注为 6.7，而 30.0000 标注为 30。

③"0 英尺"复选框：选中此复选框，采用"工程"和"建筑"单位制时，如果尺寸值小于 1 英尺，则省略英尺。例如，0'-6 1/2" 标注为 6 1/2"。

④"0 英寸"复选框：选中此复选框，采用"工程"和"建筑"单位制时，如果尺寸值是整英尺数，则省略英寸。例如，1'-0"标注为 1'。

2. "角度标注"选项组

用于设置标注角度时采用的角度单位。

（1）"单位格式"下拉列表框：用于设置角度单位制。AutoCAD 2012 提供了"十进制度数"、"度/分/秒"、"百分度"和"弧度"4 种角度单位。

（2）"精度"下拉列表框：用于设置角度型尺寸标注的精度。

（3）"消零"选项组：用于设置是否省略标注角度时的 0。

7.1.7 换算单位

在"新建标注样式"对话框中，第 6 个选项卡是"换算单位"选项卡，如图 7-15 所示，该选项卡用于对替换单位进行设置，现对选项卡中的各选项分别说明如下。

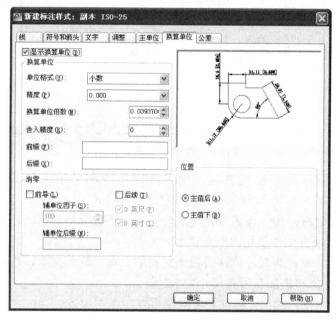

图 7-15 "换算单位"选项卡

1. "显示换算单位"复选框

选中此复选框，则替换单位的尺寸值也同时显示在尺寸文本上。

2. "换算单位"选项组

用于设置替换单位，其中各选项的含义如下。

（1）"单位格式"下拉列表框：用于选择替换单位采用的单位制。

（2）"精度"下拉列表框：用于设置替换单位的精度。

（3）"换算单位倍数"微调框：用于指定主单位和替换单位的转换因子。

（4）"含入精度"微调框：用于设定替换单位的圆整规则。

（5）"前缀"文本框：用于设置替换单位文本的固定前缀。

（6）"后缀"文本框：用于设置替换单位文本的固定后缀。

3. "消零"选项组

（1）"前导"复选框：选中此复选框，不输出所有十进制标注中的前导 0。例如，0.5000 标注为.5000。

（2）"辅单位因子"微调框：将辅单位的数量设置为一个单位。它用于在距离小于一个

单位时以辅单位为单位计算标注距离。例如，如果后缀为 m 而辅单位后缀为以 cm 显示，则输入 100。

（3）"辅单位后缀"文本框：用于设置标注值辅单位中包含的后缀。可以输入文字或使用控制代码显示特殊符号。例如，输入 cm 可将 96m 显示为 96cm。

（4）"后续"复选框：选中此复选框，不输出所有十进制标注的后续零。例如，12.5000 标注为 12.5，30.0000 标注为 30。

（5）"0 英尺"复选框：选中此复选框，如果长度小于一英尺，则消除"英尺-英寸"标注中的英尺部分。例如，0'-6 1/2"标注为 6 1/2"。

（6）"0 英寸"复选框：选中此复选框，如果长度为整英尺数，则消除"英尺-英寸"标注中的英寸部分。例如，1'-0"标注为 1'。

4. "位置"选项组

用于设置替换单位尺寸标注的位置。

（1）"主值后"单选钮：点选该单选钮，把替换单位尺寸标注放在主单位标注的后面。

（2）"主值下"单选钮：点选该单选钮，把替换单位尺寸标注放在主单位标注的下面。

7.1.8　公差

在"新建标注样式"对话框中，第 7 个选项卡是"公差"选项卡，如图 7-16 所示。该选项卡用于确定标注公差的方式，现对选项卡中的各选项分别说明如下。

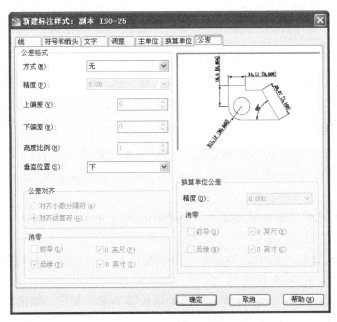

图 7-16　"公差"选项卡

1. "公差格式"选项组

用于设置公差的标注方式。

（1）"方式"下拉列表框：用于设置公差标注的方式。AutoCAD 提供了 5 种标注公差的方式，分别是"无"、"对称"、"极限偏差"、"极限尺寸"和"基本尺寸"，其中"无"表示不标注公差，其余4种标注情况如图7-17所示。

（2）"精度"下拉列表框：用于确定公差标注的精度。

（3）"上偏差"微调框：用于设置尺寸的上偏差。

（4）"下偏差"微调框：用于设置尺寸的下偏差。

（5）"高度比例"微调框：用于设置公差文本的高度比例，即公差文本的高度与一般尺寸文本的高度之比。

（6）"垂直位置"下拉列表框：用于控制"对称"和"极限偏差"形式公差标注的文本对齐方式，如图7-18所示。

① 上：公差文本的顶部与一般尺寸文本的顶部对齐。

② 中：公差文本的中线与一般尺寸文本的中线对齐。

③ 下：公差文本的底线与一般尺寸文本的底线对齐。

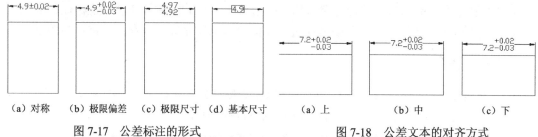

（a）对称　（b）极限偏差　（c）极限尺寸　（d）基本尺寸	（a）上　　　（b）中　　　（c）下
图 7-17　公差标注的形式	图 7-18　公差文本的对齐方式

2."公差对齐"选项组

用于在堆叠时，控制上偏差值和下偏差值的对齐。

（1）"对齐小数分隔符"单选钮：点选该单选钮，通过值的小数分割符堆叠值。

（2）"对齐运算符"单选钮：点选该单选钮，通过值的运算符堆叠值。

3."消零"选项组

用于控制是否禁止输出前导 0 和后续 0 以及 0 英尺和 0 英寸部分（可用 DIMTZIN 系统变量设置）。消零设置也会影响由 AutoLISP® rtos 和 angtos 函数执行的实数到字符串的转换。

（1）"前导"复选框：选中此复选框，不输出所有十进制公差标注中的前导 0。例如，0.5000 标注为.5000。

（2）"后续"复选框：选中此复选框，不输出所有十进制公差标注的后续 0。例如，12.5000 标注为 12.5，30.0000 标注为 30。

（3）"0 英尺"复选框：选中此复选框，如果长度小于一英尺，则消除"英尺-英寸"标注中的英尺部分。例如，0'-6 1/2"标注为 6 1/2"。

（4）"0 英寸"复选框：选中此复选框，如果长度为整英尺数，则消除"英尺-英寸"标注中的英寸部分。例如，1'-0"标注为 1'。

4."换算单位公差"选项组

用于对形位公差标注的替换单位进行设置，各项的设置方法与上面相同。

7.2 标注尺寸

正确地进行尺寸标注是设计绘图工作中非常重要的一个环节，AutoCAD 2012 提供了方便快捷的尺寸标注方法，可通过执行命令实现，也可利用菜单或工具按钮实现。本节重点介绍如何对各种类型的尺寸进行标注。

7.2.1 长度型尺寸标注

 执行方式

命令行：DIMLINEAR（缩写名：DIMLIN，快捷命令：DLI）。
菜单栏：选择菜单栏中的"标注"→"线性"命令。
工具栏：单击"标注"工具栏中的"线性"按钮┤┤。

操作步骤

命令行提示与操作如下。

> 命令：DIMLIN
>
> 指定第一个尺寸界线原点或 <选择对象>:

1. 直接按 Enter 键

光标变为拾取框，并在命令行提示如下。

> 选择标注对象：（用拾取框选择要标注尺寸的线段）
>
> 指定尺寸线位置或[多行文字(M)/文字(T)/角度(A)/水平(H)/垂直(V)/旋转(R)]:

2. 选择对象

指定第一条与第二条尺寸界线的起始点。

 选项说明

（1）指定尺寸线位置：用于确定尺寸线的位置。用户可移动鼠标选择合适的尺寸线位置，然后按 Enter 键或单击，AutoCAD 则自动测量要标注线段的长度并标注出相应的尺寸。

（2）多行文字（M）：用多行文本编辑器确定尺寸文本。

（3）文字（T）：用于在命令行提示下输入或编辑尺寸文本。选择此选项后，命令行提示如下。

> 输入标注文字 <默认值>:

其中的默认值是 AutoCAD 自动测量得到的被标注线段的长度，直接按 Enter 键即可采用此长度值，也可输入其他数值代替默认值。当尺寸文本中包含默认值时，可使用尖括号"<>"表示默认值。

（4）角度（A）：用于确定尺寸文本的倾斜角度。

（5）水平（H）：水平标注尺寸，不论标注什么方向的线段，尺寸线总保持水平放置。

（6）垂直（V）：垂直标注尺寸，不论标注什么方向的线段，尺寸线总保持垂直放置。

（7）旋转（R）：输入尺寸线旋转的角度值，旋转标注尺寸。

> **注意**：线性标注有水平、垂直或对齐放置。使用对齐标注时，尺寸线将平行于两尺寸界线原点之间的直线（想象或实际）。基线（或平行）和连续（或链）标注是一系列基于线性标注的连续标注，连续标注是首尾相连的多个标注。在创建基线或连续标注之前，必须创建线性、对齐或角度标注。可从当前任务最近创建的标注中以增量方式创建基线标注。

7.2.2 对齐标注

 执行方式

命令行：DIMALIGNED（快捷命令：DAL）。

菜单栏：选择菜单栏中的"标注"→"对齐"命令。

工具栏：单击"标注"工具栏中的"对齐"按钮。

操作步骤

命令行提示与操作如下。

命令：DIMALIGNED

指定第一个尺寸界线原点或 <选择对象>：

这种命令标注的尺寸线与所标注轮廓线平行，标注起始点到终点之间的距离尺寸。

7.2.3 坐标尺寸标注

 执行方式

命令行：DIMORDINATE（快捷命令：DOR）。

菜单栏：选择菜单栏中的"标注"→"坐标"命令。

工具栏：单击"标注"工具栏中的"坐标"按钮。

操作步骤

命令行提示与操作如下。

命令：DIMORDINATE

指定点坐标：（选择要标注坐标的点）

指定引线端点或 [X 基准(X)/Y 基准(Y)/多行文字(M)/文字(T)/角度(A)]：

选项说明

（1）指定引线端点：确定另外一点，根据这两点之间的坐标差决定是生成 X 坐标尺寸还是 Y 坐标尺寸。如果这两点的 Y 坐标之差比较大，则生成 X 坐标尺寸；反之，生成 Y 坐标尺寸。

（2）X 基准（X）：生成该点的 X 坐标。

（3）Y 基准（Y）：生成该点的 Y 坐标。

（4）文字（T）：在命令行提示下，自定义标注文字，生成的标注测量值显示在尖括号（<>）中。

（5）角度（A）：修改标注文字的角度。

7.2.4 角度型尺寸标注

执行方式

命令行：DIMANGULAR（快捷命令：DAN）。

菜单栏：选择菜单栏中的"标注"→"角度"命令。

工具栏：单击"标注"工具栏中的"角度"按钮△。

操作步骤

命令行提示与操作如下。

> 命令：DIMANGULAR
>
> 选择圆弧、圆、直线或 <指定顶点>：

选项说明

（1）选择圆弧：标注圆弧的中心角。当用户选择一段圆弧后，命令行提示如下。

> 指定标注弧线位置或 [多行文字(M)/文字(T)/角度(A)]：

在此提示下确定尺寸线的位置，AutoCAD 系统按自动测量得到的值标注出相应的角度，在此之前用户可以选择"多行文字"、"文字"或"角度"选项，通过多行文本编辑器或命令行来输入或定制尺寸文本，以及指定尺寸文本的倾斜角度。

（2）选择圆：标注圆上某段圆弧的中心角。当用户选择圆上的一点后，命令行提示如下。

> 指定角的第二个端点：选择另一点，该点可在圆上，也可不在圆上
>
> 指定标注弧线位置或 [多行文字(M)/文字(T)/角度(A)]：

在此提示下确定尺寸线的位置，AutoCAD 系统标注出一个角度值，该角度以圆心为顶点，两条尺寸界线通过所选取的两点，第二点可以不必在圆周上。用户还可以选择"多行文字"、"文字"或"角度"选项，编辑其尺寸文本或指定尺寸文本的倾斜角度，如图 7-19 所示。

（3）选择直线：标注两条直线间的夹角。当用户选择一条直线后，命令行提示如下。

> 选择第二条直线：（选择另一条直线）
>
> 指定标注弧线位置或 [多行文字(M)/文字(T)/角度(A)]：

在此提示下确定尺寸线的位置，系统自动标出两条直线之间的夹角。该角以两条直线的交点为顶点，以两条直线为尺寸界线，所标注角度取决于尺寸线的位置，如图 7-20 所示。用户还可以选择"多行文字"、"文字"或"角度"选项，编辑其尺寸文本或指定尺寸文本的倾斜角度。

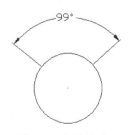

图 7-19　标注角度

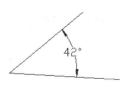

图 7-20　标注两直线的夹角

（4）指定顶点，直接按 Enter 键，命令行提示与操作如下。

> 指定角的顶点：（指定顶点）
> 指定角的第一个端点：（输入角的第一个端点）
> 指定角的第二个端点：（输入角的第二个端点，创建无关联的标注）
> 指定标注弧线位置或 [多行文字(M)/文字(T)/角度(A)/象限点（Q）]：输入一点作为角的顶点

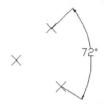

图 7-21　指定 3 点确定的角度

在此提示下给定尺寸线的位置，AutoCAD 根据指定的 3 点标注出角度，如图 7-21 所示。另外，用户还可以选择"多行文字"、"文字"或"角度"选项，编辑其尺寸文本或指定尺寸文本的倾斜角度。

（5）指定标注弧线位置：指定尺寸线的位置并确定绘制延伸线的方向。指定位置之后，DIMANGULAR 命令将结束。

（6）多行文字（M）：显示在位文字编辑器，可用它来编辑标注文字。要添加前缀或后缀，请在生成的测量值前后输入前缀或后缀。用控制代码和 Unicode 字符串来输入特殊字符或符号，请参见第 8 章介绍的常用控制码。

（7）文字（T）：自定义标注文字，生成的标注测量值显示在尖括号（< >）中。命令行提示与操作如下。

> 输入标注文字 <当前>：
> 输入标注文字，或按 Enter 键接受生成的测量值。要包括生成的测量值，请用尖括号（< >）表示生成的测量值

（8）角度（A）：修改标注文字的角度。

（9）象限点（Q）：指定标注应锁定到的象限。打开象限行为后，将标注文字放置在角度标注外时，尺寸线会延伸超过延伸线。

> **注意：** 角度标注可以测量指定的象限点，该象限点是在直线或圆弧的端点、圆心或两个顶点之间对角度进行标注时形成的。创建角度标注时，可以测量 4 个可能的角度。通过指定象限点，使用户可以确保标注正确的角度。指定象限点后，放置角度标注时，用户可以将标注文字放置在标注的尺寸界线之外，尺寸线将自动延长。

7.2.5　弧长标注

执行方式

命令行：DIMARC。
菜单栏：选择菜单栏中的"标注"→"弧长"命令。
工具栏：单击"标注"工具栏中的"弧长"按钮。

操作步骤

命令行提示与操作如下。

> 命令：DIMARC
> 选择弧线段或多段线弧线段：选择圆弧

指定弧长标注位置或 [多行文字(M)/文字(T)/角度(A)/部分(P)/引线(L)]:

📋 **选项说明**

（1）弧长标注位置：指定尺寸线的位置并确定延伸线的方向。

（2）多行文字（M）：显示在位文字编辑器，可用它来编辑标注文字。要添加前缀或后缀，请在生成的测量值前后输入前缀或后缀。用控制代码和 Unicode 字符串来输入特殊字符或符号，请参见第 8 章介绍的常用控制码。

（3）文字（T）：自定义标注文字，生成的标注测量值显示在尖括号（<>）中。

（4）角度（A）：修改标注文字的角度。

（5）部分（P）：缩短弧标注的长度，如图 7-22 所示。

（6）引线（L）：添加引线对象，仅当圆弧（或弧线段）大于 90° 时才会显示此选项。引线是按径向绘制的，指向所标注圆弧的圆心，如图 7-23 所示。

　　　　　　　　　　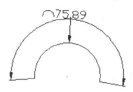

图 7-22　部分圆弧标注　　　　　　　图 7-23　引线标注圆弧

7.2.6　直径标注

💡 **执行方式**

命令行：DIMDIAMETER（快捷命令：DDI）。

菜单栏：选择菜单栏中的“标注”→“直径”命令。

工具栏：单击“标注”工具栏中的“直径”按钮🛇。

❓ **操作步骤**

命令行提示与操作如下。

> 命令：DIMDIAMETER
> 选择圆弧或圆： 选择要标注直径的圆或圆弧
> 指定尺寸线位置或 [多行文字(M)/文字(T)/角度(A)]:（确定尺寸线的位置或选择某一选项）

用户可以选择“多行文字”、“文字”或“角度”选项来输入、编辑尺寸文本或确定尺寸文本的倾斜角度，也可以直接确定尺寸线的位置，标注出指定圆或圆弧的直径。

📋 **选项说明**

（1）尺寸线位置：确定尺寸线的角度和标注文字的位置。如果未将标注放置在圆弧上而导致标注指向圆弧外，则 AutoCAD 会自动绘制圆弧延伸线。

（2）多行文字（M）：显示在位文字编辑器，可用它来编辑标注文字。要添加前缀或后缀，请在生成的测量值前后输入前缀或后缀。用控制代码和 Unicode 字符串来输入特殊字符或符号，请参见第 8 章介绍的常用控制码。

（3）文字（T）：自定义标注文字，生成的标注测量值显示在尖括号（<>）中。

（4）角度（A）：修改标注文字的角度。

7.2.7　半径标注

　执行方式

命令行：DIMRADIUS（快捷命令：DRA）。

菜单栏：选择菜单栏中的"标注"→"半径"命令。

工具栏：单击"标注"工具栏中的"半径"按钮◎。

操作步骤

命令行提示与操作如下。

> 命令：DIMRADIUS
>
> 选择圆弧或圆：选择要标注半径的圆或圆弧
>
> 指定尺寸线位置或 [多行文字(M)/文字(T)/角度(A)]：（确定尺寸线的位置或选择某一选项）

用户可以选择"多行文字"、"文字"或"角度"选项来输入、编辑尺寸文本或确定尺寸文本的倾斜角度，也可以直接确定尺寸线的位置，标注出指定圆或圆弧的半径。

7.2.8　折弯标注

　执行方式

命令行：DIMJOGGED（快捷命令：DJO 或 JOG）。

菜单栏：选择菜单栏中的"标注"→"折弯"命令。

工具栏：单击"标注"工具栏中的"折弯"按钮◎。

操作步骤

命令行提示与操作如下。

图 7-24　折弯标注

> 命令: DIMJOGGED
>
> 选择圆弧或圆：（选择圆弧或圆）
>
> 指定中心位置替代：（指定一点）
>
> 标注文字 ＝51.28
>
> 指定尺寸线位置或 [多行文字(M)/文字(T)/角度(A)]：（指定一点或选择某一选项）
>
> 指定折弯位置：（指定折弯位置，如图 7-24 所示）

7.2.9　圆心标记和中心线标注

　执行方式

命令行：DIMCENTER（快捷命令：DCE）。

菜单栏：选择菜单栏中的"标注"→"圆心标记"命令。

工具栏：单击"标注"工具栏中的"圆心标记"按钮⊕。

　操作步骤

命令行提示与操作如下。

命令：DIMCENTER

选择圆弧或圆：（选择要标注中心或中心线的圆或圆弧）

7.2.10 基线标注

基线标注用于产生一系列基于同一尺寸界线的尺寸标注，适用于长度尺寸、角度和坐标标注。在使用基线标注方式之前，应该先标注出一个相关的尺寸作为基线标准。

 执行方式

命令行：DIMBASELINE（快捷命令：DBA）。

菜单栏：选择菜单栏中的"标注"→"基线"命令。

工具栏：单击"标注"工具栏中的"基线"按钮⊨。

操作步骤

命令行提示如下。

命令：DIMBASELINE

指定第二条尺寸界线原点或 [放弃(U)/选择(S)] <选择>：

选项说明

（1）指定第二条尺寸界线原点：直接确定另一个尺寸的第二条尺寸界线的起点，AutoCAD 以上次标注的尺寸为基准标注，标注出相应尺寸。

（2）选择（S）：在上述提示下直接按 Enter 键，命令行提示如下。

选择基准标注：（选择作为基准的尺寸标注）

7.2.11 连续标注

连续标注又叫尺寸链标注，用于产生一系列连续的尺寸标注，后一个尺寸标注均把前一个标注的第二条尺寸界线作为它的第一条尺寸界线。适用于长度型尺寸、角度型和坐标标注。在使用连续标注方式之前，应该先标注出一个相关的尺寸。

 执行方式

命令行：DIMCONTINUE（快捷命令：DCO）。

菜单栏：选择菜单栏中的"标注"→"连续"命令。

工具栏：单击"标注"工具栏中的"连续"按钮⊬。

操作步骤

命令行提示如下。

命令：DIMCONTINUE

选择连续标注：

指定第二条尺寸界线原点或 [放弃(U)/选择(S)] <选择>：

此提示下的各选项与基线标注中完全相同，此处不再赘述。

注意：AutoCAD 允许用户利用基线标注方式和连续标注方式进行角度标注，如图 7-25 所示。

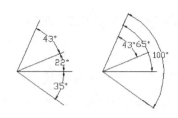

图 7-25   连续型和基线型角度标注

7.2.12   快速尺寸标注

快速尺寸标注命令"QDIM"使用户可以交互、动态、自动化地进行尺寸标注。利用
"QDIM"命令可以同时选择多个圆或圆弧标注直径或半径，也可同时选择多个对象进行基
线标注和连续标注，选择一次即可完成多个标注，既节省时间，又可提高工作效率。

 执行方式

命令行：QDIM。

菜单栏：选择菜单栏中的"标注"→"快速标注"命令。

工具栏：单击"标注"工具栏中的"快速标注"按钮。

操作步骤

命令行提示如下。

> 命令：QDIM
>
> 选择要标注的几何图形：（选择要标注尺寸的多个对象）
>
> 指定尺寸线位置或 [连续(C)/并列(S)/基线(B)/坐标(O)/半径(R)/直径(D)/基准点(P)/编辑(E)/设置(T)]
> <连续>：

 选项说明

（1）指定尺寸线位置：直接确定尺寸线的位置，系统在该位置按默认的尺寸标注类型
标注出相应的尺寸。

（2）连续（C）：产生一系列连续标注的尺寸。在命令行输入"C"，AutoCAD 系统提示
用户选择要进行标注的对象，选择完成后按 Enter 键，返回上面的提示，给定尺寸线位置，
则完成连续尺寸标注。

（3）并列（S）：产生一系列交错的尺寸标注，如图 7-26 所示。

（4）基线（B）：产生一系列基线标注尺寸。后面的"坐标（O）"、"半径（R）"、"直径
（D）"含义与此类同。

（5）基准点（P）：为基线标注和连续标注指定一个新的基准点。

（6）编辑（E）：对多个尺寸标注进行编辑。AutoCAD 允许对已存在的尺寸标注添加或
移去尺寸点。选择此选项，命令行提示如下。

> 指定要删除的标注点或 [添加(A)/退出(X)] <退出>：

在此提示下确定要移去的点后按 Enter 键，系统对尺寸标注进行更新。如图 7-27 所示
为图 7-26 中删除中间标注点后的尺寸标注。

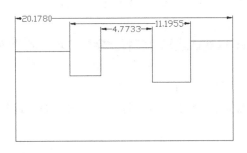

图 7-26　交错尺寸标注

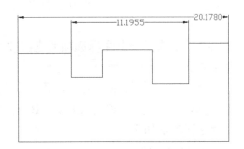

图 7-27　删除中间标注点后的尺寸标注

7.3　引线标注

AutoCAD 提供了引线标注功能，利用该功能不仅可以标注特定的尺寸，如圆角、倒角等，还可以实现在图中添加多行旁注、说明。在引线标注中指引线可以是折线，也可以是曲线，指引线端部可以有箭头，也可以没有箭头。

7.3.1　利用 LEADER 命令进行引线标注

利用 LEADER 命令可以创建灵活多样的引线标注形式，可根据需要把指引线设置为折线或曲线。指引线可带箭头，也可不带箭头。注释文本可以是多行文本，也可以是形位公差，可以从图形其他部位复制，也可以是一个图块。

 执行方式

命令行：LEADER（快捷命令：LEAD）。

 操作步骤

命令行提示如下。

> 命令：LEADER
> 指定引线起点：（输入指引线的起始点）
> 指定下一点：（输入指引线的另一点）
> 指定下一点或 [注释(A)/格式(F)/放弃(U)] <注释>：

 选项说明

1. 指定下一点

直接输入一点，AutoCAD 根据前面的点绘制出折线作为指引线。

2. 注释（A）

输入注释文本，为默认项。在此提示下直接按 Enter 键，命令行提示如下。

> 输入注释文字的第一行或 <选项>：

（1）输入注释文字。在此提示下输入第一行文字后按 Enter 键，用户可继续输入第二行文字，如此反复执行，直到输入全部注释文字，然后在此提示下直接按 Enter 键，AutoCAD 会在指引线终端标注出所输入的多行文本文字，并结束 LEADER 命令。

（2）直接按 Enter 键。如果在上面的提示下直接按 Enter 键，命令行提示如下。

> 输入注释选项 [公差(T)/副本(C)/块(B)/无(N)/多行文字(M)] <多行文字>:

在此提示下选择一个注释选项或直接按 Enter 键默认选择"多行文字"选项，其他各选项的含义如下。

① 公差（T）：标注形位公差。形位公差的标注见 7.4 节。

② 副本（C）：把已利用 LEADER 命令创建的注释复制到当前指引线的末端。选择该选项，命令行提示如下。

> 选择要复制的对象:

在此提示下选择一个已创建的注释文本，则 AutoCAD 把它复制到当前指引线的末端。

③ 块（B）：插入块，把已经定义好的图块插入到指引线的末端。选择该选项，命令行提示如下。

> 输入块名或 [?]:

在此提示下输入一个已定义好的图块名，AutoCAD 把该图块插入到指引线的末端；或输入"？"列出当前已有图块，用户可从中选择。

④ 无（N）：不进行注释，没有注释文本。

⑤ 多行文字（M）：用多行文本编辑器标注注释文本，并定制文本格式，为默认选项。

3. 格式（F）

确定指引线的形式。选择该选项，命令行提示如下。

> 输入引线格式选项 [样条曲线(S)/直线(ST)/箭头(A)/无(N)] <退出>:

选择指引线形式，或直接按 Enter 键返回上一级提示。

（1）样条曲线（S）：设置指引线为样条曲线。

（2）直线（ST）：设置指引线为折线。

（3）箭头（A）：在指引线的起始位置画箭头。

（4）无（N）：在指引线的起始位置不画箭头。

（5）退出：此项为默认选项，选择该选项退出"格式（F）"选项，返回"指定下一点或[注释（A）/格式（F）/放弃（U）]<注释>"提示，并且指引线形式按默认方式设置。

7.3.2 利用 QLEADER 命令进行引线标注

利用 QLEADER 命令可快速生成指引线及注释，而且可以通过命令行优化对话框进行用户自定义，由此可以消除不必要的命令行提示，获得较高的工作效率。

 执行方式

命令行：QLEADER（快捷命令：LE）。

操作步骤

命令行提示如下。

> 命令: QLEADER
> 指定第一个引线点或 [设置(S)] <设置>:

 选项说明

1. 指定第一个引线点

在上面的提示下确定一点作为指引线的第一点，命令行提示如下。

> 指定下一点：（输入指引线的第二点）
>
> 指定下一点：（输入指引线的第三点）

AutoCAD 提示用户输入点的数目由"引线设置"对话框（如图 7-28 所示）确定。输入完指引线的点后，命令行提示如下。

> 指定文字宽度 <0.0000>：（输入多行文本文字的宽度）
>
> 输入注释文字的第一行 <多行文字(M)>：

此时，有两种命令输入选择，含义如下。

（1）输入注释文字的第一行：在命令行输入第一行文本文字，命令行提示如下。

> 输入注释文字的下一行：（输入另一行文本文字）
>
> 输入注释文字的下一行：（输入另一行文本文字或按 Enter 键）

（2）多行文字（M）：打开多行文字编辑器，输入编辑多行文字。

输入全部注释文本后，在此提示下直接按 Enter 键，AutoCAD 结束 QLEADER 命令，并把多行文本标注在指引线的末端附近。

2. 设置

在上面的提示下直接按 Enter 键或输入"S"，系统打开如图 7-28 所示的"引线设置"对话框，允许对引线标注进行设置。该对话框包含"注释"、"引线和箭头"、"附着" 3 个选项卡，下面分别进行介绍。

（1）"注释"选项卡（如图 7-28 所示）：用于设置引线标注中注释文本的类型、多行文本的格式并确定注释文本是否多次使用。

图 7-28 "引线设置"对话框

（2）"引线和箭头"选项卡（如图 7-29 所示）：用于设置引线标注中指引线和箭头的形式。其中"点数"选项组用于设置执行 QLEADER 命令时，AutoCAD 提示用户输入的点的数目。例如，设置点数为 3，执行 QLEADER 命令时，当用户在提示下指定 3 个点后，系统自动提示用户输入注释文本。注意设置的点数要比用户希望的指引线段数多 1，可利用微调框进行设置，如果选中"无限制"复选框，则 AutoCAD 会一直提示用户输入点直到连续按

Enter 键两次为止。"角度约束"选项组设置第一段和第二段指引线的角度约束。

（3）"附着"选项卡（如图 7-30 所示）：用于设置注释文本和指引线的相对位置。如果最后一段指引线指向右边，AutoCAD 自动把注释文本放在右侧；如果最后一段指引线指向左边，AutoCAD 自动把注释文本放在左侧。利用本页左侧和右侧的单选钮分别设置位于左侧和右侧的注释文本与最后一段指引线的相对位置，二者可相同也可不相同。

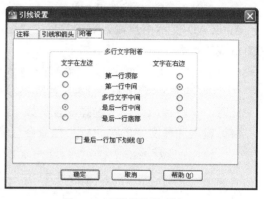

图 7-29 "引线和箭头"选项卡　　　　图 7-30 "附着"选项卡

7.4 形位公差标注

为方便机械设计工作，AutoCAD 提供了标注形位公差的功能。形位公差的标注形式如图 7-31 所示，包括指引线、特征符号、公差值和其附加符号以及基准代号。

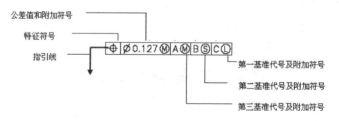

图 7-31 形位公差标注

 执行方式

命令行：TOLERANCE（快捷命令：TOL）。

菜单栏：选择菜单栏中的"标注"→"公差"命令。

工具栏：单击"标注"工具栏中的"公差"按钮⊞。

执行上述操作后，系统打开如图 7-32 所示的"形位公差"对话框，可通过此对话框对形位公差标注进行设置。

选项说明

（1）符号：用于设定或改变公差代号。单击下面的黑块，系统打开如图 7-33 所示的"特征符号"列表框，可从中选择需要的公差代号。

（2）公差 1/2：用于产生第一/二个公差的公差值及"附加符号"。白色文本框左侧的黑

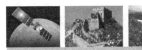

块控制是否在公差值之前加一个直径符号，单击它，则出现一个直径符号，再单击则又消失。白色文本框用于确定公差值，在其中输入一个具体数值。右侧黑块用于插入"包容条件"符号，单击它，系统打开如图 7-34 所示的"附加符号"列表框，用户可从中选择所需符号。

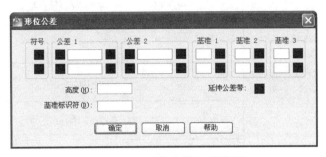

图 7-32 "形位公差"对话框

图 7-33 "特征符号"列表框

（3）基准 1/2/3：用于确定第一/二/三个基准代号及材料状态符号。在白色文本框中输入一个基准代号。单击其右侧的黑块，系统打开"包容条件"列表框，可从中选择适当的"包容条件"符号。

（4）"高度"文本框：用于确定标注复合形位公差的高度。

（5）延伸公差带：单击此黑块，在复合公差带后面加一个复合公差符号，如图 7-35（d）所示，其他形位公差标注如图 7-35 所示。

（6）"基准标识符"文本框：用于产生一个标识符号，用一个字母表示。

注意：在"形位公差"对话框中有两行可以同时对形位公差进行设置，可实现复合形位公差的标注。如果两行中输入的公差代号相同，则得到如图 7-35（e）所示的形式。

图 7-34 "附加符号"列表框

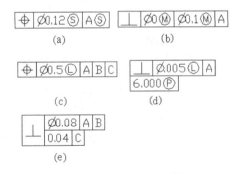

图 7-35 形位公差标注举例

7.5 综合实例——圆锥齿轮

锥齿轮结构各部分尺寸由表 7-1 公式可得到。其中 d 的尺寸仍然是由与之相配合的轴所决定，查阅国家标准 GB 2822—81 取标准值。本节将介绍如图 7-36 所示的圆锥齿轮的绘制过程。

表 7-1　锥齿轮结构各部分尺寸

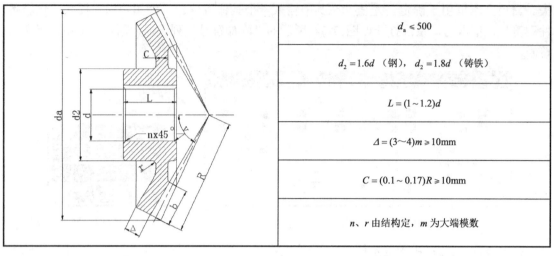

	$d_a \leqslant 500$
	$d_2 = 1.6d$ （钢），　$d_2 = 1.8d$ （铸铁）
	$L = (1 \sim 1.2)d$
	$\Delta = (3 \sim 4)m \geqslant 10\text{mm}$
	$C = (0.1 \sim 0.17)R \geqslant 10\text{mm}$
	n、r 由结构定，m 为大端模数

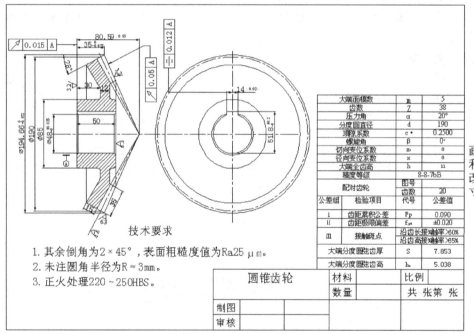

资料包\动画演示\第 7 章\利用尺寸驱动更改方头平键尺寸.avi

技术要求

1. 其余倒角为 $2 \times 45°$，表面粗糙度值为 Ra25 μm。
2. 未注圆角半径为 R ≈ 3mm。
3. 正火处理 220 ~ 250HBS。

图 7-36　圆锥齿轮

操作步骤

1. 绘制主视图

1）新建文件

单击菜单栏中的"文件"→"新建"命令，弹出"选择样板"对话框，选择上例创建的"A3 样板图"，单击"打开"按钮，创建一个新的图形文件。

2）设置图层

单击菜单栏中的"工具"→"选项板"→"图层"命令，弹出"图层特性管理器"对话框，在该对话框中依次创建"轮廓线"、"点画线"和"剖面线"3 个图层，并设置"轮廓线"的线宽为 0.5mm，设置"点画线"的线型为"CENTER2"。

　　3）绘制中心线

　　将"点画线"图层设置为当前层，单击"绘图"工具栏中的"直线" ╱ 命令，绘制 3 条中心线用来确定图形中各对象的位置，水平中心线长度为 310，竖直中心线长度为 210，并且两条中心线之间的距离为 190，如图 7-37 所示。

　　4）绘制轮廓线

　　单击"修改"工具栏中的"偏移" ╰ 命令，将水平中心线向上偏移，偏移的距离分别为 24、27.5、42.5、95、97.328，将图 7-37 中左边的竖直中心线向右偏移，偏移的距离分别为 30、35、50、80.592，并将偏移的直线转换到"轮廓线"图层，效果如图 7-38 所示。

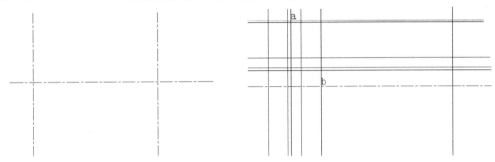

图 7-37　绘制中心线　　　　　　　　　　图 7-38　偏移直线 1

　　5）绘制轮齿

　　（1）单击"绘图"工具栏中的"直线" ╱ 命令，连接图 7-38 中 *ab* 两点，同时单击"绘图"工具栏中的"直线" ╱ 命令，以 *b* 为起点绘制两条角度线，命令行提示如下。

　　　　命令: _line 指定第一点:（选取图 7-38 中 *b* 点）
　　　　指定下一点或 [放弃(U)]: @120<118
　　　　命令: _line 指定第一点:（选取图 7-38 中 *b* 点）
　　　　指定下一点或 [放弃(U)]: @120<121

效果如图 7-39 所示。

　　（2）再次单击"绘图"工具栏中的"直线" ╱ 命令，命令行提示如下。

　　　　命令: _line 指定第一点:（选取图 7-39 中的 *a* 点）
　　　　指定下一点或 [放弃(U)]: @50<207.75

　　（3）单击"修改"工具栏中的"偏移" ╰ 命令，将刚绘制的角度线向下偏移 35，同时将图 7-39 中的直线 *cd* 向右偏移 12，效果如图 7-40 所示。

　　（4）单击"修改"工具栏中的"偏移" ╰ 命令，将图 7-40 中角度 121° 的斜线向左偏移 15，同时单击"修改"工具栏中的"修剪" ╱ 和"删除" ╱ 命令，修剪掉多余的线条，效果如图 7-41 所示。

　　（5）单击"修改"工具栏中的"修剪" ╱ 和"删除" ╱ 命令，对图形进行进一步的修剪，修剪结果如图 7-42 所示。

　　（6）单击"绘图"工具栏中的"直线" ╱ 命令，以图 7-42 中的 *m* 为起点竖直向下绘制直线，终点在直线 *pk* 上，效果如图 7-43 所示。

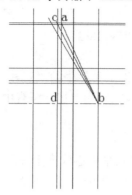

图 7-39　绘制角度线

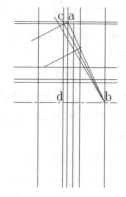

图 7-40　偏移直线 2

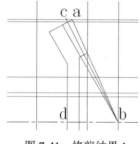

图 7-41　修剪结果 1

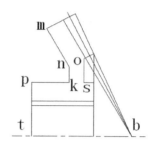

图 7-42　修剪结果 2

（7）单击"修改"工具栏中的"圆角" 命令，对图 7-42 中的 *n* 角点倒圆角，圆角半径为 16，对角点 *o*、*k*、*s* 倒圆角，圆角半径为 3，效果如图 7-43 所示。

（8）单击"修改"工具栏中的"倒角" 命令，对图中的相应部分进行倒角，倒角距离为 2，然后单击"绘图"工具栏中的"直线" 命令绘制直线，最后单击"修改"工具栏中的"修剪" 命令修剪掉多余的直线，效果如图 7-44 所示。

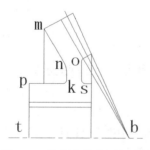

图 7-43　绘制直线和圆角结果

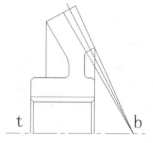

图 7-44　倒角结果

（9）单击"修改"工具栏中的"镜像" 命令，选择图 7-45 中的虚线部分为镜像对象，中心线 *tb* 为镜像线，镜像结果如图 7-46 所示。

（10）单击"修改"工具栏中的"删除" 命令，删除掉图 7-46 中的直线 *xy*，然后将当前图层设置为"剖面线"层，单击"绘图"工具栏中的"图案填充" 命令，选择的填充图案为"ANSI31"，将"角度"设置为 0，"比例"设置为 1，其他为默认值。单击"选择对象"按钮，暂时回到绘图窗口中进行选择，选择主视图上相关区域，按 Enter 键再次回到

"填充图案选项板"对话框,单击"确定"按钮,完成剖面线的绘制,这样就完成了主视图的绘制,效果如图 7-47 所示。

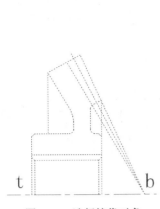
图 7-45 选择镜像对象

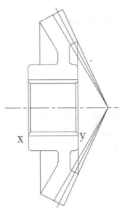
图 7-46 镜像结果

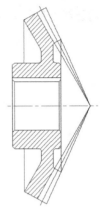
图 7-47 图案填充结果

2. 绘制左视图

(1)单击"绘图"工具栏中的"直线" 命令,从主视图向左视图绘制对应的辅助线,效果如图 7-48 所示。

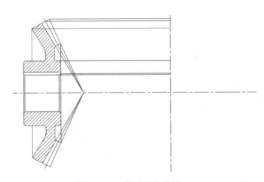
图 7-48 绘制辅助线

(2)单击"绘图"工具栏中的"圆" 命令,按照辅助线绘制相应的同心圆,效果如图 7-49 所示。

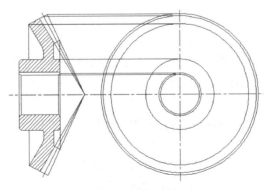
图 7-49 绘制同心圆

（3）单击"修改"工具栏中的"偏移" 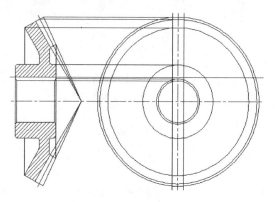 命令，将左视图中的竖直中心线向左右偏移，偏移距离为 7，然后将水平中心线向上偏移，偏移距离为 27.8，同时将偏移的中心线转换到"轮廓线"层，效果如图 7-50 所示。

图 7-50　偏移直线

（4）单击"修改"工具栏中的"修剪" ⊬ 和"删除" 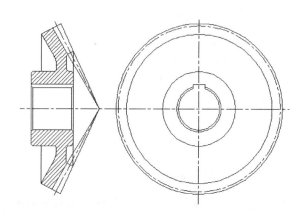 命令，删除并修剪掉多余的线条，并且将主视图中 118°的角度线和左视图中分度圆直径转换到"点画线"层，图形效果如图 7-51 所示。

图 7-51　修剪结果

3. 添加标注

1）无公差尺寸标注

（1）创建新标注样式：采用上节介绍的方法，在新文件中创建标注样式，进行相应的设置，并将其设置为当前使用的标注样式。

（2）标注无公差尺寸：

① 标注无公差线性尺寸：单击菜单栏中的"标注"→"线性"命令，标注图中无公差线性尺寸，如图 7-52 所示。

② 标注无公差直径尺寸：单击菜单栏中的"标注"→"线性"命令，通过修改标注文字，使用线性标注命令对圆进行标注，如图 7-53 所示。

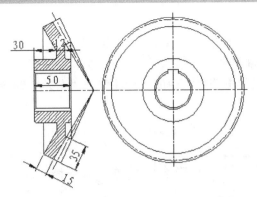

图 7-52　标注无公差线性尺寸

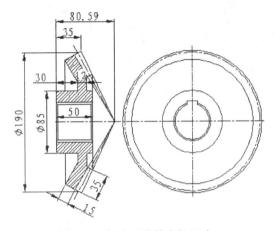

图 7-53　标注无公差直径尺寸

2）带公差尺寸标注

（1）设置带公差标注样式：采用上节介绍的方法，在新文件中创建标注样式，进行相应的设置，并将其设置为当前使用的标注样式。

（2）标注带公差尺寸：单击菜单栏中的"标注"→"线性"命令，对图中带公差尺寸进行标注，结果如图 7-54 所示。

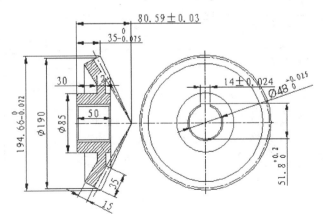

图 7-54　标注带公差尺寸

3）形位公差标注

（1）基准符号：单击"绘图"工具栏中的"矩形" □、"图案填充" ▨、"直线" ╱ 及"文字" A 命令，绘制基准符号。

（2）标注形位公差：单击菜单栏中的"标注"→"公差"命令，标注形位公差，效果如图 7-55 所示。

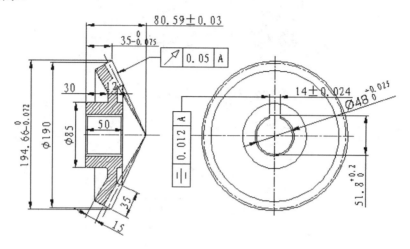

图 7-55　标注形位公差

4）标注粗糙度

图 7-56　绘制表面粗糙度符号

（1）单击"绘图"工具栏中的"直线"按钮 ╱，绘制如图 7-56 所示的表面粗糙度符号。

（2）单击"修改"工具栏中的"复制"命令，将粗糙度符号复制到图中合适位置，然后单击"绘图"工具栏中的"多行文字" A 命令，标注粗糙度，采用同样的方式创建其余粗糙度符号。最终效果如图 7-57 所示。（后面章节中将介绍以"块"的方式标注图形中的表面粗糙度。）

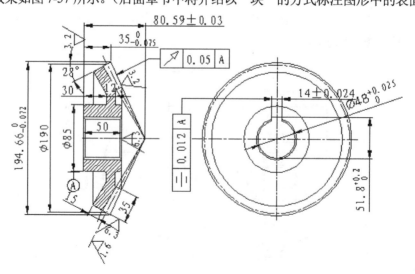

图 7-57　标注粗糙度

5）标注参数表

（1）修改表格样式：单击菜单栏中的"格式"→"表格样式"命令，在弹出的"表格样式"对话框中单击"修改"按钮，打开"修改表格样式"对话框，在该对话框中进行如下设置："常规"选项卡中填充颜色设为"无"，对齐方式为"正中"，水平单元边距和垂直单元边距都为 1.5；"文字"选项卡中文字样式为"Standard"，文字高度为 6，文字颜色为"ByBlock"；在"边框"选项卡"特性"选项组中按下"颜色"选项所对应的下拉按钮，颜色为"洋红"；表格方向为"向下"。设置好表格样式后，确定退出。

（2）创建并填写表格：单击菜单栏中的"绘图"→"表格"命令，创建表格，并将表格宽度拉到合适的尺寸，然后双击单元格，打开多行文字编辑器，在各单元格中输入相应的文字或数据，并将多余的单元格合并，效果如图 7-58 所示。

大端面模数	m	5	
齿数	Z	38	
压力角	α	20°	
分度圆直径	d	190	
顶隙系数	c*	0.2500	
螺旋角	β	0°	
切向变位系数	x_t	0	
径向变位系数	x	0	
大端全齿高	h	11	
精度等级		8-8-7bB	
配对齿轮	图号		
	齿数	20	
公差组	检验项目	代号	公差值
I	齿距累积公差	Fp	0.090
II	齿距极限偏差	f_{pt}	±0.020
III	接触斑点	沿齿长接触率>60%	
		沿齿高接触率>65%	
大端分度圆弦齿厚		S	7.853
大端分度圆弦齿高		h_a	5.038

图 7-58　参数表

6）标注技术要求

单击"绘图"工具栏中的"多行文字"A命令，标注技术要求，如图 7-59 所示。

技术要求

1. 其余倒角为2×45°，表面粗糙度值为Ra25μm。
2. 未注圆角半径为R≈3mm。
3. 正火处理220～250HBS。

图 7-59　技术要求

7）插入标题栏

单击"绘图"工具栏中的"多行文字"A命令，填写标题栏中相应的内容。至此，圆锥齿轮绘制完毕，最终效果如图 7-36 所示。

7.6　上机实验

题目 1：标注如图 7-60 所示的挂轮架尺寸

1．目的要求

新建图层，绘制二维图形文件并标注尺寸。

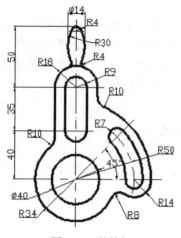

图 7-60　挂轮架

（1）创建中心线、轮廓线、剖面线和尺寸图层，其中轮廓线宽为 0.3mm。

（2）使用对象捕捉、绘图与编辑等功能完成图形的绘制。

（3）对图形进行尺寸标注。

2．操作提示

（1）设置文字样式和标注样式。

（2）标注线性尺寸。

（3）标注直径尺寸。

（4）标注半径尺寸。

（5）标注角度尺寸。

题目 2：绘制如图 7-61 所示的二维图形并标注尺寸

1．目的要求

新建 A3 样板图，绘制二维图形文件并标注尺寸。

（1）创建 A3.dwt 样板图。

（2）创建中心线、粗实线、细实线层，剖面线和尺寸图层，其中粗实线宽为 0.3mm。

（3）使用对象捕捉、绘图与编辑等功能完成图形的绘制。

（4）对图形进行尺寸标注。

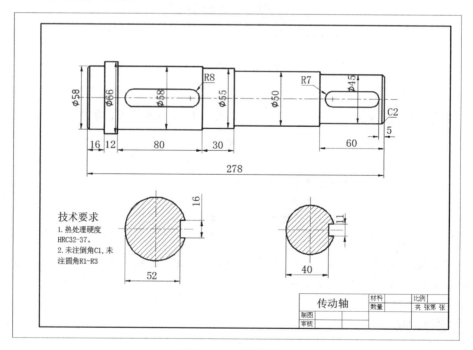

图 7-61　二维图形

2．操作提示

（1）创建主视图。利用直线命令，绘制轴的上半部分。

（2）根据镜像命令，对绘制的上半部分进行镜像。

（3）创建断面图。

（4）标注尺寸。

（5）填写技术要求和标题栏。

7.7　思考与练习

1. 如果要将绘图比例为 10∶1 的图形标注为实际尺寸，则应修改比例因子。该比例因子取值及所在选项卡为（　　）。

    A. 0.1，"调整"选项卡　　　　　　　　B. 0.1，"住单位"选项卡

    C. 10，"调整"选项卡　　　　　　　　 D. 10，"换算单位"选项卡

2. 在"尺寸标注样式管理器"中将"测量单位比例"的比例因子设置为 0.5，则 30°的角度将被标注为（　　）。

    A. 15°　　　　　　B. 60°　　　　　　C. 30°　　　　　 D. 与注释比例相关，不定

3. 若尺寸的公差是 20±0.034，则应该在"公差"页面中显示公差的设置是（　　）。

    A. 极限偏差　　　B. 极限尺寸　　　C. 基本尺寸　　　D. 对称

4. 使用多行文本编辑器时，其中%%C、%%D、%%P 分别表示（　　）。

    A. 直径、度数、下画线　　　　　　　B. 直径、度数、正负

    C. 度数、正负、直径　　　　　　　　D. 下画线、直径、度数

5. 下列尺寸标注中公用一条基线的是（　　）。

    A. 基线标注　　　B. 连续标注　　　C. 公差标注　　　D. 引线标注

第8章

三维绘图基础

本章主要介绍三维坐标系统的建立、视点的设置、显示形式、动态观察及查看工具等。

学习要点

- 三维坐标系统的建立、视点设置
- 三位实体绘制
- 三维实体编辑
- 三维实体的布尔运算
- 三位实体的着色与渲染

8.1　三维模型的分类

利用 AutoCAD 创建的三维模型，按照其创建的方式和其在计算机中的存储方式，可以将三维模型分为 3 种类型：

（1）线型模型：是对三维对象的轮廓描述。线型模型没有表面，由描述轮廓的点、线、面组成，如图 8-1 所示。

从图中可以看出线型模型结构简单，但由于线型模型的每个点和每条线都是单独绘制的，因此绘制线型模型最费时。此外，由于线型模型没有面和体的特征，因而不能进行消隐和渲染等处理。

（2）表面模型：是用面来描述三维对象。表面模型不仅具有边界，而且还具有表面。

表面模型示例如图 8-2 所示。表面模型的表面由多个小平面组成，对于曲面来讲，这些小平面组合起来即可近似构成曲面。由于表面模型具有面的特征，因此可以对它进行物理计算，以及进行渲染和着色的操作。

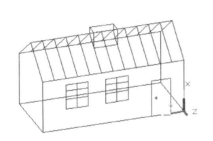

图 8-1　线框模型示例

图 8-2　表面模型示例

表面模型的表面多义网络可以直接编辑和定义，它非常适合构造复杂的表面模型，如发动机的叶片、形状各异的模具、复杂的机械零件和各种实物的模拟仿真等。

（3）实体模型：实体模型不仅具有线和面的特征，而且还具有实体的特征，如体积、重心和惯性矩等。实体模型示例如图 8-3 所示。

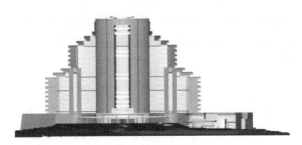

图 8-3　实体模型示例

在 AutoCAD 中，不仅可以建立基本的三维实体，可以对它进行剖切、装配、干涉、检查等操作，还可以对实体进行布尔运算，以构造复杂的三维实体。此外，由于消隐和渲染技术的运用，可以使实体具有很好的可视性，因而实体模型广泛应用于广告设计和三维动画等领域。

8.2　三维坐标系统

AutoCAD 2012 使用的是笛卡儿坐标系。AutoCAD 2012 使用的直角坐标系有两种类型。一种是绘制二维图形时常用的坐标系，即世界坐标系（WCS），由系统默认提供。世界坐标系又称为通用坐标系或绝对坐标系。对于二维绘图来说，世界坐标系足以满足要求。为了方便创建三维模型，AutoCAD 2012 允许用户根据自己的需要设定坐标系，即另一种坐标系——用户坐标系（UCS）。合理地创建 UCS，用户可以方便地创建三维模型。

8.2.1　坐标系建立

 执行方式

命令行：UCS。

菜单栏："工具"→"新建 UCS"→"世界"。

工具栏：UCS。

功能区："视图"→"坐标"→"世界"。

 操作步骤

命令：UCS

当前 UCS 名称：*世界*

指定 UCS 的原点或 [面(F)/命名(NA)/对象(OB)/上一个(P)/视图(V)/世界（W）/X/Y/Z/Z 轴(ZA)] <世界>：

 选项说明

1. 指定 UCS 的原点

使用一点、两点或三点定义一个新的 UCS。如果指定单个点 1，当前 UCS 的原点将会移动而不会更改 X、Y 和 Z 轴的方向。选择该项，系统提示如下。

指定 X 轴上的点或<接受>：（继续指定 X 轴通过的点 2 或直接回车接受原坐标系 X 轴为新坐标系 X 轴）

指定 XY 平面上的点或<接受>：（继续指定 XY 平面通过的点 3 以确定 Y 轴或直接回车接受原坐标系 XY 平面为新坐标系 XY 平面，根据右手法则，相应的 Z 轴也同时确定）

示意图如图 8-4 所示。

2. 面（F）

将 UCS 与三维实体的选定面对齐。要选择一个面，请在此面的边界内或面的边上单击，被选中的面将亮显，UCS 的 X 轴将与找到的第一个面上的最近的边对齐。选择该项，系统提示：

选择实体对象的面：（选择面）

输入选项 [下一个(N)/X 轴反向(X)/Y 轴反向(Y)] <接受>：（结果如图 8-5 所示）

如果选择"下一个"选项，系统将 UCS 定位于邻接的面或选定边的后向面。

3. 对象（OB）

根据选定三维对象定义新的坐标系，如图 8-6 所示。新建 UCS 的拉伸方向（Z 轴正方向）与选定对象的拉伸方向相同。选择该项，系统提示如下。

选择对齐 UCS 的对象:选择对象

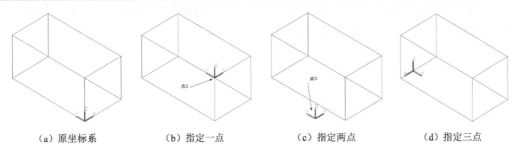

　（a）原坐标系　　　　　（b）指定一点　　　　　（c）指定两点　　　　　（d）指定三点

图 8-4　指定原点

图 8-5　选择面确定坐标系　　　　图 8-6　选择对象确定坐标系

对于大多数对象，新 UCS 的原点位于离选定对象最近的顶点处，并且 X 轴与一条边对齐或相切。对于平面对象，UCS 的 XY 平面与该对象所在的平面对齐。对于复杂对象，将重新定位原点，但是轴的当前方向保持不变。

 注意：该选项不能用于三维多段线、三维网格和构造线。

4. 视图（V）

以垂直于观察方向（平行于屏幕）的平面为 XY 平面，建立新的坐标系。UCS 原点保持不变。

5. 世界（W）

将当前用户坐标系设置为世界坐标系。WCS 是所有用户坐标系的基准，不能被重新定义。

6. X、Y、Z

绕指定轴旋转当前 UCS。

7. Z 轴

用指定的 Z 轴正半轴定义 UCS。

8.2.2 动态 UCS

动态 UCS 的具体操作方法是：按下状态栏上的 DUCS 按钮。

可以使用动态 UCS 在三维实体的平整面上创建对象，而无须手动更改 UCS 方向。

在执行命令的过程中，当将光标移动到面上方时，动态 UCS 会临时将 UCS 的 *XY* 平面与三维实体的平整面对齐。如图 8-7 所示。

 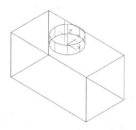

（a）原坐标系　　　　　　　　　（b）绘制圆柱体时的动态坐标系

图 8-7　动态 UCS

动态 UCS 激活后，指定的点和绘图工具（例如极轴追踪和栅格）都将与动态 UCS 建立的临时 UCS 相关联。

8.3　显示形式

在 AutoCAD 中，三维实体有多种显示形式，包括二维线框、三维线框、三维消隐、真实、概念、消隐等显示形式。

8.3.1　消隐

执行方式

命令行：HIDE。

菜单栏："视图"→"消隐"。

工具栏："渲染"→"隐藏"　。

操作步骤

命令：HIDE

系统将被其他对象挡住的图线隐藏起来，以增强三维视觉效果，如图 8-8 所示。

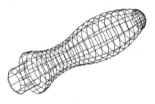 

（a）消隐前　　　　　　　　　　（b）消隐后

图 8-8　消隐效果

8.3.2 视觉样式

 执行方式

命令行：VSCURRENT。

菜单栏："视图"→"视觉样式"→"二维线框"等。

工具栏："视觉样式"→"二维线框" 等。

 操作步骤

命令: VSCURRENT

输入选项 [二维线框(2)/线框(W)/隐藏(H)/真实(R)/概念(C)/着色(S)/带边缘着色（E）/灰度（G）/勾画（SK）/X 射线（X）/其他(O)] <二维线框>:

 选项说明

1. 二维线框

用直线和曲线表示对象的边界。光栅和 OLE 对象、线型和线宽都是可见的。即使将 COMPASS 系统变量的值设置为 1，也不会出现在二维线框视图中。

图 8-9 所示是 UCS 坐标和手柄的二维线框图。

2. 三维线框（W）

显示对象时使用直线和曲线表示边界。显示一个已着色的三维 UCS 图标。光栅和 OLE 对象、线型及线宽不可见，可将 COMPASS 系统变量设置为 1 来查看坐标球，将显示应用到对象的材质颜色。图 8-10 所示是 UCS 坐标和手柄的三维线框图。

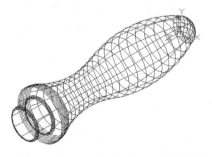

图 8-9 UCS 坐标和手柄的二维线框图

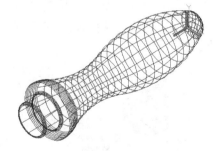

图 8-10 UCS 坐标和手柄的三维线框图

3. 三维消隐

显示用三维线框表示的对象并隐藏表示后向面的直线。图 8-11 所示是 UCS 坐标和手柄的消隐图。

4. 真实

着色多边形平面间的对象，并使对象的边平滑化。如果已为对象附着材质，将显示已附着到对象的材质。图 8-12 所示是 UCS 坐标和手柄的真实图。

5. 概念

着色多边形平面间的对象，并使对象的边平滑化。着色使用冷色和暖色之间的过渡。

效果缺乏真实感，但是可以更方便地查看模型的细节。图 8-13 所示是 UCS 坐标和手柄的概念图。

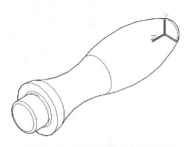

图 8-11　UCS 坐标和手柄的
消隐图

图 8-12　UCS 坐标和手柄的
真实图

图 8-13　UCS 坐标和手柄
的概念图

8.3.3　视觉样式管理器

 执行方式

命令行：VISUALSTYLES。

菜单栏："视图"→"视觉样式"→"视觉样式管理器"或"工具"→"选项板"→"视觉样式"。

工具栏："视觉样式"→"视觉样式管理器" 。

操作步骤

命令：VISUALSTYLES

执行该命令后，系统打开视觉样式管理器，可以对视觉样式的各参数进行设置，如图 8-14 所示。图 8-15 所示为按图 8-14 进行设置的概念图的显示结果，可以与上面的图 8-13 进行比较。

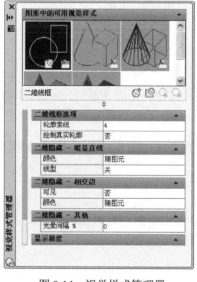

图 8-14　视觉样式管理器

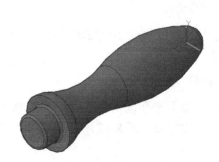

图 8-15　显示结果

8.4　查看工具

8.4.1　受约束的动态观察

　执行方式

命令行：3DORBIT。

菜单栏："视图"→"动态观察"→"受约束的动态观察"。

右键快捷菜单："其他导航模式"→"受约束的动态观察"。

工具栏："动态观察"→"受约束的动态观察"✛（如图 8-16 所示）或"三维导航"→"受约束的动态观察"✛（如图 8-17 所示）。

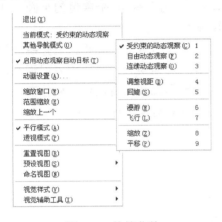

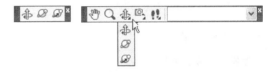

图 8-16　快捷菜单　　　　　　　图 8-17　"动态观察"和"三维导航"工具栏

功能区："视图"→"二维导航"→"动态观察"下拉菜单→"动态观察"。

操作步骤

> 命令：3DORBIT

执行该命令后，视图的目标保持静止，而视点将围绕目标移动。但是，从用户的视点看起来就像三维模型正在随着光标而旋转。用户可以以此方式指定模型的任意视图。

系统显示三维动态观察光标图标。如果水平拖动光标，相机将平行于世界坐标系（WCS）的 *XY* 平面移动。如果垂直拖动光标，相机将沿 *Z* 轴移动，如图 8-18 所示。

（a）原始图形　　　　　　（b）拖动鼠标

图 8-18　受约束的三维动态观察

8.4.2 自由动态观察

 执行方式

命令行：3DFORBIT。

菜单栏："视图"→"动态观察"→"自由动态观察"。

右键快捷菜单："其他导航模式"→"自由动态观察"。

工具栏："动态观察"→"自由动态观察" 或"三维导航"→"自由动态观察" 。

功能区："视图"→"二维导航"→"动态观察"下拉菜单→"自由动态观察"。

 操作步骤

命令：3DFORBIT

执行该命令后，在当前视口出现一个绿色的大圆，在大圆上有 4 个绿色的小圆，如图 8-19 所示。此时通过拖动鼠标就可以对视图进行旋转观测。

在三维动态观测器中，查看目标的点被固定，用户可以利用鼠标控制相机位置绕观察对象得到动态的观测效果。当鼠标在绿色大圆的不同位置进行拖动时，鼠标的表现形式是不同的，视图的旋转方向也不同。视图的旋转由光标的表现形式和位置决定。鼠标在不同位置有⊙、⊕、⊕、⊕几种表现形式，拖动这些图标，分别对对象进行不同形式旋转。

8.4.3 连续动态观察

 执行方式

命令行：3DCORBIT。

菜单栏："视图"→"动态观察"→"连续动态观察"。

右键快捷菜单："其他导航模式"→"连续动态观察"。

工具栏："动态观察"→"连续动态观察" 或"三维导航"→"连续动态观察" 。

功能区："视图"→"二维导航"→"动态观察"下拉菜单→"连续动态观察"。

操作步骤

命令：3DCORBIT

执行该命令后，界面出现动态观察图标，按住鼠标左键拖动，图形按鼠标拖动方向旋转，旋转速度为鼠标的拖动速度，如图 8-20 所示。

图 8-19　自由动态观察

图 8-20　连续动态观察

8.4.4　Steering Wheels

Steering Wheels 是追踪菜单，划分为不同部分（称作按钮）。控制盘上的每个按钮代表一种导航工具。

1. 受约束的动态观察

 执行方式

命令行：Steering Wheels。

菜单：视图→Steering Wheels。

快捷菜单：在状态栏上，单击"Steering Wheels"。

工具栏：在图形窗口上单击鼠标右键，然后单击"Steering Wheels"。

操作步骤

命令：Steering Wheels

Steering Wheels（也称作控制盘）将多个常用导航工具结合到一个单一界面中，从而为用户节省了时间。控制盘特定于查看模型时所处的上下文。

2. 显示和使用控制盘

按住并拖动控制盘的按钮是交互操作的主要模式。显示控制盘后，单击其中一个按钮并按住定点设备上的按钮以激活导航工具。拖动以重新设置当前视图的方向。松开按钮可返回至控制盘。

3. 控制盘的外观

可以通过在可用的不同控制盘样式之间切换来控制控制盘的外观，也可以通过调整大小和不透明度进行控制，如图 8-21 所示。控制盘（二维导航控制盘除外）具有两种不同样式：大控制盘和小控制盘。

控制盘的大小控制显示在控制盘上的按钮和标签的大小；不透明度级别控制被控制盘遮挡的模型中对象的可见性。

图 8-21　控制盘外观

4. 控制盘工具提示、工具消息以及工具光标文字

光标移到控制盘的每个按钮上时，系统会显示该按钮的工具提示。工具提示出现在控制盘下方，并且在单击按钮时确定将要执行的操作。

与工具提示类似，当使用控制盘中的一种导航工具时，系统会显示工具消息和光标文字。当导航工具处于活动状态时，系统会显示工具消息；工具消息提供有关使用工具的基本说明。工具光标文字会在光标旁边显示活动导航工具的名称。禁用工具消息和光标文字只会影响使用小控制盘或全导航控制盘（大）时所显示的消息。

8.5　综合实例——观察阀体三维模型

操作步骤

（1）打开图形文件"阀体.dwg"，选择资料包中的"源文件/阀体.dwg"文件，单击

"打开"按钮，或双击该文件名，即可将该文件打开，如图 8-22 所示。

（2）运用"视图样式"对图案进行填充，选择菜单栏中的"视图"→"视图样式"→"消隐"命令。

（3）打开 UCS 图标，显示并创建 UCS 坐标系，将 UCS 坐标系原点设置在阀体的上端顶面中心点上。选择菜单栏中的"视图"→"显示"→"UCS 图标"→"开"命令，即屏幕显示图标，否则隐藏图标。使用 UCS 命令将坐标系原点设置到阀体的上端顶面中心点上，命令行提示如下。

图 8-22　阀体

> 命令: ucs
>
> 当前 UCS 名称: *没有名称*
>
> 指定 UCS 的原点或 [面(F)/命名(NA)/对象(OB)/上一个(P)/视图(V)/世界(W)/X/Y/Z/Z 轴(ZA)]<世界>:（选择阀体顶面圆的圆心）
>
> 指定 X 轴上的点或 <接受>:0，1，0
>
> 指定 XY 平面上的点或 <接受>:

结果如图 8-23 所示。

（4）利用 VPOINT 设置三维视点。选择菜单中的"视图"→"三维视图"→"视点"命令打开坐标轴和三轴架图，如图 8-24 所示，然后在坐标球上选择一点作为视点图（在坐标球上使用鼠标移动十字光标，同时三轴架根据坐标指示的观察方向旋转）。

　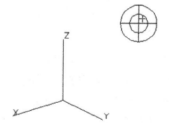

图 8-23　UCS 移到顶面结果　　　　　图 8-24　坐标轴和三轴架图

（5）命令行提示如下。

> 命令: _vpoint
>
> 当前视图方向：　VIEWDIR=-3.5396,2.1895,1.4380
>
> 指定视点或 [旋转(R)] <显示坐标球和三轴架>:（在坐标球上指定点）

（6）选择菜单栏中的"视图"→"动态观察"→"自由动态观察"命令，使用鼠标移动视图，将阀体移到合适的位置。

8.6　上机实验

通过前面的学习，读者对本章知识也有了大体的了解，本节通过几个操作练习使读者进一步掌握本章知识要点。

题目：利用三维动态观察器观察摇杆图形

1．目的要求

为了更清楚地观察三维图形，了解三维图形各部分、各方位的结构特征，需要从不同视角观察三维图形，利用三维动态观察器能够方便地对三维图形进行多方位观察。通过本例，要求读者掌握从不同视角观察物体的方法。摇杆如图 8-25 所示。

2．操作提示

（1）打开"资料包\上机操作\8\摇杆"文件。

（2）打开三维动态观察器。

图 8-25　摇杆

（3）灵活利用三维动态观察器的各种工具进行动态观察。

8.7　思考与练习

1．对三维模型进行操作，错误的是（　　　）。

　A．消隐指的是显示用三维线框表示的对象并隐藏表示后向面的直线

　B．在三维模型使用着色后，使用"重画"命令可停止着色图形以网格显示

　C．用于着色操作的工具条名称是视觉样式

　D．SHADEMODE 命令配合参数实现着色操作

2．执行下面（　　　）操作后，坐标系发生不可返回的变化。

　A．视图→动态观察→自由动态观察

　B．视图→三维视图→平面视图→当前

　C．视图→Steering Wheel

　D．视图→平移→实时

3．三维对象捕捉中，默认打开的捕捉模式有（　　　）。

　A．顶点、边中点　　　　　　　　　　　B．顶点、面中心

　C．边中点、面中心　　　　　　　　　　D．顶点、垂足

4．三维基础工作空间中不包括以下（　　　）选项卡。

　A．常用　　　　　　B．实体　　　　　　C．渲染　　　　　　D．插入

第9章
创建三维曲面和实体

本章主要介绍三维面、三维网格曲面、基本三维表面及基本三维实体的绘制，三维实体的布尔运算，三维实体的着色与渲染等内容。

学习要点

● 编辑三维网面、特殊视图
● 实体编辑、显示形式、渲染实体

9.1　绘制基本三维网格

三维基本图元与三维基本形体表面类似，有长方体表面、圆柱体表面、棱锥面、楔体表面、球面、圆锥面、圆环面等。

9.1.1　绘制网格长方体

 执行方式

命令行：_.MESH。

菜单栏：绘图→建模→网格→图元→长方体。

工具栏：平滑网格图元→网络长方体 ⊞。

操作步骤

命令: _.MESH

当前平滑度设置为: 0

输入选项 [长方体（B）/圆锥体（C）/圆柱体（CY）/棱锥体（P）/球体（S）/楔体（W）/圆环体（T）/设置（SE）] <长方体>:

　　指定第一个角点或 [中心（C）]:（给出长方体角点）

　　指定其他角点或 [立方体（C）/长度（L）]:（给出长方体其他角点）

　　指定高度或 [两点（2P）]:（给出长方体的高度）

选项说明

（1）指定第一角点/角点：设置网格长方体的第一个角点。

（2）中心：设置网格长方体的中心。

（3）立方体：将长方体的所有边设置为长度相等。

（4）宽度：设置网格长方体沿 Y 轴的宽度。

（5）高度：设置网格长方体沿 Z 轴的高度。

（6）两点（高度）：基于两点之间的距离设置高度。

9.1.2　绘制网格圆锥体

 执行方式

命令行：_.MESH。

菜单栏：绘图→建模→网格→图元→圆锥体。

工具栏：平滑网格图元→网络圆锥体 △。

操作步骤

命令: _.MESH

当前平滑度设置为: 0

输入选项 [长方体（B）/圆锥体（C）/圆柱体（CY）/棱锥体（P）/球体（S）/楔体（W）/圆环

体（T）/设置（SE）]<长方体>:_CONE

　　　　　指定底面的中心点或 [三点（3P）/两点（2P）/切点、切点、半径（T）/椭圆（E）]:

　　　　　指定底面半径或 [直径（D）]:

　　　　　指定高度或 [两点（2P）/轴端点（A）/顶面半径（T）] <100.0000>:

 选项说明

　　（1）指定底面的中心点：设置网格圆锥体底面的中心点。

　　（2）三点（3P）：通过指定三点设置网格圆锥体的位置、大小和平面。

　　（3）两点（直径）：根据两点定义网格圆锥体的底面直径。

　　（4）切点、切点、半径：定义具有指定半径，且半径与两个对象相切的网格圆锥体的底面。

　　（5）椭圆：指定网格圆锥体的椭圆底面。

　　（6）指定底面半径：设置网格圆锥体底面的半径。

　　（7）指定直径：设置圆锥体的底面直径。

　　（8）指定高度：设置网格圆锥体沿与底面所在平面垂直的轴的高度。

　　（9）两点（高度）：通过指定两点之间的距离定义网格圆锥体的高度。

　　（10）指定轴端点：设置圆锥体的顶点位置，或圆锥体平截面顶面的中心位置。轴端点的方向可以为三维空间中的任意位置。

　　（11）指定顶面半径：指定创建圆锥体平截面时圆锥体的顶面半径。

　　其他三维网格图形如圆柱体、棱锥体、球体等的绘制参见上述方法。

9.2　绘制三维网格曲面

　　本节主要介绍各种三维网格的绘制命令。

9.2.1　平移网格

执行方式

命令行：TABSURF。

菜单栏："绘图"→"建模"→"网格"→"平移网格"。

操作步骤

命令:TABSURF

当前线框密度:SURFTAB1=6

选择用作轮廓曲线的对象:（选择一个已经存在的轮廓曲线）

选择用作方向矢量的对象:（选择一个方向线）

 选项说明

1. 轮廓曲线

可以是直线、圆弧、圆、椭圆、二维或三维多段线。AutoCAD 从轮廓曲线上离选定点

最近的点开始绘制曲面。

2. 方向矢量

指出形状的拉伸方向和长度。在多段线或直线上选定的端点决定了拉伸方向。

下面绘制一个简单的平移网格。执行平移网格命令 TABSURF，拾取图 9-1（a）中的六边形作为轮廓曲线，图 9-1（a）中直线为方向矢量，则得到的平移网格如图 9-1（b）所示。

最后绘制的图形如图 9-1（b）所示。

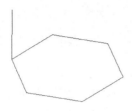 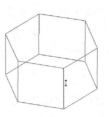

（a）六边形和方向线 　　　　（b）平移后的曲面

图 9-1　平移网格的绘制

9.2.2　直纹网格

 执行方式

命令行：RULESURF。

菜单栏："绘图"→"建模"→"网格"→"直纹网格"。

 操作步骤

> 命令:RULESURF
> 当前线框密度: SURFTAB1=6
> 选择第一条定义曲线：（指定第一条曲线）
> 选择第二条定义曲线：（指定第二条曲线）

下面绘制一个简单的直纹网格。首先将视图转换为"西南等轴测"图，接着绘制如图 9-2（a）所示的两个圆作为草图，然后执行直纹网格命令 RULESURF，分别拾取绘制的两个圆作为第一条和第二条定义曲线，则得到的直纹网格如图 9-2（b）所示。

（a）作为草图的圆 　　　　（b）生成的直纹网格

图 9-2　绘制直纹网格

9.2.3　边界网格

 执行方式

命令行：EDGESURF。

菜单栏："绘图"→"建模"→"网格"→"边界网格"。

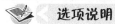 **操作步骤**

命令行提示如下。

```
命令：EDGESURF
当前线框密度：SURFTAB1=6   SURFTAB2=6
选择用作曲面边界的对象 1：（选择第一条边界线）
选择用作曲面边界的对象 2：（选择第二条边界线）
选择用作曲面边界的对象 3：（选择第三条边界线）
选择用作曲面边界的对象 4：（选择第四条边界线）
```

选项说明

系统变量 SURFTAB1 和 SURFTAB2 分别控制 M、N 方向的网格分段数。可通过在命令行输入 SURFTAB1 改变 M 方向的默认值，在命令行输入 SURFTAB2 改变 N 方向的默认值。

下面生成一个简单的边界曲面。首先选择菜单栏中的"视图"→"三维视图"→"西南等轴测"命令，将视图转换为"西南等轴测"，绘制 4 条首尾相连的边界，如图 9-3（a）所示。在绘制边界的过程中，为了方便绘制，可以首先绘制一个基本三维表面中的立方体作为辅助立体，在它上面绘制边界，然后再将其删除。执行边界曲面命令 EDGESURF，分别选择绘制的 4 条边界，则得到如图 9-3（b）所示的边界曲面。

9.2.4 实例——花篮

本例绘制如图 9-4 所示的花篮。

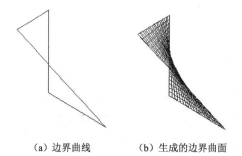

（a）边界曲线　　　（b）生成的边界曲面

图 9-3　边界曲面

图 9-4　花篮

 操作步骤

（1）单击"绘图"工具栏中的"圆弧"按钮，命令行提示如下。

```
命令：_arc 指定圆弧的起点或 [圆心(C)]：-6,0,0
指定圆弧的第二个点或 [圆心(C)/端点(E)]：0，-6
指定圆弧的端点：6,0
命令：_arc 指定圆弧的起点或 [圆心(C)]：-4,0,15
指定圆弧的第二个点或 [圆心(C)/端点(E)]：0，-4
指定圆弧的端点：4,0
命令：ARC 指定圆弧的起点或 [圆心(C)]：-8,0,25
```

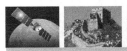

指定圆弧的第二个点或 [圆心(C)/端点(E)]: 0, −8

指定圆弧的端点: 8,0

命令: ARC　指定圆弧的起点或 [圆心(C)]: −10,0,30

指定圆弧的第二个点或 [圆心(C)/端点(E)]: 0, −10

指定圆弧的端点: 10,0

　　绘制结果如图 9-5 所示。单击"视图"工具栏中的"西南等轴测"按钮◇，将当前视图设为西南等轴测视图，结果如图 9-6 所示。

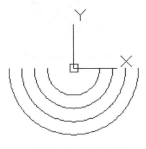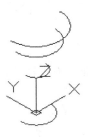

图 9-5　绘制圆弧　　　　　　　　图 9-6　西南等轴测视图

　　（2）单击"绘图"工具栏中的"直线"按钮╱，指定坐标为{（−6,0,0），（−4,0,15），（−8,0,25），（−10,0,30）}、{（6,0,0），（4,0,15），（8,0,25），（10,0,30）}，绘制结果如图 9-7 所示。

　　（3）设置网格数。

命令: surftab1

输入 SURFTAB1 的新值 <6>: 20

命令: surftab2

输入 SURFTAB2 的新值 <6>: 20

　　（4）选取菜单命令，单击"绘图"→"建模"→"网格"→"边界网格"，选择围成曲面的四条边，将曲面内部填充线条，效果如图 9-8 所示。

　　重复上述命令，将图形的边界曲面填充，结果如图 9-9 所示。

　　（5）选取菜单命令，单击"修改"→"三维操作"→"三维镜像"，绘制结果如图 9-10 所示。

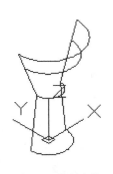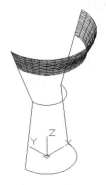

图 9-7　绘制直线　　　　　　　　图 9-8　边界曲面 1

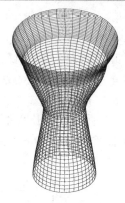

图 9-9　边界曲面 2　　　　　　　图 9-10　三维镜像处理

（6）绘制圆环面。命令行提示如下。

命令: ai_torus

正在初始化...　已加载三维对象

指定圆环面的中心点: 0,0,0

指定圆环面的半径或 [直径(D)]: 6

指定圆管的半径或 [直径(D)]: 0.5

输入环绕圆管圆周的线段数目 <16>:

输入环绕圆环面圆周的线段数目 <16>:

命令:（直接回车表示重复执行上一个命令）

ai_torus

正在初始化...　已加载三维对象

指定圆环面的中心点: 0,0,30

指定圆环面的半径或 [直径(D)]: 10

指定圆管的半径或 [直径(D)]: 0.5

输入环绕圆管圆周的线段数目 <16>:

输入环绕圆环面圆周的线段数目 <16>:

消隐之后结果如图 9-4 所示。

9.2.5　旋转网格

 执行方式

命令行：REVSURF。

菜单栏："绘图"→"建模"→"网格"→"旋转网格"。

操作步骤

命令:REVSURF

当前线框密度:SURFTAB1=6　SURFTAB2=6

选择要旋转的对象 1:（指定已绘制好的直线、圆弧、圆，或二维、三维多段线）

选择定义旋转轴的对象:（指定已绘制好的用作旋转轴的直线或是开放的二维、三维多段线）

指定起点角度<0>:（输入值或按回车键）

指定包含角度（+=逆时针，–=顺时针）<360>:（输入值或按回车键）

选项说明

（1）起点角度如果设置为非零值，平面将从生成路径曲线位置的某个偏移处开始旋转。

（2）包含角用来指定绕旋转轴旋转的角度。

（3）系统变量 SURFTAB1 和 SURFTAB2 用来控制生成网格的密度。SURFTAB1 指定在旋转方向上绘制的网格线的数目，SURFTAB2 将指定绘制的网格线数目进行等分。

图 9-11 所示为利用 REVSURF 命令绘制的花瓶。

（a）轴线和回转轮廓线　　　　（b）回转面　　　　　　（c）调整视角

图 9-11　绘制花瓶

9.2.6　实例——弹簧

绘制如图 9-12 所示的弹簧。

操作步骤

（1）利用"UCS"命令设置用户坐标系。

命令：UCS

当前 UCS 名称：*世界*

指定 UCS 的原点或 [面(F)/命名(NA)/对象(OB)/上一个(P)/视图(V)/世界(W)/X/Y/Z/Z 轴(ZA)]<世界>：200,200,0

指定 X 轴上的点或 <接受>：

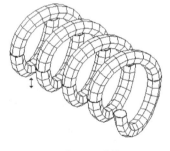

图 9-12　弹簧

（2）单击"绘图"工具栏中的"多段线"按钮 ，以（0，0，0）为起点（@200<15）、（@200<165）绘制多段线。重复上述步骤，结果如图 9-13 所示。

（3）单击"绘图"工具栏中的"圆"按钮 ，指定多段线的起点为圆心，半径为 20，结果如图 9-14 所示。

（4）单击"修改"工具栏中的"复制"按钮 ，结果如图 9-15 所示。重复上述步骤，结果如图 9-16 所示。

（5）单击"绘图"工具栏中的"直线"按钮 ，直线的起点为第一条多段线的中点，终点的坐标为（@50<105），重复上述步骤，结果如图 9-17 所示。

（6）单击"绘图"工具栏中的"直线"按钮 ，直线的起点为第一条多段线的中点，终点的坐标为（@50<75），重复上述步骤，结果如图 9-18 所示。

（7）利用"SURFTAB1"和"SURFTAB2"命令修改线条密度。

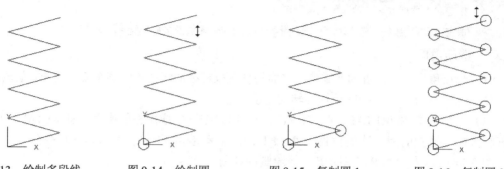

图 9-13　绘制多段线　　　图 9-14　绘制圆　　　　图 9-15　复制圆 1　　　图 9-16　复制圆 2

命令：SURFTAB1

输入 SURFTAB1 的新值<6>：12

命令：SURFTAB2

输入 SURFTAB2 的新值<6>：12

（8）选取菜单命令"绘图"→"建模"→"网格"→"旋转网格"，上述圆旋转角度为-180°。结果如图 9-19 所示。重复上述步骤，结果如图 9-20 所示。

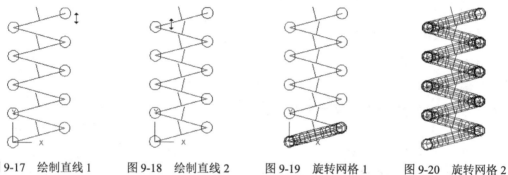

图 9-17　绘制直线 1　　　图 9-18　绘制直线 2　　　图 9-19　旋转网格 1　　　图 9-20　旋转网格 2

（9）单击"视图"工具栏中的"西南等轴测"按钮 ，切换视图。

（10）单击"修改"工具栏中的"删除"按钮 ，删除多余的线条。

（11）在命令行输入 HIDE 命令对图形消隐，最终结果如图 9-12 所示。

9.3　绘制基本三维实体

本节主要介绍各种基本三维实体的绘制方法。

9.3.1　长方体

　执行方式

命令行：BOX。

菜单栏："绘图"→"建模"→"长方体"。

工具栏："建模"→"长方体" 。

操作步骤

命令：BOX

指定第一个角点或 [中心(C)]：（指定第一点或按回车键表示原点是长方体的角点，或输入 c 代表中心点）

选项说明

1. 指定长方体的角点

确定长方体的一个顶点的位置。选择该选项后，系统继续提示，具体如下。

指定其他角点或 [立方体(C)/长度(L)]：（指定第二点或输入选项）

（1）指定其他角点：输入另一角点的数值，即可确定该长方体。如果输入的是正值，则沿着当前 UCS 的 X、Y 和 Z 轴的正向绘制长度；如果输入的是负值，则沿着 X、Y 和 Z 轴的负向绘制长度。图 9-21 所示为使用相对坐标绘制的长方体。

（2）立方体：创建一个长、宽、高相等的长方体。图 9-22 所示为使用指定长度命令创建的正方体。

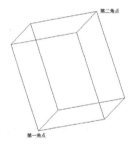

图 9-21 使用相对坐标绘制的长方体

图 9-22 使用指定长度命令创建的正方体

（3）长度：要求输入长、宽、高的值。图 9-23 所示为使用长、宽和高命令创建的长方体。

2. 中心点

使用指定的中心点创建长方体。图 9-24 所示为使用中心点命令创建的正方体。

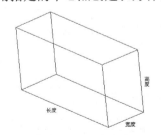

图 9-23 使用长、宽和高命令创建的长方体

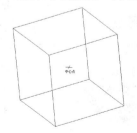

图 9-24 使用中心点命令创建的正方体

9.3.2 圆柱体

 执行方式

命令行：CYLINDER。

菜单栏："绘图"→"建模"→"圆柱体"。

工具条："建模"→"圆柱体" 🔘。

操作步骤

命令：CYLINDER

指定底面的中心点或 [三点(3P)/两点(2P)/切点、切点、半径(T)/椭圆(E)]：

选项说明

（1）中心点：输入底面圆心的坐标，此选项为系统的默认选项。然后指定底面的半径和高度。AutoCAD 按指定的高度创建圆柱体，且圆柱体的中心线与当前坐标系的 Z 轴平行，如图 9-25 所示。也可以指定另一个端面的圆心来指定高度。AutoCAD 根据圆柱体两个端面的中心位置来创建圆柱体。该圆柱体的中心线就是两个端面的连线，如图 9-26 所示。

（2）椭圆：绘制椭圆柱体。其中，端面椭圆的绘制方法与平面椭圆一样，结果如图 9-27 所示。

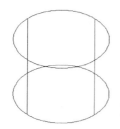　　　　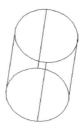　　　　

图 9-25　按指定的高度创建圆柱体　　图 9-26　指定圆柱体另一个端面的中心位置　　图 9-27　椭圆柱体

其他基本实体（如螺旋、楔体、圆锥体、球体、圆环体等）的绘制方法与上面讲述的长方体和圆柱体类似，不再赘述。

9.3.3　实例——拨叉架

绘制如图 9-28 所示的拨叉架。

操作步骤

（1）单击"建模"工具栏中的"长方体"按钮 🔘，绘制顶端立板长方体。命令行提示如下。

命令：_box

指定第一个角点或 [中心(C)]：0.5,2.5,0

指定其他角点或 [立方体(C)/长度(L)]：0,0,3

图 9-28　拨叉架

（2）单击"视图"工具栏中的"东南等轴测"按钮 🔘，设置视图角度将当前视图设为东南等轴测视图，结果如图 9-29 所示。

（3）单击"建模"工具栏中的"长方体"按钮 🔘，以角点坐标为（0,2.5,0）（@2.72,−0.5,3）绘制连接立板长方体，结果如图 9-30 所示。

（4）单击"建模"工具栏中的"长方体"按钮 🔘，以角点坐标为（2.72,2.5,0）（@−0.5,−2.5,3）、（2.22,0,0）（@2.75,2.5,0.5）绘制其他部分长方体。

（5）选取菜单命令"视图"→"缩放"→"全部"缩放图形。结果如图 9-31 所示。

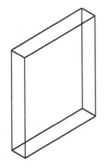

图 9-29　绘制长方体

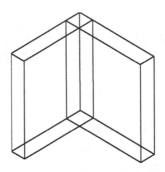

图 9-30　绘制第二个长方体

（6）单击"建模"工具栏中的"并集"按钮 ，将上步绘制的图形合并，结果如图 9-32 所示。

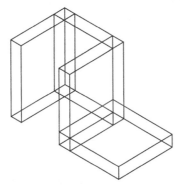

图 9-31　缩放图形

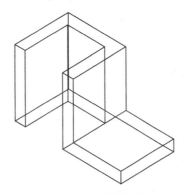

图 9-32　并集运算

（7）单击"建模"工具栏中的"圆柱体"按钮 ，绘制圆柱体，命令行提示如下。

```
命令: _cylinder
指定底面的中心点或 [三点(3P)/两点(2P)/相切、相切、半径(T)/椭圆(E)]: 0,1.25,2
指定底面半径或 [直径(D)]: 0.5
指定高度或 [两点(2P)/轴端点(A)]: a
指定轴端点: 0.5,1.25,2
命令: _cylinder
指定底面的中心点或 [三点(3P)/两点(2P)/相切、相切、半径(T)/椭圆(E)]: 2.22,1.25,2
指定底面半径或 [直径(D)]: 0.5
指定高度或 [两点(2P)/轴端点(A)]: a
指定轴端点: 2.72,1.25,2
```

结果如图 9-33 所示。

（8）单击"建模"工具栏中的"圆柱体"按钮 ，以（3.97,1.25,0）为中心点，以 0.75 为底面半径，0.5 为高度，绘制圆柱体。结果如图 9-34 所示。

（9）单击"建模"工具栏中的"差集"按钮 ，将轮廓建模与 3 个圆柱体进行差集运算。消隐之后的图形如图 9-35 所示。

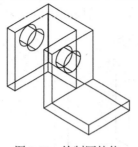

图 9-33　绘制圆柱体

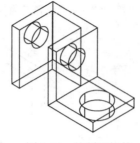

图 9-34　绘制圆柱体

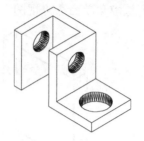

图 9-35　差集运算

9.4　布尔运算

布尔运算在数学的集合运算中得到广泛应用，AutoCAD 也将该运算应用到实体的创建过程中。用户可以对三维实体对象进行下列布尔运算：并集、交集、差集。

9.4.1　并集

 执行方式

命令行：UNION。

菜单栏："修改"→"实体编辑"→"并集"。

工具栏："实体编辑"→"并集" ⓪。

 操作步骤

命令:UNION

选择对象:（点取绘制好的对象，按 Ctrl 键可同时选取其他对象）

选择对象:（点取绘制好的第二个对象）

选择对象:

按回车键后，所有已经选择的对象合并成一个整体。图 9-36 所示为圆柱体和长方体并集后的图形。

9.4.2　交集

 执行方式

命令行：INTERSECT。

菜单栏："修改"→"实体编辑"→"交集"。

工具栏："实体编辑"→"交集" ⓪。

 操作步骤

命令:INTERSECT

选择对象:（点取绘制好的对象，按 Ctrl 键可同时选取其他对象）

选择对象:（点取绘制好的第二个对象）

选择对象:

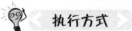

按回车键后，视口中的图形即是多个对象的公共部分。图 9-37 所示为圆柱体和长方体交集后的图形。

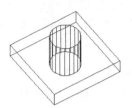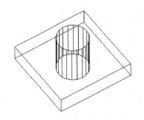

图 9-36　并集　　　　　　　　　　　　　图 9-37　交集

9.4.3　差集

 执行方式

命令行：SUBTRACT。

菜单栏："修改"→"实体编辑"→"差集"。

工具栏："实体编辑"→"差集" ⑩。

操作步骤

> 命令:SUBTRACT
>
> 选择要从中减去的实体或面域…
>
> 选择对象:（点取绘制好的对象，按 Ctrl 键选取其他对象）
>
> 选择对象:
>
> 选择要减去的实体或面域 …
>
> 选择对象:（点取要减去的对象，按 Ctrl 键选取其他对象）
>
> 选择对象:

按回车键后，得到的则是求差后的实体。图 9-38 所示为圆柱体和长方体差集后的结果。

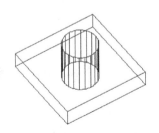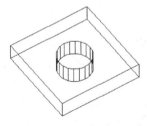

图 9-38　差集

9.4.4　实例——透镜

操作步骤

1．绘制凸透镜

（1）改变视图：视图→三维视图→西南等轴测。

（2）用圆柱体命令（CYLINDER）绘制一个圆柱体。

命令:CYLINDER

指定底面的中心点或 [三点(3P)/两点(2P)/相切、相切、半径(T)/椭圆(E)]:0，0，0

指定底面半径或 [直径(D)]: D

指定底面直径: 40

指定高度或 [两点(2P)/轴端点(A)]: 100

（3）用球体绘制命令（SPHERE）绘制一个圆心在原点，半径为 55 的球体。

（4）用球体绘制命令（SPHERE）绘制一个圆心在点（0，0，100），半径为 55 的球体。此时窗口图形如图 9-39 所示。

（5）用交集命令（INTERSECT）对上面绘制的实体求交集。

（6）用消隐命令（HIDE）对实体进行消隐。此时窗口图形如图 9-40 所示。

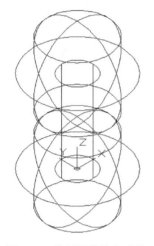

图 9-39　绘制圆柱体和球体

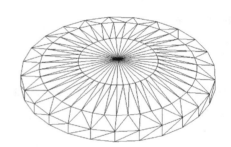

图 9-40　求交集后的消隐图

2. 绘制凹透镜

（1）用命令（UCS）创建新的坐标系。

命令: UCS

当前 UCS 名称: *世界*

指定 UCS 的原点或 [面(F)/命名(NA)/对象(OB)/上一个(P)/视图(V)/世界(W)/X/Y/Z/Z 轴(ZA)]<世界>:100,0,0

指定 X 轴上的点或 <接受>:

（2）用圆柱体命令（CYLINDER）绘制一个圆柱体，底面圆心在原点，直径为 40，高为 100。

（3）用球体绘制命令（SPHERE）绘制一个圆心在原点，半径为 49 的球体。

（4）用球体绘制命令（SPHERE）绘制一个圆心在点（0，0，100），半径为 49 的球体。此时窗口图形如图 9-41 所示。

（5）用差集命令（SUBTRACT）对上面绘制的实体求差集。

（6）用消隐命令（HIDE）对实体进行消隐。

（7）此时窗口图形如图 9-42 所示。

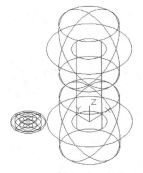

图 9-41　在新坐标系绘制的实体　　　　　　　图 9-42　消隐后的实体

9.5　特征操作

与三维网格生成的原理一样，也可以通过二维图形来生成三维实体。具体如下所述。

9.5.1　拉伸

 执行方式

命令行：EXTRUDE（快捷命令：EXT）。

菜单栏："绘图"→"建模"→"拉伸"。

工具栏："建模"→"拉伸" 🔲。

操作步骤

命令行提示如下。

> 命令：EXTRUDE
>
> 当前线框密度：ISOLINES=4，闭合轮廓创建模式=实体
>
> 选择要拉伸的对象或 [模式(MO)]：（选择绘制好的二维对象）
>
> 选择要拉伸的对象或 [模式(MO)]：（可继续选择对象或按 Enter 键结束选择）
>
> 指定拉伸的高度或 [方向(D)/路径(P)/倾斜角(T)/表达式(E)] <52.0000>：

选项说明

（1）拉伸高度：按指定的高度拉伸出三维建模对象。输入高度值后，根据实际需要，指定拉伸的倾斜角度。如果指定的角度为 0°，AutoCAD 则把二维对象按指定的高度拉伸成柱体；如果输入角度值，拉伸后建模截面沿拉伸方向按此角度变化，成为一个棱台或圆台体。如图 9-43 所示为不同角度拉伸圆的结果。

（a）拉伸前　　　（b）拉伸锥角为 0°　　（c）拉伸锥角为 10°　　（d）拉伸锥角为-10°

图 9-43　拉伸圆

（2）路径（P）：以现有的图形分别作为拉伸对象和拉伸路径创建三维实体。如图 9-44 所示为沿圆弧曲线路径拉伸圆的结果。

注意：可以使用创建圆柱体的"轴端点"命令确定圆柱体的高度和方向。轴端点是圆柱体顶面的中心点，轴端点可以位于三维空间的任意位置。

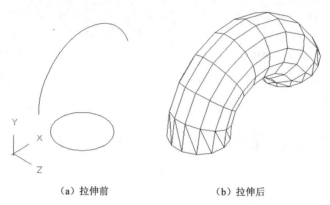

（a）拉伸前 　　　　　　　　　　（b）拉伸后

图 9-44　沿圆弧曲线路径拉伸圆

9.5.2　旋转

 执行方式

命令行：REVOLVE（快捷命令：REV）。

菜单栏："绘图"→"建模"→"旋转"。

工具栏："建模"→"旋转" 🔘。

 操作步骤

命令行提示如下。

> 命令：REVOLVE
>
> 当前线框密度：ISOLINES=4，闭合轮廓创建模式 = 实体
>
> 选择要旋转的对象或 [模式(MO)]：_MO 闭合轮廓创建模式 [实体(SO)/曲面(SU)] <实体>：_SO
>
> 选择要旋转的对象或 [模式(MO)]：找到 1 个
>
> 选择要旋转的对象或 [模式(MO)]：
>
> 指定轴起点或根据以下选项之一定义轴 [对象(O)/X/Y/Z] <对象>：x
>
> 指定旋转角度或 [起点角度(ST)/反转(R)/表达式(EX)] <360>：115

 选项说明

（1）指定旋转轴的起点：通过两个点来定义旋转轴。AutoCAD 将按指定的角度和旋转轴旋转二维对象。

（2）对象（O）：选择已经绘制好的直线或用多段线命令绘制的直线段作为旋转轴线。

（3）X（Y）轴：将二维对象绕当前坐标系（UCS）的 X（Y）轴旋转。如图 9-45 所示为矩形平面绕 X 轴旋转的结果。

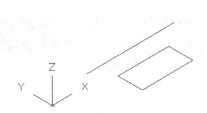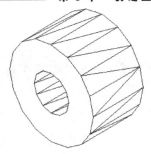

（a）旋转界面　　　　　　　　（b）旋转后的建模

图 9-45　旋转体

9.5.3　扫掠

　执行方式

命令行：SWEEP。

菜单栏：“绘图”→“建模”→“扫掠”。

工具栏：“建模”→“扫掠” 。

　操作步骤

命令行提示如下。

> 命令：SWEEP
>
> 当前线框密度:ISOLINES=4，闭合轮廓创建模式 = 实体
>
> 选择要扫掠的对象: 选择对象，如图 9-46（a）中的圆
>
> 选择要扫掠的对象:
>
> 选择扫掠路径或 [对齐(A)/基点(B)/比例(S)/扭曲(T)]: 选择对象，如图 9-46（a）中的螺旋线

扫掠结果如图 9-46（b）所示。

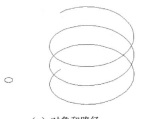

（a）对象和路径　　　　　　　　（b）结果

图 9-46　扫掠

　选项说明

（1）对齐（A）：指定是否对齐轮廓以使其作为扫掠路径切向的法向，默认情况下，轮廓是对齐的。选择该选项，命令行提示如下。

> 扫掠前对齐垂直于路径的扫掠对象 [是(Y)/否(N)] <是>: 输入 “n”，指定轮廓无须对齐；按 Enter 键，指定轮廓将对齐

注意：使用扫掠命令，可以通过沿开放或闭合的二维或三维路径扫掠开放或闭合的平面曲线（轮廓）来创建新建模或曲面。扫掠命令用于沿指定路径以指定轮廓的形状（扫掠对象）创建建模或曲面。可以扫掠多个对象，但是这些对象必须在同一平面内。如果沿一条路径扫掠闭合的曲线，则生成建模。

（2）基点（B）：指定要扫掠对象的基点。如果指定的点不在选定对象所在的平面上，则该点将被投影到该平面上。选择该选项，命令行提示如下。

> 指定基点:指定选择集的基点

（3）比例（S）：指定比例因子以进行扫掠操作。从扫掠路径的开始到结束，比例因子将统一应用到扫掠的对象上。选择该选项，命令行提示如下。

> 输入比例因子或 [参照(R)] <1.0000>: 指定比例因子，输入"r"，调用参照选项；按 Enter 键，选择默认值

其中"参照（R）"选项表示通过拾取点或输入值来根据参照的长度缩放选定的对象。

（4）扭曲（T）：设置正被扫掠对象的扭曲角度。扭曲角度指定沿扫掠路径全部长度的旋转量。选择该选项，命令行提示如下。

> 输入扭曲角度或允许非平面扫掠路径倾斜 [倾斜(B)] <n>: 指定小于 360°的角度值，输入"b"，打开倾斜；按 Enter 键，选择默认角度值

其中"倾斜（B）"选项指定被扫掠的曲线是否沿三维扫掠路径（三维多线段、三维样条曲线或螺旋线）自然倾斜（旋转）。

如图 9-47 所示为扭曲扫掠示意图。

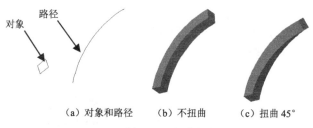

（a）对象和路径　　（b）不扭曲　　（c）扭曲 45°

图 9-47　扭曲扫掠

9.5.4　放样

　执行方式

命令行：LOFT。

菜单栏："绘图"→"建模"→"放样"。

工具栏："建模"→"放样" 。

操作步骤

命令行提示如下。

> 命令:LOFT
> 当前线框密度:ISOLINES=4，闭合轮廓创建模式 ＝ 实体

按放样次序选择横截面或 [点(PO)/合并多条边(J)/模式(MO)]:找到 1 个

按放样次序选择横截面或 [点(PO)/合并多条边(J)/模式(MO)]: 找到 1 个，总计 2 个

按放样次序选择横截面或 [点(PO)/合并多条边(J)/模式(MO)]: 找到 1 个，总计 3 个

按放样次序选择横截面或 [点(PO)/合并多条边(J)/模式(MO)]:

选中了 3 个横截面(依次选择如图 9-48 所示的 3 个截面)

输入选项 [导向(G)/路径(P)/仅横截面(C)/设置(S)/连续性(CO)/凸度幅值(B)] <仅横截面>:

选项说明

（1）导向（G）：指定控制放样实体或曲面形状的导向曲线。可以使用导向曲线来控制点如何匹配相应的横截面以防止出现不希望看到的效果（例如结果实体或曲面中的皱褶）。指定控制放样建模或曲面形状的导向曲线。导向曲线是直线或曲线，可通过将其他线框信息添加至对象来进一步定义建模或曲面的形状，如图 9-49 所示。选择该选项，命令行提示如下。

选择导向曲线: 选择放样建模或曲面的导向曲线，然后按 Enter 键

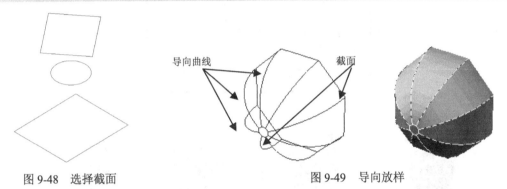

图 9-48　选择截面　　　　　　　　　　　　图 9-49　导向放样

（2）路径（P）：指定放样实体或曲面的单一路径，如图 9-50 所示。选择该选项，命令行提示如下。

选择路径: 指定放样建模或曲面的单一路径

 注意：路径曲线必须与横截面的所有平面相交。

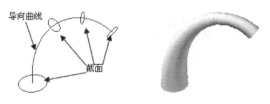

图 9-50　路径放样

（3）仅横截面（C）：在不使用导向或路径的情况下，创建放样对象。

（4）设置（S）：选择该选项，系统打开"放样设置"对话框，如图 9-51 所示。其中有 4 个单选钮选项，如图 9-52（a）所示为点选"直纹"单选钮的放样结果示意图，图 9-52（b）所示为点选"平滑拟合"单选钮的放样结果示意图，图 9-52（c）所示为点选"法线指

向"单选钮并选择"所有横截面"选项的放样结果示意图，图 9-52（d）所示为点选"拔模斜度"单选钮并设置"起点角度"为 45°，"起点幅值"为 10，"端点角度"为 60°，"端点幅值"为 10 的放样结果示意图。

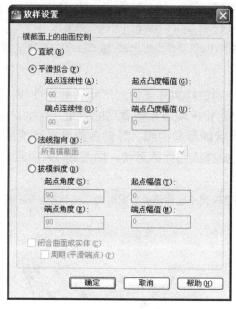

图 9-51　"放样设置"对话框

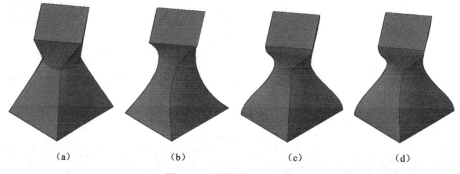

图 9-52　放样结果示意图

　注意：每条导向曲线必须满足以下条件才能正常工作。（1）与每个横截面相交；（2）从第一个横截面开始；（3）到最后一个横截面结束。可以为放样曲面或建模选择任意数量的导向曲线。

9.5.5　拖曳

执行方式

命令行：PRESSPULL。

工具栏："建模"→"按住并拖动" 。

操作步骤

命令行提示如下。

> 命令：PRESSPULL
>
> 单击有限区域以进行按住或拖动操作

选择有限区域后，按住鼠标左键并拖动，相应的区域就会进行拉伸变形。如图 9-53 所示为选择圆台上表面后按住并拖动的结果。

（a）圆台　　　　　　　　　（b）向下拖动　　　　　　　　　（c）向上拖动

图 9-53　按住并拖动

9.5.6　倒角

 执行方式

命令行：CHAMFER（快捷命令：CHA）。

菜单栏："修改"→"倒角"。

工具栏："修改"→"倒角"按钮🔲。

 操作步骤

命令行提示如下。

> 命令：CHAMFER
>
> （"修剪"模式）当前倒角距离 1 = 0.0000，距离 2 = 0.0000
>
> 选择第一条直线或 [放弃(U)/多段线(P)/距离(D)/角度(A)/修剪(T)/方式(E)/多个(M)]:

 选项说明

1. 选择第一条直线

选择建模的一条边，此选项为系统的默认选项。选择某一条边以后，与此边相邻的两个面中的一个面的边框就变成虚线。选择建模上要倒直角的边后，命令行提示如下。

> 基面选择...
>
> 输入曲面选择选项 [下一个(N)/当前(OK)] <当前(OK)>:
>
> （该提示要求选择基面，默认选项是当前，即以虚线表示的面作为基面。如果选择"下一个(N)"选项，则以与所选边相邻的另一个面作为基面。）
>
> 选择好基面后，命令行继续出现如下提示。
>
> 指定基面的倒角距离 <2.0000>:（输入基面上的倒角距离）

指定其他曲面的倒角距离 <2.0000>:（输入与基面相邻的另外一个面上的倒角距离）

选择边或 [环(L)]:

（1）选择边：确定需要进行倒角的边，此项为系统的默认选项。选择基面的某一边后，命令行提示如下。

选择边或 [环(L)]:

在此提示下，按 Enter 键对选择好的边倒直角，也可以继续选择其他需要倒直角的边。

（2）选择环：对基面上所有的边都倒直角。

2. 其他选项

与二维斜角类似，此处不再赘述。

如图 9-54 所示为对长方体倒角的结果。

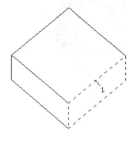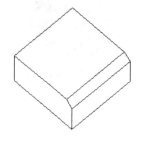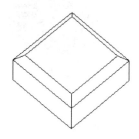

（a）选择倒角边"1"　　　　　　（b）选择边倒角结果　　　　　　（c）选择环倒角结果

图 9-54　对建模棱边倒角

9.5.7　圆角

 执行方式

命令行：FILLET（快捷命令：F）。

菜单栏："修改"→"圆角"。

工具栏："修改"→"圆角"按钮◻。

操作步骤

命令行提示如下。

命令：FILLET

当前设置：模式 = 修剪，半径 = 0.0000

选择第一个对象或 [放弃(U)/多段线(P)/半径(R)/修剪(T)/多个(M)]:（选择建模上的一条边）

输入圆角半径或[表达式（E）]:（输入圆角半径:）

选择边或[链(C)/ 环（L）/半径(R)]:

 选项说明

选择"链（C）"选项，表示与此边相邻的边都被选中，并进行倒圆角的操作。如图 9-55 所示为对长方体倒圆角的结果。

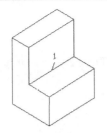

（a）选择倒圆角边 "1"

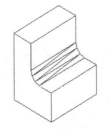

（b）边倒圆角结果

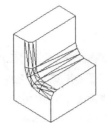

（c）链倒圆角结果

图 9-55　对建模棱边倒圆角

9.5.8　实例——旋塞体

绘制如图 9-56 所示的旋塞体。

操作步骤

（1）单击"绘图"工具栏中的"圆"按钮⊙，以（0,0,0）为圆心，以 30、40 和 50 为半径绘制圆。

单击"建模"工具栏中的"西南等轴测视图"按钮，将当前视图设为西南等轴测视图，绘制结果如图 9-57 所示。

图 9-56　旋塞体

（2）单击"建模"工具栏中的"拉伸"按钮，拉伸半径 50 的圆生成圆柱体，拉伸高度为 10。

（3）单击"建模"工具栏中的"拉伸"按钮，拉伸半径为 40 和 30 的圆，倾斜角度为 10°，拉伸高度为 80，缩放至合适大小重新生成图形之后如图 9-58 所示。

（4）单击"建模"工具栏中的"并集"按钮，将半径为 40 与 50 的拉伸的建模合并。

（5）单击"建模"工具栏中的"差集"按钮，选择底座与半径 30 的圆柱拉伸建模进行差集运算。消隐处理之后如图 9-59 所示。

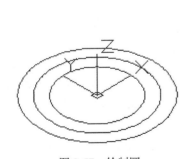

图 9-57　绘制圆

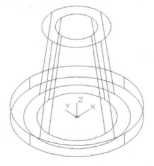

图 9-58　拉伸圆柱

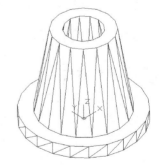

图 9-59　并集、差集处理

（6）单击"建模"工具栏中的"圆柱体"按钮，命令行提示如下。

```
命令:CYLINDER
指定底面的中心点或 [三点(3P)/两点(2P)/切点、切点、半径(T)/椭圆(E)]: -20,0,50
指定底面半径或 [直径(D)]: 15
指定高度或 [两点(2P)/轴端点(A)]: A
指定轴端点: @-50,0,0
```

命令:

CYLINDER

指定底面的中心点或 [三点(3P)/两点(2P)/相切、相切、半径(T)/椭圆(E)]: -20,0,50

指定底面半径或 [直径(D)]: 20

指定高度或 [两点(2P)/轴端点(A)]: A

指定轴端点: @-50,0,0

（7）单击"建模"工具栏中的"差集"按钮，选择半径 20 的圆柱与半径 15 的圆柱进行差集运算。

（8）单击"建模"工具栏中的"并集"按钮，选择所有建模进行合并。消隐之后如图 9-60 所示。

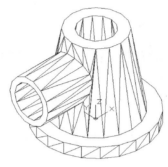

图 9-60　旋塞体成图

9.6　渲染实体

渲染是对三维图形对象加上颜色和材质因素，还可以有灯光、背景、场景等因素，能够更真实地表达图形的外观和纹理。渲染是输出图形前的关键步骤，尤其是在效果图的设计中。

9.6.1　设置光源

 执行方式

命令行：LIGHT。

菜单栏："视图"→"渲染"→"光源"→"新建点光源"（如图 9-61 所示）。

工具栏："渲染"→"新建点光源"（如图 9-62 所示）。

图 9-61　"光源"子菜单　　　　　　　图 9-62　"渲染"工具栏

操作步骤

命令：LIGHT

输入光源类型 [点光源(P)/聚光灯(S)/平行光(D)] <点光源>:输入光源类型 [点光源(P)/聚光灯(S)/光域网(W)/目标点光源(T)/自由聚光灯(F)/自由光域(B)/平行光(D)] <自由聚光灯>.

选项说明

1. 点光源

创建点光源。选择该项，系统提示如下。

指定源位置 <0,0,0>:（指定位置）

输入要更改的选项 [名称(N)/强度(I)/状态(S)/阴影(W)/衰减(A)/颜色(C)/退出(X)] <退出>:

上面各项的含义如下。

1）名称

指定光源的名称。可以在名称中使用大写字母和小写字母、数字、空格、连字符（-）和下画线（_），最大长度为 256 个字符。选择该项，系统提示如下。

输入光源名称：

2）强度

设置光源的强度或亮度，取值范围为 0.00 到系统支持的最大值。选择该项，系统提示如下。

输入强度 (0.00 - 最大浮点数) <1>:

3）状态

打开和关闭光源。如果图形中没有启用光源，则该设置没有影响。选择该项，系统提示如下。

输入状态 [开(N)/关(F)] <开>:

4）阴影

使光源投影。选择该项，系统提示如下。

输入阴影设置 [关(O)/鲜明(S)/柔和(F)] <鲜明>:

其中，各项的含义如下。

关：关闭光源的阴影显示和阴影计算。关闭阴影将提高性能。

鲜明：显示带有强烈边界的阴影。使用此选项可以提高性能。

柔和：显示带有柔和边界的真实阴影。

5）衰减

设置系统的衰减特性。选择该项，系统提示如下。

输入要更改的选项 [衰减类型(T)/使用界限(U)/衰减起始界限(L)/衰减结束界限(E)/退出(X)] <退出>:

其中，各项的含义如下。

（1）衰减类型：控制光线如何随着距离增加而衰减。对象距点光源越远，则越暗。选择该项，系统提示如下。

输入衰减类型 [无(N)/线性反比(I)/平方反比(S)] <线性反比>:

① 无：设置无衰减。此时对象不论距离点光源是远还是近，明暗程度都一样。

② 线性反比：将衰减设置为与距离点光源的线性距离成反比。例如，距离点光源 2 个单位时，光线强度是点光源的一半；而距离点光源 4 个单位时，光线强度是点光源的 1/4。线性反比的默认值是最大强度的一半。

③ 平方反比：将衰减设置为与距离点光源的距离的平方成反比。例如，距离点光源 2 个单位时，光线强度是点光源的 1/4；而距离点光源 4 个单位时，光线强度是点光源的 1/16。

（2）衰减起始界限：指定一个点，光线的亮度相对于光源中心的衰减从这一点开始，默认值为 0。选择该项，系统提示如下。

指定起始界限偏移 (0-??) 或 [关(O)]:

（3）衰减结束界限：指定一个点，光线的亮度相对于光源中心的衰减从这一点结束，在此点之后将不会投射光线。在光线的效果很微弱，计算将浪费处理时间的位置处设置结束界限将提高性能。选择该项，系统提示如下。

指定结束界限偏移或 [关(O)]:

6）颜色

控制光源的颜色。选择该项，系统提示如下。

输入真彩色(R,G,B)或输入选项[索引颜色(I)/HSL(H)/配色系统(B)]<255,255,255>:

颜色设置与前面第 2 章中介绍的颜色设置一样，不再赘述。

2. 聚光灯

创建聚光灯。选择该项，系统提示如下。

指定源位置 <0,0,0>: （输入坐标值或使用定点设备）

指定目标位置 <1,1,1>: （输入坐标值或使用定点设备）

输入要更改的选项 [名称(N)/强度(I)/状态(S)/聚光角(H)/照射角(F)/阴影(W)/衰减(A)/颜色(C)/退出(X)] <退出>:

其中，大部分选项与点光源项相同，只对特别的几项加以说明。

（1）聚光角：指定定义最亮光锥的角度，也称为光束角。聚光角的取值范围为 0°～160°，或基于别的角度单位的等价值。选择该项，系统提示如下。

输入聚光角角度 (0.00-160.00):

（2）照射角：指定定义完整光锥的角度，也称为现场角。照射角的取值范围为 0°～160°，默认值为 45° 或基于别的角度单位的等价值。

输入照射角角度 (0.00-160.00):

 注意：照射角角度必须大于或等于聚光角角度。

3. 平行光

创建平行光。选择该项，系统提示如下。

指定光源方向 FROM <0,0,0> 或 [矢量(V)]：（指定点或输入 v ）

指定光源方向 TO <1,1,1>：（指定点 ）

如果输入 V 选项，系统提示如下。

指定矢量方向 <0.0000,-0.0100,1.0000>：（输入矢量）

指定光源方向后，系统提示如下。

输入要更改的选项 [名称(N)/强度因子(I)/状态(S)/光度(P)/阴影(W)/过滤颜色(C)/退出(X)] <退出>：

其中，各项与前面所述相同，不再赘述。

4. 其他选项

有关光源设置的命令还有光源列表、地理位置和阳光特性等几项。

（1）光源列表：有关内容如下。

 执行方式

命令行：LIGHTLIST。

菜单栏："视图"→"渲染"→"光源"→"光源列表"。

工具栏："渲染"→"光源列表"。

操作步骤

命令：LIGHTLIST

执行上述命令后，系统打开"模型中的光源"选项板，如图 9-63 所示，显示模型中已经建立的光源。

（2）地理位置：有关内容如下。

 执行方式

命令行：GEOGRAPHICLOCATION。

菜单栏："工具"→"地理位置"。

工具栏："渲染"→"光源"。

操作步骤

命令：GEOGRAPHICLOCATION

执行上述命令后，系统打开"地理位置"对话框，如图 9-64 所示，从中可以设置不同的地理位置的阳光特性。

（3）阳光特性：有关内容如下。

 执行方式

命令行：SUNPROPERTIES。

菜单栏："视图"→"渲染"→"光源"→"阳光特性"。

工具栏："渲染"→"阳光特性"。

操作步骤

命令：SUNPROPERTIES

执行上述命令后，系统打开"阳光特性"选项板，如图 9-65 所示，可以修改已经设置好的阳光特性。

图 9-63　"模型中的光源"选项板

图 9-64　"地理位置"对话框

9.6.2　渲染环境

　执行方式

命令行：RENDERENVIRONMENT。

菜单栏："视图"→"渲染"→"渲染环境"。

工具栏："渲染"→"渲染环境" 🖼 。

　操作步骤

命令：RENDERENVIRONMENT

执行该命令后，弹出如图 9-66 所示的"渲染环境"对话框。可以从中设置渲染环境的有关参数。

图 9-65　"阳光特性"选项板

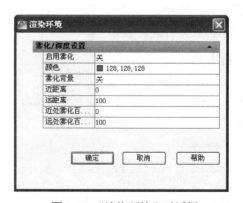

图 9-66　"渲染环境"对话框

9.6.3 贴图

贴图的功能是在实体附着带纹理的材质后，可以调整实体或面上纹理贴图的方向。当材质被映射后，调整材质以适应对象的形状。将合适的材质贴图类型应用到对象可以使之更加适合对象。

执行方式

命令行：MATERIALMAP。

菜单栏："视图"→"渲染"→"贴图"（如图 9-67 所示）。

图 9-67 "贴图"子菜单

工具栏："渲染"→"贴图"（如图 9-68 或图 9-69 所示）。

图 9-68 "渲染"工具栏 　　图 9-69 "贴图"工具栏

操作步骤

命令：MATERIALMAP

选择选项 [长方体(B)/平面(P)/球面(S)/柱面(C)/复制贴图至(Y)/重置贴图(R)] <长方体>:

选项说明

（1）长方体：将图像映射到类似长方体的实体上。该图像将在对象的每个面上重复使用。

（2）平面：将图像映射到对象上，就像将其从幻灯片投影器投影到二维曲面上一样。图像不会失真，但是会被缩放以适应对象。该贴图最常用于面。

（3）球面：在水平和垂直两个方向上同时使图像弯曲。纹理贴图的顶边在球体的"北极"压缩为一个点；同样，底边在"南极"压缩为一个点。

（4）柱面：将图像映射到圆柱形对象上；水平边将一起弯曲，但顶边和底边不会弯曲。图像的高度将沿圆柱体的轴进行缩放。

（5）复制贴图至：将贴图从原始对象或面应用到选定对象。

（6）重置贴图：将 UV 坐标重置为贴图的默认坐标。

图 9-70 所示是球面贴图实例。

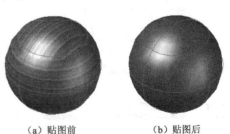

（a）贴图前 　　（b）贴图后

图 9-70 球面贴图

9.6.4 渲染

1. 高级渲染设置

 执行方式

命令行：RPREF。

菜单栏："视图"→"渲染"→"高级渲染设置"。

工具栏："渲染"→"高级渲染设置" ⬚。

 操作步骤

命令：RPREF

执行该命令后，打开"高级渲染设置"选项板，如图 9-71 所示。通过该选项板，可以对渲染的有关参数进行设置。

2. 渲染

 执行方式

命令行：RENDER。

菜单栏："视图"→"渲染"→"渲染"。

工具栏："渲染"→"渲染" ⬚。

 操作步骤

命令：RENDER

执行该命令后，弹出如图 9-72 所示的"渲染"对话框，显示渲染结果和相关参数。

图 9-71 "高级渲染设置"选项板

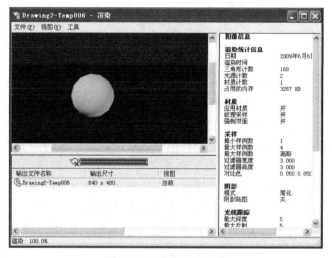

图 9-72 "渲染"对话框

9.7 综合实例——茶壶

分析图 9-73 所示茶壶，壶嘴的建立是一个需要特别注意的地方，因为如果使用三维实

体建模工具，很难建立起图示的实体模型，因而采用建立曲面的方法建立壶嘴的表面模型。壶把采用沿轨迹拉伸截面的方法生成，壶身则采用旋转曲面的方法生成。

图 9-73　茶壶

操作步骤

1. 绘制茶壶拉伸截面

（1）选取菜单命令"格式"→"图层"，打开"图层特性管理器"对话框，如图 9-74 所示。利用"图层特性管理器"创建"辅助线"层和"茶壶"层。

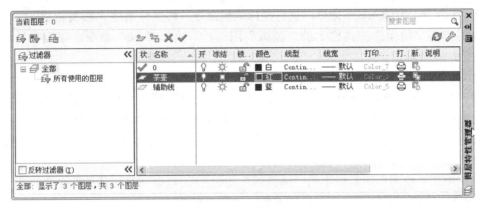

图 9-74　"图层特性管理器"对话框

（2）在"辅助线"层上绘制一条竖直线段，作为旋转直线，如图 9-75 所示。然后单击"标准"工具栏上的"实时缩放"图标，将所绘直线区域放大。

（3）将"茶壶"层设置为当前图层。单击"绘图"工具栏上的图标，执行 pline 命令绘制茶壶半轮廓线，如图 9-76 所示。

（4）单击"修改"工具栏上的图标，执行 mirror 命令，将茶壶半轮廓线以辅助线为对称轴镜像到直线的另外一侧。

（5）单击"绘图"工具栏上的图标，执行 pline 命令，按照图 9-77 所示的样式绘制壶嘴和壶把轮廓线。

图 9-75　绘制旋转轴　　　　图 9-76　绘制茶壶半轮廓线　　　　图 9-77　绘制壶嘴和壶把轮廓线

（6）选取菜单命令"视图"→"三维视图"→"西南等轴测"，将当前视图切换为西南等轴测视图，如图 9-78 所示。

（7）在命令行中输入 ucs 命令，执行坐标编辑命令，新建如图 9-79 所示的坐标系。

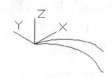

图 9-78　西南等轴测视图　　　　　　　　　　图 9-79　新建坐标系

（8）为使用户坐标系不在茶壶嘴上显示，在命令行输入 ucsicon 命令，然后依次选择"n"、"非原点"。

（9）在命令行中输入 ucs 命令，执行坐标编辑命令，将坐标系绕 X 轴旋转 90°。

（10）单击"绘图"工具栏上的"圆弧"图标 ，执行"arc"命令，在壶嘴处画一圆弧，如图 9-80 所示。

下面在壶嘴与壶身交接处绘一段圆弧。

（11）在命令行中输入 ucs 命令，执行坐标编辑命令新建坐标系。新坐标以壶嘴与壶体连接处的下端点为新的原点，以连接处的上端点为 X 轴，Y 轴方向取默认值。

（12）在命令行中输入 ucs 命令，执行坐标编辑命令旋转坐标系，使当前坐标系绕 X 轴旋转 225°。

（13）单击"绘图"工具栏中的"椭圆弧"按钮 ，以壶嘴和壶体的两个交点作为圆弧的两个端点，选择合适的切线方向绘制图形，如图 9-81 所示。

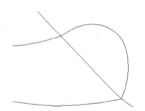

图 9-80　绘制壶嘴处圆弧　　　　　　　图 9-81　绘制壶嘴与壶身交接处圆弧

2. 拉伸茶壶截面

（1）修改三维表面的显示精度。将系统变量 surftab1 和 surftab2 的值设为 20。命令行提示如下。

```
命令: surftab1
输入 SURFTAB1 的新值 <6>: 20
```

（2）选取菜单命令"绘图"→"建模"→"网格"→"边界网格"，绘制壶嘴曲面。命令行提示如下。

```
命令：EDGESURF
当前线框密度：SURFTAB1=6　SURFTAB2=6
选择用作曲面边界的对象 1：（依次选择壶嘴的 4 条边界线）
选择用作曲面边界的对象 2：（依次选择壶嘴的 4 条边界线）
选择用作曲面边界的对象 3：（依次选择壶嘴的 4 条边界线）
选择用作曲面边界的对象 4：（依次选择壶嘴的 4 条边界线）
```

得到图 9-82 所示的壶嘴半曲面。

（3）同步骤（2），创建壶嘴下半部分曲面，如图 9-83 所示。

（4）在命令行中输入 ucs，执行坐标编辑命令新建坐标系。利用"捕捉到端点"的捕捉方式，选择壶把与壶体的上部交点作为新的原点，壶把多义线的第一段直线的方向作为 X 轴正方向，回车接受 Y 轴的默认方向。

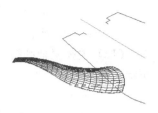

图 9-82　绘制壶嘴半曲面

（5）在命令行中输入 ucs，执行坐标编辑命令将坐标系绕 Y 轴旋转-90°，即沿顺时针方向旋转 90°，得到如图 9-84 所示的新坐标系。

（6）绘制壶把的椭圆截面。单击"绘图"工具栏中的"椭圆"按钮◎，执行 ellipse 命令，绘制如图 9-85 所示的椭圆。

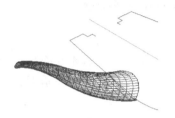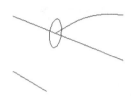

图 9-83　壶嘴下半部分曲面　　　　图 9-84　新建坐标系　　　图 9-85　绘制壶把的椭圆截面

（7）单击"建模"工具栏上的"拉伸"按钮▣，执行 extrude 命令，将椭圆截面沿壶把轮廓线拉伸成壶把，创建壶把，如图 9-86 所示。

（8）选择菜单栏中的"修改"→"对象"→"多段线"命令，将壶体轮廓线合并成一条多段线。

（9）选择菜单栏中的"绘图"→"建模"→"网格"→"旋转网格"命令，命令行提示如下。

命令：REVSURF

当前线框密度：SURFTAB1=20　SURFTAB2=20

选择要旋转的对象 1：（指定壶体轮廓线）

选择定义旋转轴的对象：（指定已绘制好的用作旋转轴的辅助线）

指定起点角度<0>：

指定包含角度（+=逆时针，-=顺时针）<360>:

旋转壶体曲线得到壶体表面，如图 9-87 所示。

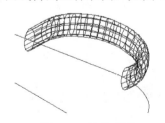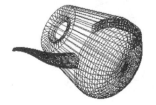

图 9-86　拉伸壶把　　　　　　　图 9-87　建立壶体表面

（10）在命令行输入 ucs 命令，执行坐标编辑命令，返回世界坐标系，然后再次执行 ucs 命令将坐标系绕 X 轴旋转-90°，如图 9-88 所示。

（11）选择菜单栏中的"修改"→"三维操作"→"三维旋转"命令，将茶壶图形旋转90°，如图 9-88 所示。

（12）关闭"辅助线"图层。然后执行 hide 命令对模型进行消隐处理，结果如图 9-89 所示。

图 9-88　世界坐标系下的视图

图 9-89　消隐处理后的茶壶模型

3. 绘制茶壶盖

图 9-90　绘制壶盖轮廓线

（1）在命令行中输入 ucs，执行坐标编辑命令新建坐标系，将坐标系切换到世界坐标系，并将坐标系放置在中心线端点。

（2）单击"绘图"工具栏中的"多段线"按钮，执行 pline 命令，绘制壶盖轮廓线，如图 9-90 所示。

（3）选取菜单命令"绘图"→"建模"→"网格"→"旋转网格"，或在命令行输入 revsurf 命令，将上步绘制的多段线绕中心线旋转 360°。

```
命令: _revsurf
当前线框密度: SURFTAB1=20　SURFTAB2=6
选择要旋转的对象:选择上步绘制的多段线
选择定义旋转轴的对象: 选择中心线
指定起点角度 <0>:
指定包含角（+=逆时针，-=顺时针）<360>:
```

（4）单击"视图"→"消隐"菜单项，将已绘制的图形消隐，消隐后的效果如图 9-91 所示。

（5）将视图方向设定为前视图，绘制如图 9-92 所示的多段线。

图 9-91　消隐处理后的壶盖模型

图 9-92　绘制壶盖上端

（6）选择菜单栏中的"绘图"→"建模"→"网格"→"旋转网格"命令，将绘制好

的多段线绕中心线旋转 360°，如图 9-93 所示。

（7）选取菜单命令"视图"→"消隐"，将已绘制的图形消隐，消隐后的效果如图 9-94 所示。

图 9-93　旋转网格

图 9-94　茶壶消隐后的结果

（8）单击"修改"工具栏中的"删除"按钮，选中视图中多余的线段，删除多余的线段。

（9）单击"修改"工具栏中的"移动"按钮，将壶盖向上移动，消隐后如图 9-95 所示。

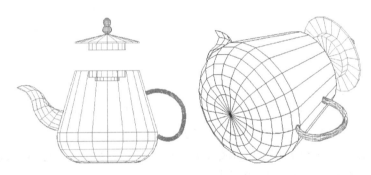

图 9-95　移动壶盖后

9.8　综合实例——小闹钟

分析图 9-96 所示的小闹钟，它可以分 4 步来绘制：绘制闹钟主体，绘制闹钟的时间刻度和指针，绘制底座，着色与渲染。

操作步骤

1. 绘制闹钟主体

（1）设置视图方向：视图→三维视图→西南等轴测。

（2）用长方体绘制命令（BOX）绘制中心在原点，长度为 80，宽度为 80，高度为 20 的长方体。

（3）用剖切命令（SLICE）对长方体进行剖切。

图 9-96　小闹钟

> 命令:SLICE
>
> 选择要剖切的对象：（选择长方体）

选择要剖切的对象：

指定切面的起点或 [平面对象(O)/曲面(S)/Z 轴(Z)/视图(V)/XY/YZ/ZX/三点(3)] <三点>: ZX

指定 ZX 平面上的点 <0,0,0>:

在要保留的一侧指定点或 [保留两侧(B)]: (选择长方体的下半部分)

（4）用圆柱体命令（CYLMDER）绘制圆心在（0,0,-10），直径为80，高为20的圆柱体。

（5）用并集命令（UNION）对上面两个实体求并集。

（6）用消隐命令（HIDE）对实体进行消隐。此时窗口图形如图 9-97 所示。

（7）用圆柱体命令（CYLMDER）绘制圆点在（0,0,10），直径为60，高为-10的圆柱体。

（8）用差集命令（SUBTRACT）求直径为60的圆柱体和求并集后所得实体的差集。

2. 绘制时间刻度和指针

（1）用圆柱体命令（CYLMDER）绘制圆点在（0,0,0），直径为4，高为8的圆柱体。

（2）用圆柱体命令（CYLMDER）绘制圆点在（0,25,0），直径为3，高为3的圆柱体。此时窗口图形如图 9-98 所示。

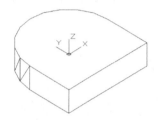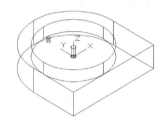

图 9-97　求并后的实体　　　　　　图 9-98　绘制圆柱体

（3）用阵列命令（ARRAY）对直径为3的圆柱体进行阵列。

在命令行中输入 ARRAY 后，AutoCAD 弹出"阵列"对话框，设置参数如图 9-99 所示。完成阵列后，窗口图形如图 9-100 所示。

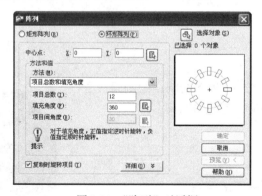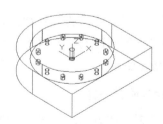

图 9-99　"阵列"对话框　　　　　　图 9-100　阵列后的实体

（4）用长方体绘制命令（BOX）绘制小闹钟的时针。

命令:BOX

指定第一个角点或 [中心(C)]: 0,-1,0

指定其他角点或 [立方体(C)/长度(L)]: L

指定长度: 20

指定宽度: 2

指定高度: 1.5

（5）用长方体绘制命令（BOX）在点（-1,0,2）处绘制长度为 2，宽度为 23，高度为 1.5 的长方体作为小闹钟的分针，如图 9-101 所示。

（6）用消隐命令（HIDE）对实体进行消隐。

3. 绘制闹钟底座

（1）用长方体命令（BOX）以（-40，-40，20）为第一角点，以（40，-56，-20）为第二角点绘制长方体作为闹钟的底座，如图 9-102 所示。

（2）用圆柱体命令（CYLINDER）绘制底面中心点在（-40，-40，20），直径为 20，顶圆轴端点为（@80,0,0）的圆柱体。

（3）用复制命令（COPY）对刚绘制的直径为 20 的圆柱体进行复制。

命令:COPY

选择对象: (选择直径为 20 的圆柱体)

选择对象:

指定基点或 [位移(D)] <位移>:-40,-40,20

指定第二个点或 <使用第一个点作为位移>:@0,0,-40

指定第二个点或 [退出(E)/放弃(U)] <退出>:

此时窗口图形如图 9-103 所示。

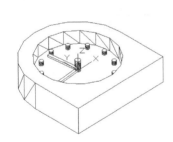

图 9-101　绘制时针和分针

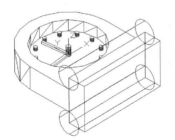

图 9-102　绘制闹钟底座

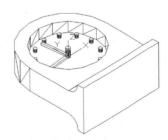

图 9-103　闹钟求并后的消隐图

（4）用差集命令（SUBTRACT）求长方体和两个直径为 20 圆柱体的差集。

（5）将求差集后得到的实体与闹钟主体合并。

（6）用消隐命令（HIDE）对实体进行消隐。此时窗口图形如图 9-103 所示。

（7）设置视图方向：视图→三维视图→左视。

（8）用旋转命令（ROTATE）将小闹钟顺时针旋转 90°。

（9）设置视图方向：视图→三维视图→前视。

（10）设置视图方向：视图→三维视图→西南等轴测。

（11）用消隐命令（HIDE）对实体进行消隐。

此时窗口图形如图 9-104 所示。

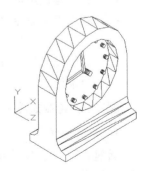

图 9-104　旋转后的闹钟

4．着色与渲染

（1）将小闹钟的不同部分着上不同的颜色。

用鼠标直接单击实体编辑工具栏中的着色面图标，根据命令行的提示，将闹钟的外表面着上棕色，钟面着上红色，时针和分针着上白色。

（2）用渲染命令（RENDER）对小闹钟进行渲染。渲染结果如图 9-96 所示。

9.9 上机实验

题目 1：绘制如图 9-105 所示二维图形并标注尺寸，创建三维实体

1．目的要求

新建图形文件，绘制二维图形文件；

新建图形文件，根据二维图形文件创建三维实体。

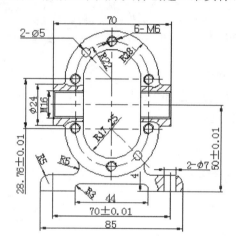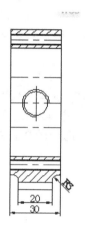

图 9-105 绘制二维图形

2．操作提示

（1）利用矩形命令，绘制矩形。并利用拉伸命令创建底座。

（2）利用键槽矩形命令，绘制矩形。并利用拉伸命令创建拉伸实体。

（3）利用差集命令，创建实体切除。

（4）创建螺纹结构。

（5）对创建的实体进行圆角和倒角处理。

（6）渲染处理。

题目 2：绘制如图 9-106 所示二维图形并标注尺寸，创建三维实体

1．目的要求

新建 A3 样板图，绘制二维图形文件；

新建图形文件，根据二维图形文件创建三维实体。

2．操作提示

（1）顺次创建直径不等的 4 个圆柱。

（2）对 4 个圆柱进行并集处理。

（3）转换视角，绘制圆柱孔。

（4）镜像并拉伸圆柱孔。

（5）对轴体和圆柱孔进行差集处理。

（6）采用同样的方法创建键槽结构。

（7）创建螺纹结构。

（8）对轴体进行倒角处理。

（9）渲染处理。

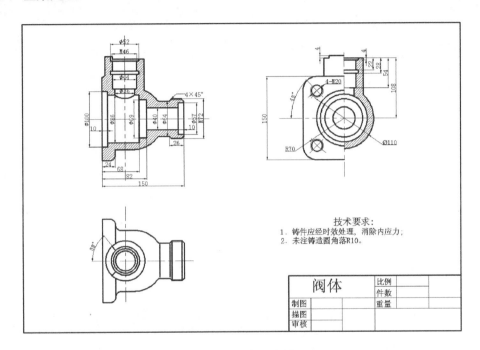

图 9-106　绘制二维图形

9.10　思考与练习

1. 实体中的拉伸命令和实体编辑中的拉伸命令（　　　）。

　　A. 没什么区别

　　B. 前者是对多段线拉伸，后者是对面域拉伸

　　C. 前者是由二维线框转为实体，后者是拉伸实体中的一个面

　　D. 前者是拉伸实体中的一个面，后者是由二维线框转为实体

2. 标准渲染预设中，渲染质量最好的是（　　　）。

　　A. 草图质量　　　　　B. 中等质量　　　　　C. 高级质量　　　　　D. 演示质量

3. SURFTAB1 和 SURFTAB2 用于设置三维的（　　　）系统变量。

　　A. 物体的密度　　　　　　　　　　　　　　B. 物体的长宽

　　C. 曲面的形状　　　　　　　　　　　　　　D. 物体的网格密度

4. 以下（　　　）命令的功能是创建绕选定轴旋转而成的旋转网格。

    A. ROTATE3D   B. ROTATE

    C. RULESURF   D. REVSURF

5. 下列（　　　）命令可以实现：修改三维面的边的可见性。

    A. EDGE   B. PEDIT

    C. 3DFACE   D. DDMODIFY

第10章

三维实体编辑

三维实体编辑主要是对三维物体进行编辑。主要内容包括编辑三维网面、特殊视图、实体编辑。对消隐及渲染页进行了详细的介绍。

学习要点

- 编辑三维网面、特殊视图
- 实体编辑

10.1 编辑三维曲面

和二维图形的编辑功能相似，在三维造型中，也有一些对应编辑功能，对三维造型进行相应的编辑。

10.1.1 三维阵列

 执行方式

命令行：3DARRAY。

菜单栏："修改" → "三维操作" → "三维阵列"。

工具栏："建模" → "三维阵列" 按钮💷。

操作步骤

命令行提示如下。

> 命令：3DARRAY
>
> 选择对象：（选择要阵列的对象）
>
> 选择对象：（选择下一个对象或按 Enter 键）
>
> 输入阵列类型[矩形（R）/环形（P）]<矩形>：

 选项说明

（1）矩形（R）：对图形进行矩形阵列复制，是系统的默认选项。选择该选项后，命令行提示如下。

> 输入行数（---）<1>：（输入行数）
>
> 输入列数（|||）<1>：（输入列数）
>
> 输入层数（···）<1>：（输入层数）
>
> 指定行间距（---）：（输入行间距）
>
> 指定列间距（|||）：（输入列间距）
>
> 指定层间距（···）：（输入层间距）

（2）环形（P）：对图形进行环形阵列复制。选择该选项后，命令行提示如下。

> 输入阵列中的项目数目：（输入阵列的数目）
>
> 指定要填充的角度（+=逆时针，-=顺时针）<360>：（输入环形阵列的圆心角）
>
> 旋转阵列对象？[是（Y）/否(N)]<是>：（确定阵列上的每一个图形是否根据旋转轴线的位置进行旋转）
>
> 指定阵列的中心点：（输入旋转轴线上一点的坐标）
>
> 指定旋转轴上的第二点：（输入旋转轴线上另一点的坐标）

如图 10-1 所示为 3 层 3 行 3 列间距分别为 300 的圆柱的矩形阵列，如图 10-2 所示为圆柱的环形阵列。

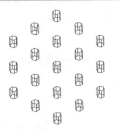

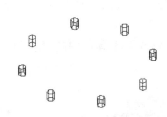

图 10-1　三维图形的矩形阵列　　　　图 10-2　三维图形的环形阵列

10.1.2 三维镜像

 执行方式

命令行：MIRROR3D。

菜单栏："修改" → "三维操作" → "三维镜像"。

操作步骤

命令行提示如下。

> 命令：MIRROR3D
>
> 选择对象：（选择要镜像的对象）
>
> 选择对象：（选择下一个对象或按 Enter 键）
>
> 指定镜像平面 (三点) 的第一个点或[对象(O)/最近的(L)/Z 轴(Z)/视图(V)/XY 平面(XY)/YZ 平面(YZ)/ZX 平面(ZX)/三点(3)] <三点>:
>
> 在镜像平面上指定第一点:

选项说明

（1）点：输入镜像平面上点的坐标。该选项通过三个点确定镜像平面是系统的默认选项。

（2）Z 轴（Z）：利用指定的平面作为镜像平面。选择该选项后，命令行提示与操作如下。

> 在镜像平面上指定点：（输入镜像平面上一点的坐标）
>
> 在镜像平面的 Z 轴（法向）上指定点：（输入与镜像平面垂直的任意一条直线上任意一点的坐标）
>
> 是否删除源对象？[是（Y）/否（N）]：（根据需要确定是否删除源对象）

（3）视图（V）：指定一个平行于当前视图的平面作为镜像平面。

（4）XY（YZ、ZX）平面：指定一个平行于当前坐标系的 *XY*（*YZ*、*ZX*）平面作为镜像平面。

10.1.3 实例——手推车小轮

本实例主要介绍三维镜像命令的运用，如图 10-3 所示。

操作步骤

（1）单击"绘图"工具栏中的"直线" / 命令，指定坐标为（-200,100）、（@0,50）、（@150,0）、（@0,350）、（@-120,0）、（@0,150）、（@50,0）、（@0, -50）、（@240,0）、

（@0,50）、（@50,0）、（@0, -150）、（@-120,0）、（@0, -350）、（@150,0）、（@0, -50），绘制连续直线，如图 10-4 所示。

（2）单击"修改"工具栏中的"圆角" 命令，将圆角半径设为 20，圆角处理结果如图 10-5 所示。

　　　　　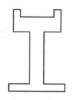　　　　　

图 10-3　手推车小轮　　　　图 10-4　绘制直线　　　　图 10-5　圆角处理

（3）单击"修改 II"工具栏上的"编辑多段线" 命令，将连续直线合并多段线。

（4）单击"建模"工具栏上的"旋转" 命令，选择上步合并的多段线绕 X 轴旋转 360°。将当前视图设为"西南等轴测"视图，如图 10-6 所示。

（5）选择菜单栏中的"绘图"→"三维多线段"命令，命令行提示如下。

图 10-6　旋转图形

```
命令: 3dpoly
指定多段线的起点: -150,50,140
指定直线的端点或 [放弃(U)]: @0,0,400
指定直线的端点或 [放弃(U)]: @0, -100,0
指定直线的端点或 [闭合(C)/放弃(U)]: @0,0, -400
指定直线的端点或 [闭合(C)/放弃(U)]: c
```

消隐之后的结果如图 10-7 所示。

（6）单击"建模"工具栏中的"拉伸" 命令，选择上述绘制的图形，拉伸的倾斜角度为-10°，拉伸的高度为-120，结果如图 10-8 所示。

（7）单击"建模"工具栏中的"三维阵列" 命令，选择上述拉伸的轮辐矩形阵列 6个，中心点（0,0,0），旋转轴第二点（-50,0,0），结果如图 10-9 所示。

　　　　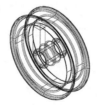　　　　

图 10-7　绘制三维多线段　　　图 10-8　拉伸图形　　　图 10-9　三维阵列处理

（8）单击"视图"工具栏中的"前视" 命令，将当前视图设为前视图，再单击"修改"工具栏上的"移动" 命令，选择轮辐指定基点{（0,0,0）（150,0,0）}进行移动。消隐之后如图 10-10 所示。

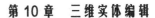

（9）选择"修改"菜单中的"三维操作"→"三维镜像"命令，命令行提示如下。

> 命令: mirror3d
>
> 选择对象:（选择上述做了阵列的轮辐）
>
> 选择对象:
>
> 指定镜像平面 (三点) 的第一个点或[对象(O)/最近的(L)/Z 轴(Z)/视图(V)/XY 平面(XY)/YZ 平面(YZ)/ZX 平面(ZX)/三点(3)] <三点>: yz
>
> 指定 XY 平面上的点 <0,0,0>:
>
> 是否删除源对象？[是(Y)/否(N)] <否>:

结果如图 10-11 所示。

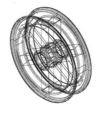

图 10-10 移动图形   图 10-11 镜像处理

（10）单击"视图"工具栏中的"俯视" 命令，将当前视图设为俯视图。单击"绘图"工具栏中的"多段线" 命令，命令行提示如下。

> 命令: pline
>
> 指定起点: 220,600
>
> 当前线宽为 0.0000
>
> 指定下一个点或 [圆弧(A)/半宽(H)/长度(L)/放弃(U)/宽度(W)]: @0,100
>
> 指定下一点或 [圆弧(A)/闭合(C)/半宽(H)/长度(L)/放弃(U)/宽度(W)]: @50,0
>
> 指定下一点或 [圆弧(A)/闭合(C)/半宽(H)/长度(L)/放弃(U)/宽度(W)]: a
>
> 指定圆弧的端点或
>
> [角度(A)/圆心(CE)/闭合(CL)/方向(D)/半宽(H)/直线(L)/半径(R)/第二个点(S)/放弃(U)/宽度(W)]: s
>
> 指定圆弧上的第二个点: @70,20
>
> 指定圆弧的端点: @70,-20
>
> 指定圆弧的端点或
>
> [角度(A)/圆心(CE)/闭合(CL)/方向(D)/半宽(H)/直线(L)/半径(R)/第二个点(S)/放弃(U)/宽度(W)]: l
>
> 指定下一个点或 [圆弧(A)/半宽(H)/长度(L)/放弃(U)/宽度(W)]: @50,0
>
> 指定下一点或 [圆弧(A)/闭合(C)/半宽(H)/长度(L)/放弃(U)/宽度(W)]: @0,-100
>
> 指定下一点或 [圆弧(A)/闭合(C)/半宽(H)/长度(L)/放弃(U)/宽度(W)]: c

绘制结果如图 10-12 所示。

（11）单击"建模"工具栏中的"旋转" 命令，然后选择多线段绕 X 轴旋转 360°，结果如图 10-13 所示。

（12）单击"修改"工具栏上的"移动" 命令，将轮胎移到合适位置，然后单击"视图"工具栏中的"西南等轴测" 命令，将当前视图设为西南视图，结果如图 10-14 所示。

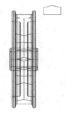

图 10-12　绘制多线段

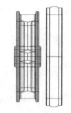

图 10-13　绘制轮辐

图 10-14　手推车小轮

10.1.4　对齐对象

 执行方式

命令行：ALIGN（快捷命令：AL）。

菜单栏："修改" → "三维操作" → "对齐"。

操作步骤

命令行提示如下。

> 命令：ALIGN
>
> 选择对象：（选择要对齐的对象）
>
> 选择对象：（选择下一个对象或按 Enter 键）
>
> 指定一对、两对或三对点，将选定对象对齐。
>
> 指定第一个源点：（选择点 1）
>
> 指定第一个目标点：（选择点 2）
>
> 指定第二个源点：

对齐结果如图 10-15 所示。两对点和三对点与一对点的情形类似。

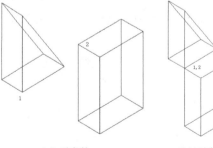

（a）对齐前　　　　　（b）对齐后

图 10-15　一点对齐

10.1.5　三维移动

 执行方式

命令行：3DMOVE。

菜单栏："修改" → "三维操作" → "三维移动"。

工具栏："建模" → "三维移动" 按钮⊕。

操作步骤

命令行提示如下。

> 命令：3DMOVE
>
> 选择对象：找到 1 个
>
> 选择对象：
>
> 指定基点或 [位移(D)] <位移>:（指定基点）
>
> 指定第二个点或 <使用第一个点作为位移>:（指定第二点）

其操作方法与二维移动命令类似，如图 10-16 所示为将滚珠从轴承中移出的情形。

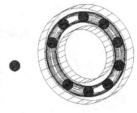

图 10-16　三维移动

10.1.6　三维旋转

 执行方式

命令行：3DROTATE。

菜单栏："修改"→"三维操作"→"三维旋转"。

工具栏："建模"→"三维旋转"按钮⊕。

 操作步骤

命令行提示如下。

> 命令：3DROTATE
>
> UCS 当前的正角方向：ANGDIR=逆时针　ANGBASE=0
>
> 选择对象：选择一个滚珠
>
> 选择对象：
>
> 指定基点：指定圆心位置
>
> 拾取旋转轴：选择如图 10-17 所示的轴
>
> 指定角的起点：选择如图 10-17 所示的中心点
>
> 指定角的端点：指定另一点

旋转结果如图 10-18 所示。

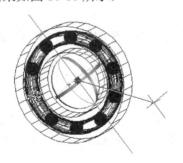

图 10-17　指定参数

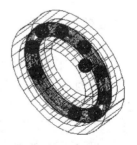

图 10-18　旋转结果

10.1.7　实例——弯管

本实例主要介绍三维旋转命令的运用，如图 10-19 所示。

操作步骤

（1）启动系统。启动 AutoCAD，使用默认设置画图。

（2）在命令行中输入 Isolines 命令，设置线框密度为 10。切换视图到西南等轴测图。

（3）单击"建模"工具栏中的"圆柱体" □命令，以坐标原点为圆心，创建直径为$\phi 38$，高 3 的圆柱。

（4）单击"绘图"工具栏中的"圆" ⊙命令，以原点为圆心，分别绘制直径为$\phi 31$、$\phi 24$、$\phi 18$ 的圆。

图 10-19　弯管

（5）单击"建模"工具栏中的"圆柱体" □命令，以$\phi 31$ 的象限点为圆心，创建半径为 2，高 3 的圆柱。

（6）单击"修改"工具栏中的"环形阵列" ⣿命令，将创建的半径为 2 的圆柱进行环形阵列，阵列中心为坐标原点，阵列数目为 4，填充角度为 360°。结果如图 10-20 所示。

（7）单击"建模"工具栏中的"差集" ◎命令，将外形圆柱与阵列圆柱进行差集运算。

（8）切换视图到前视图。单击"绘图"工具栏中的"圆弧" ⌒命令，以坐标原点为起始点，指定圆弧的圆心为（120,0），绘制角度为-30°的圆弧。结果如图 10-21 所示。

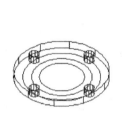

图 10-20　阵列圆柱

图 10-21　绘制圆弧

（9）切换视图到西南等轴测图。单击"建模"工具栏中的"拉伸" □命令，路径拉伸方式，分别将$\phi 24$ 及$\phi 18$ 圆，沿着绘制的圆弧拉伸。结果如图 10-22 所示。

（10）单击"建模"工具栏中的"并集" ◎命令，将底座与由$\phi 24$ 拉伸形成的实体进行并集运算。

（11）单击"建模"工具栏中的"长方体" □命令，在创建的实体外部，创建长 32、宽 3、高 32 的长方体；接续该长方体，向下创建长 8、宽 6、高-16 的长方体。

（12）单击"建模"工具栏中的"圆柱体" □命令，以长 8 的长方体前端面底边中点为圆心，创建半径分别为 4、2，高-16 的圆柱。

（13）单击"建模"工具栏中的"并集" ◎命令，将 2 个长方体和半径为 4 的圆柱进行并集运算，单击"修改"工具栏中的"差集" ◎命令，将并集后的图形与半径为 2 的圆柱进行差集运算。结果如图 10-23 所示。

（14）单击"修改"工具栏中的"圆角" ◻命令，对弯管顶面长方体进行倒圆角操作，圆角半径为 4。

（15）将用户坐标系设置为世界坐标系，创建弯管顶面圆柱孔。单击"建模"工具栏中的"圆柱体" □命令，捕捉圆角圆心为中心点，创建半径为 2，高 3 的圆柱。

图 10-22　拉伸圆

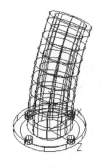

图 10-23　创建弯管顶面

（16）单击"修改"工具栏上的"复制" 命令，分别复制半径为 2 的圆柱到圆角的中心。

（17）单击"建模"工具栏中的"差集" 命令，将创建的弯管顶面与半径为 2 的圆柱进行差集运算。对图形进行消隐，进行消隐处理后的图形如图 10-24 所示。

（18）单击"绘图"工具栏中的"构造线" 命令，过弯管顶面边的中点，分别绘制两条辅助线。结果如图 10-25 所示。

（19）单击"建模"工具栏中的"三维旋转" 命令，选取弯管顶面及辅助线，以 *Y* 轴为旋转轴，以辅助线的交点为旋转轴上的点，将实体旋转 30°。

（20）单击"修改"工具栏中的"移动" 命令，以弯管顶面辅助线的交点为基点，将其移到弯管上部圆心处。结果如图 10-26 所示。

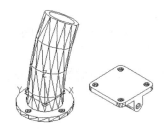

图 10-24　弯管顶面

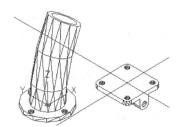

图 10-25　绘制辅助线

图 10-26　移动弯管顶面

（21）单击"建模"工具栏中的"并集" 命令，将弯管顶面及弯管与由拉伸φ24 圆并集生成实体。

（22）单击"建模"工具栏中的"差集" 命令，将上部并集生成的实体与拉伸φ18 圆进行差集运算。

（23）单击"修改"工具栏上的"删除" 命令，删除绘制的辅助线及辅助圆。

利用渲染选项中的渲染命令，选择适当的材质对图形进行渲染，渲染后的结果如图 10-19 所示。

10.2　特殊视图

利用假想的平面对实体进行剖切，是实体编辑的一种基本方法。读者注意体会其具体操作方法。

10.2.1　剖切

 执行方式

命令行：SLICE（快捷命令：SL）。

菜单栏："修改" → "三维操作" → "剖切"。

操作步骤

命令行提示如下。

> 命令：SLICE
>
> 选择要剖切的对象:（选择要剖切的实体）
>
> 选择要剖切的对象:（继续选择或按 Enter 键结束选择）
>
> 指定切面的起点或 [平面对象(O)/曲面(S)/Z 轴(Z)/视图(V)/XY(XY)/YZ(YZ)/ZX(ZX)/三点(3)] <三点>:
>
> 指定平面上的第二个点:

 选项说明

（1）平面对象（O）：将所选对象的所在平面作为剖切面。

（2）曲面（S）：将剪切平面与曲面对齐。

（3）Z 轴（Z）：通过平面指定一点与在平面的 Z 轴（法线）上指定另一点来定义剖切平面。

（4）视图（V）：以平行于当前视图的平面作为剖切面。

（5）XY（XY）/YZ（YZ）/ZX（ZX）：将剖切平面与当前用户坐标系（UCS）的 XY 平面/YZ 平面/ZX 平面对齐。

（6）三点（3）：根据空间的 3 个点确定的平面作为剖切面。确定剖切面后，系统会提示保留一侧或两侧。

如图 10-27 所示为剖切三维实体图。

（a）剖切前的三维实体　　　　（b）剖切后的实体

图 10-27　剖切三维实体

10.2.2　剖切截面

 执行方式

命令行：SECTION（快捷命令：SEC）。

操作步骤

命令行提示如下。

命令：SECTION

选择对象：（选择要剖切的实体）

指定截面平面上的第一个点，依照 [对象(O)/Z 轴(Z)/视图(V)/XY/YZ/ZX/三点(3)] <三点>:（指定一点或输入一个选项）

如图 10-28 所示为断面图形。

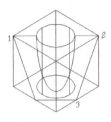　　　　

（a）剖切平面与断面　　　（b）移出的断面图形　　（c）填充剖面线的断面图形

图 10-28　断面图形

10.2.3　截面平面

通过截面平面功能可以创建实体对象的二维截面平面或三维截面实体。

 执行方式

命令行：SECTIONPLANE。

菜单栏："绘图"→"建模"→"截面平面"。

 操作步骤

命令行提示如下。

命令：sectionplane

选择面或任意点以定位截面线或 [绘制截面(D)/正交(O)]:

 选项说明

1. 选择面或任意点以定位截面线

（1）选择绘图区的任意点（不在面上）可以创建独立于实体的截面对象。第一点可创建截面对象旋转所围绕的点，第二点可创建截面对象。如图 10-29 所示为在手柄主视图上指定两点创建一个截面平面；如图 10-30 所示为转换到西南等轴测视图的情形，图中半透明的平面为活动截面，实线为截面控制线。

　　　　　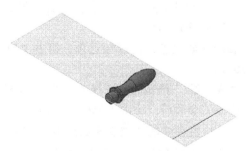

图 10-29　创建截面　　　　　　图 10-30　西南等轴测视图

单击活动截面平面，显示编辑夹点，如图 10-31 所示，其功能分别介绍如下。

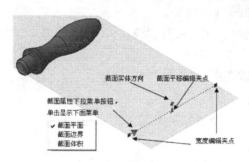

图 10-31　截面编辑夹点

（2）截面实体方向箭头：表示生成截面实体时所要保留的一侧，单击该箭头，则反向。

（3）截面平移编辑夹点：选中并拖动该夹点，截面沿其法向平移。

（4）宽度编辑夹点：选中并拖动该夹点，可以调节截面宽度。

（5）截面属性下拉菜单按钮：单击该按钮，显示当前截面的属性，包括截面平面（如图 10-31 所示）、截面边界（如图 10-32 所示）、截面体积（如图 10-33 所示）3 种，分别显示截面平面相关操作的作用范围，调节相关夹点，可以调整范围。

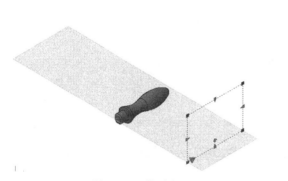

图 10-32　截面边界

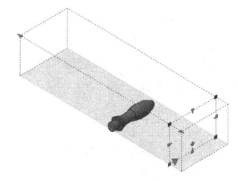

图 10-33　截面体积

2. 选择实体或面域上的面可以产生与该面重合的截面对象

3. 快捷菜单

在截面平面编辑状态下右击，系统打开快捷菜单，如图 10-34 所示。其中几个主要选项介绍如下。

（1）激活活动截面：选择该选项，活动截面被激活，可以对其进行编辑，同时原对象不可见，如图 10-35 所示。

（2）活动截面设置：选择该选项，打开"截面设置"对话框，可以设置截面各参数，如图 10-36 所示。

（3）生成二维/三维截面：选择该选项，系统打开"生成截面/立面"对话框，如图 10-37 所示。设置相关参数后，单击"创建"按钮，即可创建相应的图块或文件。在如图 10-38 所示的截面平面位置创建的三维截面如图 10-39 所示，如图 10-40 所示为对应的二维截面。

（4）将折弯添加至截面：选择该选项，系统提示添加折弯到截面的一端，并可以编辑

折弯的位置和高度。在如图 10-40 所示的基础上添加折弯后的截面平面如图 10-41 所示。

图 10-34　快捷菜单

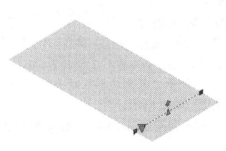

图 10-35　编辑活动截面

图 10-36　"截面设置"对话框

图 10-37　"生成截面/立面"对话框

图 10-38　截面平面位置

图 10-39　三维截面

图 10-40　二维截面

图 10-41　折弯后的截面平面

4. 绘制截面（D）

定义具有多个点的截面对象以创建带有折弯的截面线。选择该选项，命令行提示如下。

指定起点: 指定点 1

指定下一点: 指定点 2

指定下一点或按 Enter 键完成: 指定点 3 或按 Enter 键

指定截面视图方向上的下一点: 指定点以指示剪切平面的方向

该选项将创建处于"截面边界"状态的截面对象，并且活动截面会关闭，该截面线可以带有折弯，如图 10-42 所示。

如图 10-43 所示为按如图 10-42 设置截面生成的三维截面对象，如图 10-44 所示为对应的二维截面。

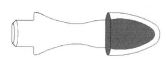

图 10-42　折弯截面　　　　　图 10-43　三维截面　　　　图 10-44　二维截面

5. 正交（O）

将截面对象与相对于 UCS 的正交方向对齐。选择该选项，命令行提示如下。

将截面对齐至 [前(F)/后(B)/顶部(T)/底部(B)/左(L)/右(R)]:

选择该选项后，将以相对于 UCS（不是当前视图）的指定方向创建截面对象，并且该对象将包含所有三维对象。该选项将创建处于"截面边界"状态的截面对象，并且活动截面会打开。

选择该选项，可以很方便地创建工程制图中的剖视图。UCS 处于如图 10-45 所示的位置，如图 10-46 所示为对应的左向截面。

图 10-45　UCS 位置　　　　　　　图 10-46　左向截面

10.3　编辑实体

对象编辑是指对单个三维实体本身的某些部分或某些要素进行编辑，从而改变三维实体造型。

10.3.1 拉伸面

执行方式

命令行：SOLIDEDIT。

菜单栏："修改"→"实体编辑"→"拉伸面"。

工具栏："实体编辑"→"拉伸面"按钮 📧。

操作步骤

命令行提示如下。

> 命令：_solidedit
>
> 实体编辑自动检查: SOLIDCHECK=1
>
> 输入实体编辑选项 [面(F)/边(E)/体(B)/放弃(U)/退出(X)] <退出>:_face
>
> 输入面编辑选项[拉伸(E)/移动(M)/旋转(R)/偏移(O)/倾斜(T)/删除(D)/复制(C)/颜色(L)/材质(A)/放弃(U)/退出(X)] <退出>:_extrude
>
> 选择面或 [放弃(U)/删除(R)]: 选择要进行拉伸的面
>
> 选择面或 [放弃(U)/删除(R)/全部（ALL）]:
>
> 指定拉伸高度或[路径（P）]:

选项说明

（1）指定拉伸高度：按指定的高度值来拉伸面。指定拉伸的倾斜角度后，完成拉伸操作。

（2）路径（P）：沿指定的路径曲线拉伸面。如图 10-47 所示为拉伸长方体顶面和侧面的结果。

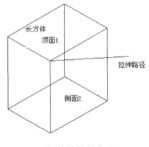
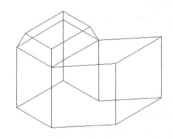

（a）拉伸前的长方体　　　　　　　　（b）拉伸后的三维实体

图 10-47　拉伸长方体

10.3.2 移动面

执行方式

命令行：SOLIDEDIT。

菜单栏："修改"→"实体编辑"→"移动面"。

工具栏："实体编辑"→"移动面"按钮 📧。

操作步骤

命令行提示如下。

命令：_solidedit

实体编辑自动检查: SOLIDCHECK=1

输入实体编辑选项 [面(F)/边(E)/体(B)/放弃(U)/退出(X)] <退出>: _face

输入面编辑选项[拉伸(E)/移动(M)/旋转(R)/偏移(O)/倾斜(T)/删除(D)/复制(C)/颜色(L)/ 材质（A）/ 放弃(U)] <退出>: _move

选择面或 [放弃(U)/删除(R)]: 选择要进行移动的面

选择面或 [放弃(U)/删除(R)/全部(ALL)]: 继续选择移动面或按 Enter 键结束选择

指定基点或位移: 输入具体的坐标值或选择关键点

指定位移的第二点: 输入具体的坐标值或选择关键点

各选项的含义在前面介绍的命令中都有涉及，如有问题，请查询相关命令（拉伸面、移动等）。如图 10-48 所示为移动三维实体的结果。

（a）移动前的图形　　　　　（b）移动后的图形

图 10-48　移动三维实体

10.3.3　倾斜面

 执行方式

命令行：SOLIDEDIT。

菜单栏："修改"→"实体编辑"→"倾斜面"。

工具栏：实体编辑→倾斜面。

 操作步骤

命令行提示如下。

命令：_solidedit

实体编辑自动检查: SOLIDCHECK=1

输入实体编辑选项 [面(F)/边(E)/体(B)/放弃(U)/退出(X)] <退出>: _face

输入面编辑选项[拉伸(E)/移动(M)/旋转(R)/偏移(O)/倾斜(T)/删除(D)/复制(C)/颜色(L)/材质(A)/放弃(U)/退出(X)] <退出>: _taper

选择面或 [放弃(U)/删除(R)]:（选择要倾斜的面）

选择面或 [放弃(U)/删除(R)/全部(ALL)]:（继续选择或按 Enter 键结束选择）

指定基点:（选择倾斜的基点（倾斜后不动的点））

指定沿倾斜轴的另一个点:（选择另一点（倾斜后改变方向的点））

指定倾斜角度:（输入倾斜角度）

10.3.4　实例——机座

绘制如图 10-49 所示的机座。

操作步骤

（1）启动 AutoCAD 2012，使用默认设置绘图环境。

（2）设置线框密度。命令行提示与操作如下。

命令: ISOLINES

输入 ISOLINES 的新值 <4>: 10

（3）单击"视图"工具栏中的"西南等轴测" 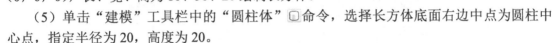命令，将当前
视图方向设置为西南等轴测视图。

（4）单击"建模"工具栏中的"长方体"□命令，指定角点
（0，0，0），长、宽、高为 80、50、20 绘制长方体。

图 10-49 机座

（5）单击"建模"工具栏中的"圆柱体"□命令，选择长方体底面右边中点为圆柱中
心点，指定半径为 20，高度为 20。

同样方法，指定底面中心点的坐标为（80，25，0），底面半径为 20，圆柱体高度为
80，绘制圆柱体。

（6）单击"建模"工具栏中的"并集" 命令，选取长方体与两个圆柱体进行并集运
算，结果如图 10-50 所示。

（7）设置用户坐标系。命令行提示如下。

命令: UCS

当前 UCS 名称: *世界*

指定 UCS 的原点或 [面(F)/命名(NA)/对象(OB)/上一个(P)/视图(V)/世界(W)/X/Y/Z/Z 轴(ZA)]
<世界>: （用鼠标点取实体顶面的左下顶点）

指定 X 轴上的点或 <接受>:

（8）单击"建模"工具栏中的"长方体"□命令，以（0，10）为角点，创建长 80、宽
30、高 30 的长方体。结果如图 10-51 所示。

图 10-50 并集后的实体   图 10-51 创建长方体

（9）单击"实体编辑"工具栏中的"倾斜面" 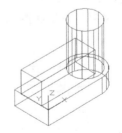命令，对长方体的左侧面进行倾斜操
作。命令行提示如下。

命令: SOLIDEDIT

实体编辑自动检查: SOLIDCHECK=1

输入实体编辑选项 [面(F)/边(E)/体(B)/放弃(U)/退出(X)] <退出>: F

输入面编辑选项[拉伸(E)/移动(M)/旋转(R)/偏移(O)/倾斜(T)/删除(D)/复制(C)/颜色(L)/材质(A)/放
弃(U)/退出(X)] <退出>: T

选择面或 [放弃(U)/删除(R)]:（如图 10-52 所示，选取长方体左侧面）

指定基点:_endp 于 （如图 10-52 所示，捕捉长方体端点 2）

指定沿倾斜轴的另一个点:_endp 于 （如图 10-52 所示，捕捉长方体端点 1）

指定倾斜角度: 60

结果如图 10-53 所示。

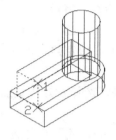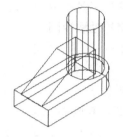

图 10-52　选取倾斜面　　　　图 10-53　倾斜面后的实体

（10）单击"建模"工具栏中的"并集" ◎命令，将创建的长方体与实体进行并集运算。

（11）方法同前，在命令行输入 UCS，将坐标原点移回到实体底面的左下顶点。

（12）单击"建模"工具栏中的"长方体" ▢命令，以（0，5）为角点，创建长 50、宽 40、高 5 的长方体；继续以（0，20）为角点，创建长 30、宽 10、高 50 的长方体。

（13）单击"建模"工具栏中的"差集" ◎命令，将实体与两个长方体进行差集运算。结果如图 10-54 所示。

（14）单击"建模"工具栏中的"圆柱体" ▢命令，捕捉 R20 圆柱顶面圆心为中心点，分别创建半径为 R15、高-15 及半径为 R10、高-80 的圆柱体。

（15）单击"建模"工具栏中的"差集" ◎命令，将实体与两个圆柱进行差集运算。消隐处理后的图形如图 10-55 所示。

（16）渲染处理。单击"渲染"工具栏中的"材质浏览器" ▣命令，选择适当的材质，对图形进行渲染。渲染后的结果如图 10-49 所示。

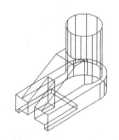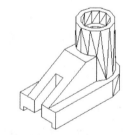

图 10-54　差集后的实体　　　　图 10-55　消隐后的实体

10.3.5　复制面

 执行方式

命令行：SOLIDEDIT。

菜单栏："修改" → "实体编辑" → "复制面"。

工具栏：实体编辑→复制面 。

操作步骤

命令行提示如下。

> 命令: _solidedit
> 实体编辑自动检查: SOLIDCHECK=1
> 输入实体编辑选项 [面(F)/边(E)/体(B)/放弃(U)/退出(X)] <退出>: _face
> 输入面编辑选项[拉伸(E)/移动(M)/旋转(R)/偏移(O)/倾斜(T)/删除(D)/复制(C)/颜色(L)/材质(A)/放弃(U)/退出(X)] <退出>: _copy
> 选择面或 [放弃(U)/删除(R)]: (选择要复制的面)
> 选择面或 [放弃(U)/删除(R)/全部(ALL)]: (继续选择或按 Enter 键结束选择)
> 指定基点或位移: (输入基点的坐标)
> 指定位移的第二点: (输入第二点的坐标)

10.3.6　着色面

执行方式

命令行：SOLIDEDIT。
菜单栏："修改" → "实体编辑" → "着色面"。
工具栏：实体编辑→着色面 。

操作步骤

命令行提示如下。

> 命令: _solidedit
> 实体编辑自动检查: SOLIDCHECK=1
> 输入实体编辑选项 [面(F)/边(E)/体(B)/放弃(U)/退出(X)] <退出>: _face
> 输入面编辑选项[拉伸(E)/移动(M)/旋转(R)/偏移(O)/倾斜(T)/删除(D)/复制(C)/颜色(L)/材质(A)/放弃(U)/退出(X)] <退出>: _color
> 选择面或 [放弃(U)/删除(R)]: (选择要着色的面)
> 选择面或 [放弃(U)/删除(R)/全部(ALL)]: (继续选择或按 Enter 键结束选择)

选择好要着色的面后，AutoCAD 打开"选择颜色"对话框，根据需要选择合适颜色作为要着色面的颜色。操作完成后，该表面将被相应的颜色覆盖。

10.3.7　抽壳

执行方式

命令行：SOLIDEDIT。
菜单栏："修改" → "实体编辑" → "抽壳"。
工具栏："实体编辑" → "抽壳" 按钮 。

操作步骤

命令行提示如下。

命令：_solidedit

实体编辑自动检查：SOLIDCHECK=1

输入实体编辑选项 [面(F)/边(E)/体(B)/放弃(U)/退出(X)] <退出>：_body

输入实体编辑选项[压印(I)/分割实体(P)/抽壳(S)/清除(L)/检查(C)/放弃(U)/退出(X)] <退出>：_shell

选择三维实体：（选择三维实体）

删除面或 [放弃(U)/添加(A)/全部(ALL)]：（选择开口面）

输入抽壳偏移距离：（指定壳体的厚度值）

如图 10-56 所示为利用抽壳命令创建的花盆。

（a）创建初步轮廓　　　（b）完成创建　　　（c）消隐结果

图 10-56　花盆

注意： 抽壳是用指定的厚度创建一个空的薄层。可以为所有面指定一个固定的薄层厚度，通过选择面可以将这些面排除在壳外。一个三维实体只能有一个壳，通过将现有面偏移出其原位置来创建新的面。

10.3.8　实例——固定板

图 10-57　固定板

绘制如图 10-57 所示的固定板。

本例应用创建长方体命令"Box"，实体编辑命令"Solidedit"中的抽壳操作，以及剖切命令"Slice"，创建固定板的外形；用创建圆柱命令"Cylinder"，三维阵列命令"3Darray"，以及布尔运算的差集命令"Subtract"，创建固定板上的孔。

操作步骤

（1）启动 AutoCAD 2012，使用默认设置画图。

（2）在命令行中输入 Isolines 命令，设置线框密度为 10。单击"视图"工具栏中的"西南等轴测"按钮，切换到西南等轴测视图。

（3）单击"建模"工具栏中的"长方体" 命令，创建长 200、宽 40、高 80 的长方体。

（4）单击"修改"工具栏中的"圆角" 命令，对长方体前端面进行倒圆角操作，圆角半径为 R8。结果如图 10-58 所示。

（5）单击"实体编辑"工具栏中的"抽壳" 命令，对创建的长方体进行抽壳操作。

命令：Solidedit（单击"实体编辑"工具栏中的 命令）

实体编辑自动检查：SOLIDCHECK=1

输入实体编辑选项 [面(F)/边(E)/体(B)/放弃(U)/退出(X)] <退出>：_body

输入实体编辑选项[压印(I)/分割实体(P)/抽壳(S)/清除(L)/检查(C)/放弃(U)/退出(X)] <退出>：_shell

选择三维实体:（选取创建的长方体）

删除面或 [放弃(U)/添加(A)/全部(ALL)]:

输入抽壳偏移距离: 5

结果如图 10-59 所示。

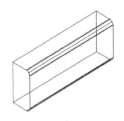

图 10-58 倒圆角后的长方体

图 10-59 抽壳后的长方体

（6）单击"建模"工具栏中的"剖切"命令，剖切创建的长方体。

命令: Slice（或者）

选择对象:（选取长方体）

指定切面上的第一个点，依照 [对象(O)/Z 轴(Z)/视图(V)/XY 平面(XY)/YZ 平面(YZ)/ZX 平面(ZX)/三点(3)] <三点>: ZX

指定 ZX 平面上的点 <0,0,0>:_mid 于（捕捉长方体顶面左边的中点）

在要保留的一侧指定点或 [保留两侧(B)]:（在长方体前侧单击，保留前侧）

结果如图 10-60 所示。

（7）单击"视图"工具栏中的"前视图"命令，切换到前视图。

单击"建模"工具栏中的"圆柱体"命令，分别以（25，40）、（50，25）为圆心，创建半径为 5、高-5 的圆柱，结果如图 10-61 所示。

图 10-60 剖切长方体

图 10-61 创建圆柱

（8）选取菜单命令"修改"→"三维操作"→"三维阵列"，将创建的圆柱分别进行 2 行 3 列及 1 行 4 列的矩形阵列，行间距为 30，列间距为 50。单击"视图"工具栏中的"西南等轴测"按钮，切换到西南等轴测图。结果如图 10-62 所示。

（9）单击"实体编辑"工具栏中的"差集"命令，将创建的长方体与圆柱进行差集运算。

（10）单击"渲染"工具栏中的"隐藏"命令，进行消隐处理后的图形如图 10-63 所示。

（11）单击"渲染"工具栏中的"材质浏览器"命令，选择适当的材质，渲染后的结果如图 10-57 所示。

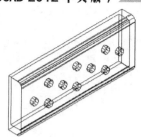

图 10-62　阵列圆柱　　　　　　　图 10-63　差集运算后的实体

10.4　综合实例——壳体

本例制作的壳体如图 10-64 所示。本例主要采用的绘制方法是拉伸绘制实体的方法与直接利用三维实体绘制实体的方法。本例设计思路：先通过上述两种方法建立壳体的主体部分，然后逐一建立壳体上的其他部分，最后对壳体进行圆角处理。要求读者对前几节介绍的绘制实体的方法有明确的认识。

操作步骤

1. 绘制壳体主体

图 10-64　壳体

（1）启动系统。启动 AutoCAD，使用默认设置画图。

（2）设置线框密度。在命令行中输入 Isolines，设置线框密度为 10。切换视图到西南等轴测图。

（3）创建底座圆柱。

① 利用圆柱体绘制命令（Cylinder），以（0，0，0）为圆心，创建直径为 $\phi 84$、$R20$，高 8 的圆柱。

② 利用圆的绘制命令，以（0，0）为圆心，绘制直径为 $\phi 76$ 的辅助圆。

③ 利用圆柱体绘制命令（Cylinder），捕捉 $\phi 76$ 圆的象限点为圆心创建直径为 $\phi 16$、高 8 及直径为 $\phi 7$、高 6 的圆柱；捕捉 $\phi 16$ 圆柱顶面圆心为中心点创建直径为 $\phi 16$、高 -2 的圆柱。

④ 利用阵列命令（Array），将创建的 3 个圆柱进行环形阵列，阵列角度为 360°，阵列数目为 4，阵列中心为坐标原点。

⑤ 利用布尔运算的并集运算命令（Union）将 $\phi 84$ 与高 8 的 $\phi 16$ 进行并集运算；利用布尔运算的差集运算命令（Subtract）将实体与其余圆柱进行差集运算。消隐后结果如图 10-65 所示。

⑥ 利用圆柱体绘制命令（Cylinder），以（0，0，0）为圆心，分别创建直径为 $\phi 60$、高 20 及直径为 $\phi 40$、高 30 的圆柱。

⑦ 利用布尔运算的并集运算命令（Union），将所有实体进行并集运算。

⑧ 删除辅助圆，消隐后结果如图 10-66 所示。

（4）创建壳体中间部分。

① 利用长方体绘制命令（Box），在实体旁边创建长 35、宽 40、高 6 的长方体。

② 利用圆柱体绘制命令（Cylinder），长方体底面右边中点为圆心，创建直径为ϕ40、高-6 的圆柱。

③ 利用布尔运算的并集运算命令（Union），将实体进行并集运算，如图 10-67 所示。

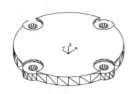

图 10-65　壳体底板

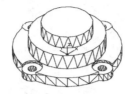

图 10-66　壳体底座

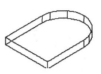

图 10-67　壳体中部

④ 利用复制命令（Copy），以创建的壳体中部实体底面圆心为基点，将其复制到壳体底座顶面的圆心处。

⑤ 利用布尔运算的并集运算命令（Union），将壳体底座与复制的壳体中部进行并集运算，如图 10-68 所示。

（5）创建壳体上部。

① 利用拉伸面命令（Extrude），将创建的壳体中部顶面拉伸 30，左侧面拉伸 20，结果如图 10-69 所示。

② 利用长方体绘制命令（Box），以实体左下角点为角点，创建长 5、宽 28、高 36 的长方体。

③ 利用移动命令（Move），以长方体左边中点为基点，将其移到实体左边中点处，结果如图 10-70 所示。

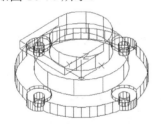

图 10-68　并集壳体中部后的实体

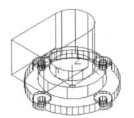

图 10-69　拉伸面操作后的实体

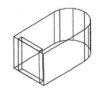

图 10-70　移动长方体

④ 利用布尔运算的差集运算命令（Subtract），将实体与长方体进行差集运算。

⑤ 利用圆命令（Circle），捕捉实体顶面圆心为圆心，绘制半径为 R22 的辅助圆。

⑥ 利用圆柱体绘制命令（Cylinder），捕捉 R22 圆的右象限点为圆心，创建半径为 R6、高-16 的圆柱。

⑦ 利用布尔运算的并集运算命令（Union），将实体进行并集运算，如图 10-71 所示。

⑧ 删除辅助圆。

⑨ 利用移动命令（Move），以实体底面圆心为基点，将其移到壳体顶面圆心处。

⑩ 利用布尔运算的并集运算命令（Union），将实体进行并集运算，如图 10-72 所示。

（6）创建壳体顶板。

① 利用长方体绘制命令（Box），在实体旁边创建长 55、宽 68、高 8 的长方体。

② 利用圆柱体绘制命令（Cylinder），长方体底面右边中点为圆心，创建直径为ϕ68、高 8 的圆柱。

③ 利用布尔运算的并集运算命令（Union），将实体进行并集运算。

④ 利用复制边命令（Copy），如图 10-73 所示，选取实体底边，在原位置进行复制。

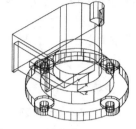
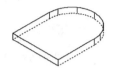

图 10-71　并集圆柱后的实体　　　　图 10-72　并集壳体上部后的实体　　　　图 10-73　选取复制的边线

⑤ 利用合并多段线命令（Pedit），将复制的实体底边合并成一条多段线。

⑥ 利用偏移命令（Offset），将多段线向内偏移 7。

⑦ 利用绘制构造线命令（Xline），过多段线圆心绘制竖直辅助线及 45°辅助线。

⑧ 利用偏移命令（Offset），将竖直辅助线分别向左偏移 12 及 40，如图 10-74 所示。

⑨ 利用圆柱体绘制命令（Cylinder），捕捉辅助线与多段线的交点为圆心，分别创建直径为 $\phi7$、高 8 及直径为 $\phi14$、高 2 的圆柱；利用镜向命令（Mirror3d），将圆柱以 ZX 面为镜像面，以底面圆心为 ZX 面上的点，进行镜像操作；利用布尔运算的差集运算命令（Subtract），将实体与镜像后的圆柱进行差集运算。

⑩ 删除辅助线；利用移动命令（Move），以壳体顶板底面圆心为基点，将其移到壳体顶面圆心处。

⑪ 利用布尔运算的并集运算命令（Union），将实体进行并集运算，如图 10-75 所示。

（7）拉伸壳体面。利用拉伸命令（Extrude），如图 10-76 所示，选取壳体表面，拉伸 -8，消隐后结果如图 10-77 所示。

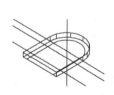

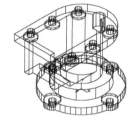
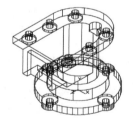

图 10-74　偏移辅助线　　　　图 10-75　并集壳体顶板后的实体　　　　图 10-76　选取拉伸面

2. 绘制壳体的其他部分

（1）创建壳体竖直内孔。

① 利用圆柱体绘制命令（Cylinder），以（0，0，0）为圆心，分别创建直径为 $\phi18$、高 14 及直径为 $\phi30$、高 80 的圆柱；以（-25，0，80）为圆心，创建直径为 $\phi12$、高-40 的圆柱；以（22，0，80）为圆心，创建直径为 $\phi6$、高-18 的圆柱。

② 利用布尔运算的差集运算命令（Subtract），将壳体与内形圆柱进行差集运算。

（2）创建壳体前部凸台及孔。

① 设置用户坐标系。在命令行输入 ucs，将坐标原点移到（-25，-36，48），并将其绕

X 轴旋转 90°。

② 利用圆柱体绘制命令（Cylinder），以（0，0，0）为圆心，分别创建直径为 φ30、高-16，直径为 φ20、高-12 及直径为 φ12、高-36 的圆柱。

③ 利用布尔运算的并集运算命令（Union），将壳体与 φ30 圆柱进行并集运算。

④ 利用布尔运算的差集运算命令（Subtract），将壳体与其余圆柱进行差集运算，如图 10-78 所示。

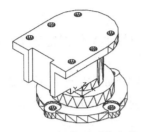

图 10-77　拉伸面后的壳体

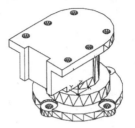

图 10-78　壳体凸台及内孔

（3）创建壳体水平内孔。

① 设置用户坐标系。将坐标原点移到（-25，10，-36），并绕 *Y* 轴旋转 90°。

② 利用圆柱体命令（Cylinder），以（0，0，0）为圆心，分别创建直径为 φ12、高 8 及直径为 φ8、高 25 的圆柱；以（0，10，0）为圆心，创建直径为 φ6、高 15 的圆柱。

③ 利用镜向命令（Mirror3d），将 φ6 圆柱以当前 *ZX* 面为镜像面，进行镜像操作。

④ 利用布尔运算的差集运算命令（Subtract），将壳体与内形圆柱进行差集运算，如图 10-79 所示。

（4）创建壳体肋板。

① 切换视图到前视图。

② 利用绘制多段线命令（Pline），如图 10-80 所示，从点 1（中点）→点 2（垂足）→点 3（垂足）→点 4（垂足）→点 5（@0,-4）→点 1，绘制闭合多段线。

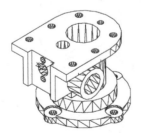

图 10-79　差集水平内孔后的壳体

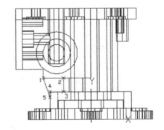

图 10-80　绘制多段线

③ 利用拉伸命令（Extrude），将闭合的多段线拉伸 3。

④ 利用镜向命令（Mirror3d），将拉伸实体以当前 *XY* 面为镜像面，进行镜像操作。

⑤ 利用布尔运算的并集运算命令（Union），将壳体与肋板进行并集运算。

3. 倒角与渲染视图

（1）圆角操作。对壳体进行倒角及倒圆角操作。

（2）渲染处理。利用渲染选项中的渲染命令，选择适当的材质对图形进行渲染，渲染

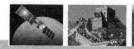
后的效果如图 10-64 所示。

10.5 上机实验

题目 1：创建如图 10-81 所示的三维实体，其中主体为 80×100×70 的立方体，删除顶面抽壳，抽壳厚度为 7，两侧中心穿孔，孔直径为 30

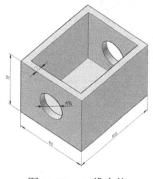

图 10-81　三维实体

1．目的要求

新建图形文件，根据二维图形文件创建三维实体。

2．操作提示

（1）利用立方体命令，创建如图所示的长方体。

（2）利用抽壳命令，对创建的长方体进行抽壳。

（3）利用差集命令，创建实体孔切除。

（4）渲染处理。

题目 2：根据如图 10-82 所示的二维图形创建三维实体

1．目的要求

根据二维图形文件创建三维实体。

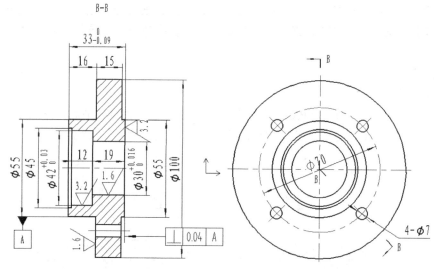

图 10-82　二维图形

2．操作提示

（1）利用直线、圆、圆弧倒角等命令绘制二维图形。

（2）利用拉伸命令创建拉伸实体。

（3）创建圆柱孔。

（4）利用三维旋转命令创建其余 3 处圆柱孔。

（5）对实体和圆柱孔进行差集处理。

（6）渲染处理。

10.6　思考与练习

1. 可以将三维实体对象分解成原来组成三维实体的部件的命令是（　　）。

　　A. 分解　　　　　B. 剖切　　　　　　C. 分割　　　　　　　D. 切割

2. 在 AutoCAD 2012 中使用下列（　　）命令可以显示出"三维阵列"对话框。

　　A. ARRAY　　　　　　　　　　　B. ARRAYRECT

　　C. 3DARRAY　　　　　　　　　　D. ARRAYPOLAR

3. 实体中的拉伸命令和实体编辑中的拉伸命令的区别是（　　）。

　　A. 没什么区别

　　B. 前者是对多段线拉伸，后者是对面域拉伸

　　C. 前者是由二维线框转为实体，后者是拉伸实体中的一个面

　　D. 前者是拉伸实体中的一个面，后者是由二维线框转为实体

4. 如果需要在实体表面另外绘制二维截面轮廓，则必须应用（　　）工具条来建立绘图平面。

　　A. 建模工具条　　　　　　　　　B. 实体编辑工具条

　　C. ucs 工具条　　　　　　　　　D. 三维导航工具条

附录 A AutoCAD 工程师认证考试样题

1. 下面选项（　　）将图形进行动态放大。
   A. ZOOM/(D)　　　　　　　　　　B. ZOOM/(W)
   C. ZOOM/(E)　　　　　　　　　　D. ZOOM/(A)

2. AutoCAD 中，模型和布局的切换按钮放在（　　）。
   A. 功能区　　　　　　　　　　　B. 绘图区的左下角
   C. 状态栏

3. 状态行的"坐标"区将动态地显示当前坐标值。坐标显示取决于所选择的模式和程序中运行的命令，下列（　　）模式是 CAD2011 没有的。
   A. 相对　　　　　B. 绝对　　　　　C. 无　　　　　D. 自定义

4. 不可以通过"图层过滤器特性"对话框中过滤的特性是（　　）。
   A. 图层名、颜色、线型、线宽和打印样式
   B. 打开还是关闭图层
   C. 锁定图层还是解锁图层
   D. 图层是 ByLayer 还是 ByBlock

5. 新建图纸，采用无样板打开——公制，默认布局图纸尺寸是（　　）。
   A. A4　　　　　B. A3　　　　　C. A2　　　　　D. A1

6. 如果要合并两个视口，必须（　　）。
   A. 是模型空间视口并且共享长度相同的公共边
   B. 在"模型"选项卡
   C. 在"布局"选项卡
   D. 一样大小

7. 默认情况下在指定下一点时开启动态输入，输入 50，然后输入 Tab，再输入 35 后回车，下列说法正确的是（　　）。
   A. 该点相对上一点距离 X 移动 50，Y 移动 35
   B. 该点的绝对坐标是 50，35
   C. 该点与上一点的相对坐标是@50，35
   D. 该点的绝对坐标是 50，35

8. 绘制一个半径为 10 的圆，然后将其制作成块，这时候会发现这个圆有（　　）夹点。
   A. 1个　　　　　B. 4个　　　　　C. 5个　　　　　D. 0个

9. 绘制带有圆角的矩形，首先要（　　）。
   A. 先确定一个角点　　　　　　　B. 绘制矩形再倒圆角
   C. 先设置圆角再确定角点　　　　D. 先设置倒角再确定角点

10. 同时填充多个区域，如果修改一个区域的填充图案而不影响其他区域，则（　　）。

A．将图案分解

B．在创建图案填充的时候选择"关联"

C．删除图案，重新对该区域进行填充

D．在创建图案填充的时候选择"创建独立的图案填充"

11．下列关于被固定约束的圆心的圆说法错误的是（   ）。

A．可以移动圆   B．可以放大圆

C．可以偏移圆   D．可以复制圆

12．可以编辑标注约束的是（   ）。

A．名称   B．值   C．表达式   D．文字大小

13．用 BLOCK 命令定义的内部图块，下面说法正确的是（   ）。

A．只能在定义它的图形文件内自由调用

B．只能在另一个图形文件内自由调用

C．既能在定义它的图形文件内自由调用，又能在另一个图形文件内自由调用

D．两者都不能用

14．标注样式比例因子设置为 2，绘制长度为 100 的直线，标注后显示尺寸为（   ）。

A．200   B．100   C．10   D．1 000

15．重复复制多个图形时，可以选择（   ）字母命令实现。

A．M   B．A   C．U   D．E

16．创建标注样式时，下面不是文字对齐方式的是（   ）。

A．垂直   B．与尺寸线对齐

C．ISO 标准   D．水平

17．下列（   ）不是 AutoCAD 2012 阵列的其中 3 种类型。

A．径向   B．矩形   C．路径   D．极轴

18．长 40、宽 20 的矩形，设置倒角第一个距离为 3，第二个距离为 7，则完成倒角命令后的周长为（   ）。

A．117.615 8   B．789.5   C．117.062 3   D．786

19．在下面所示的单行文字中，使用文字对正功能后，下面（   ）是居中对齐。

A． AutoCAD   B． AutoCAD

C． AutoCAD   D． AutoCAD

20．如图所示，从左图得到右图使用修剪命令，全部选中左侧图形，然后需要选择（   ）3 段弧可以得到右侧图形。

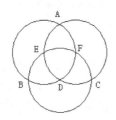

A. AB、AC、BC   B. AE、BD、CF

C. AF、CD、BE   D. DE、EF、DF

21. 如图所示图形采用了（   ）。

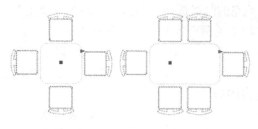

A. 拉伸动作   B. 复制动作

C. 阵列动作   D. 拉伸和阵列动作

22. 如图所示正五边形的边长是（   ）。

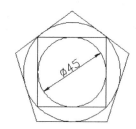

A. 45.77   B. 46.24   C. 47.32   D. 48.5

23. 可以编辑标注约束的是（   ）。

A. 名称   B. 值   C. 表达式   D. 文字大小

24. 使用块的优点有（   ）。

A. 一个块中可以定义多个属性   B. 多个块可以共用一个属性

C. 块必须定义属性   D. A 和 B

25. 书写 ϕ 的控制符是（   ）。

A. %%P   B. %%U   C. %%D   D. %%C

26. 在修改标注样式时，"文字"选项卡中的"分数高度比例"一栏只有在设置（   ）选项后才有效。

A. 绘制文字边框   B. 使用全局比例

C. 选用公差标注   D. 显示换算单位

27. 在布局中创建视口时，以下（   ）对象不能转换为视口。

A. 修订云线   B. 区域覆盖   C. 正多边形   D. 椭圆

28. 在多行文字"特性"选项板中，可以查看并修改多行文字对象的对象特性，其中对仅适用于文字的特性下列说法错误的是（   ）。

A. 行距选项控制文字行之间的空间大小

B. 背景中只能插入透明背景，因此文字下的对象不会被遮住

C. 宽度定义边框的宽度，因此控制文字自动换行到新行的位置

D. 设定文字相对于边框的插入位置，并设置输入文字时文字的走向

29. 实体填充区域不能表示为（　　　）。

  A. 图案填充（使用实体填充图案） B. 三维实体

  C. 渐变填充   D. 宽多段线或圆环

30. 当文字在尺寸界线内时，文字与尺寸线对齐。当文字在尺寸界线外时，文字水平排列，该种文字对齐方式为（　　　）。

  A. 水平   B. 与尺寸线对齐

  C. ISO 标准   D. JIS 标准

31. 使用编辑命令时，将显示"选择对象"提示，并且十字光标将替换为拾取框。响应"选择对象"提示有多种方法，下列选项最全面的是（　　　）。

  A. 一次选择一个对象

  B. 单击空白区域并拖动光标，以定义矩形选择区域

  C. 输入选择选项，输入以显示所有选择选项

  D. 以上说法均对

32. 作为默认设置，用度数指定角度时，正数代表（　　　）方向。

  A. 顺时针   B. 逆时针

  C. 当用度数指定角度时无影响 D. 以上都不是

33. 起点（0，0），端点（20，20），切向为 30° 的圆弧，其弧长为（　　　）。

  A. 28.61   B. 27.13   C. 26.54   D. 29.31

34. 可以将三维实体对象分解成原来组成三维实体的部件的命令是（　　　）。

  A. 分解   B. 剖切   C. 分割   D. 切割

35. 在动态输入打开的情况下绘制直线，第一点坐标为（100，100），第二点坐标为（40，50），绘制的直线长度为（　　　）。

  A. 77.98   B. 64.03   C. 40   D. 50

36. 在"编辑图纸一览表设置"对话框中，下列说法错误的是（　　　）。

  A. 可以更改"表格样式"

  B. 可以编辑表格的"标题文字"

  C. 可以添加、删除或更改列条目的顺序

  D. 不可以更改列条目的数据类型或标题文字

37. 关于偏移，下面说明错误的是（　　　）。

  A. 偏移值为 30

  B. 偏移值为-30

  C. 偏移圆弧时，既可以创建更大的圆弧，也可以创建更小的圆弧

  D. 可以偏移的对象类型有样条曲线

38. 多重引线样式中，其引线类型不包括（　　　）。

  A. 单行文字 B. 多行文字 C. 块   D. 无

39. 如果想要改变绘图区域的背景颜色，应该（　　　）。

  A. 在"选项"对话框的"显示"选项卡的"窗口元素"选项区域，单击"颜色"按钮，在弹出对话框中进行修改

  B. 在 Windows 的"显示属性"对话框"外观"选项卡中单击"高级"按钮，在弹

出的对话框中进行修改

  C．修改 SETCOLOR 变量的值

  D．在"特性"面板的"常规"选项区域，修改"颜色"值

40．在标注约束中，圆 a 和圆 b 的距离值 d_1 为 30，圆 b 与圆 c 的值 d_2 为 80，圆 a 和圆 c 的距离为 $d_3=d_1+d_2$，则它们的距离值为（ ）。

  A．30   B．80   C．50   D．110

41．"图形修复管理器"将显示所有打开的图形文件列表，不包括（ ）。

  A．图形文件（DWG）   B．图形样板文件（DWT）

  C．图形标准文件（DWS）   D．图形发布文件（DWF）

42．使用 COPY 复制一个圆，指定基点为（0，0），再提示指定第二个点时回车以第一个点作为位移，则下面说法正确的是（ ）。

  A．没有复制图形

  B．复制的图形圆心与"0，0"重合

  C．复制的图形与原图形重合

  D．复制的图形在光标的当前位置

43．用 VPOINT 命令，输入视点坐标（−1，−1，1）后，结果同以下（ ）三维视图。

  A．西南等轴测   B．东南等轴测

  C．东北等轴测   D．西北等轴测

44．如图所示的多边形，AB 两点的距离是（ ）。

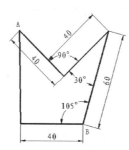

  A．50.899 6   B．85.300 2   C．68.541 2   D．71.014 6

45．关于 JOIN 命令，下列说法不正确的是（ ）。

  A．可将相似的对象合并为一个对象

  B．合并两条或多条圆弧时，将从源对象开始沿顺时针方向合并圆弧

  C．还可以合并样条曲线和多段线

  D．也可以使用圆弧和椭圆弧创建完整的圆和椭圆

46．要快速捕捉到图中六边形的中点，可以采用（ ）。

A．绝对坐标   B．计算器

C．极轴追踪和对象追踪   D．栅格和捕捉

47．在对图形对象进行移动操作时，给定了基点坐标为（50，50），系统要求给定第二点时直接回车，那么以下操作与上述操作对图形对象移动量相同的是（   ）。

A．输入@50，50   B．输入 50，50

C．输入 0，0   D．输入@，直接回车

48．绘制如图所示图形，等边三角形边长为 95，内切 15 个相等小圆，小圆的直径为（   ）。

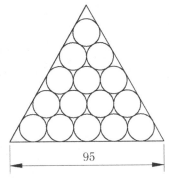

95

A．16.573 3   B．16.573 4   C．16.573 5   D．16.573 6

49．栅格状态默认为开启，以下方法无法关闭该状态的是（   ）。

A．单击状态栏上的栅格按钮   B．将 Gridmode 变量设置为 1

C．先输入 grid 然后输入 off   D．以上均不正确

50．尺寸公差中的上下偏差可以在线性标注的（   ）选项中堆叠起来。

A．多行文字   B．文字   C．角度   D．水平

上机操作题目：绘制二维图形并标注尺寸，并创建三维实体

目的：新建 A3 样板图，绘制二维图形文件；

         新建图形文件，根据二维图形文件创建三维实体。

要求：

1）二维图形

（1）新建 A3.dwt 样板图。

（2）创建中心线、粗实线、细实线、剖面线和尺寸与文字图层，其中粗实线宽为0.3mm。

（3）使用对象捕捉、绘图与编辑等功能完成图形的绘制。

（4）对图形进行尺寸标注和文字标注。

2）三维实体

（1）根据二维图形创建实体外形轮廓。

（2）切除内部轴孔。

（3）创建螺纹，倒圆角。

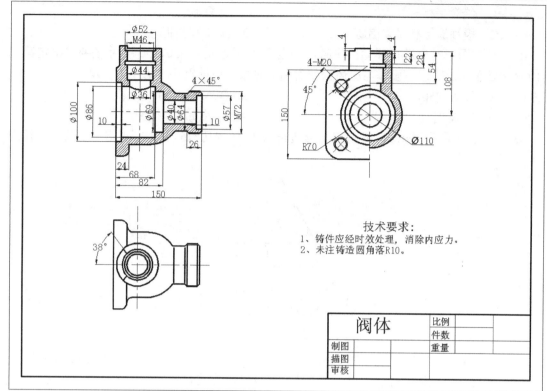

技术要求：
1、铸件应经时效处理，消除内应力。
2、未注铸造圆角落R10。

阀体		比例	
		件数	
制图		重量	
描图			
审核			

版本：2012

评分规则要求：

● 创建 A3 样板图。 （2分）

● 创建相应的图层，线型、线宽使用正确。 （1分）

● 图形创建正确，不能出现明显的多余图元。 （5分）

● 添加尺寸和文字标注，并保证标注不重复、遗漏，且无明显的交线。 （2分）

● 创建实体外形轮廓。 （4分）

● 创建实体内部结构。 （4分）

● 创建螺纹、倒圆角等细节处理。 （2分）

附录 B 思考与练习和 AutoCAD 工程师认证考试样题答案

思考与练习答案

第 1 章

1. D 2. C 3. C 4. A 5. C 6. A

第 2 章

1. C 2. C 3. C 4. C

第 3 章

1. C 2. C 3. A 4. A 5. C 6. D

第 4 章

1. C 2. B 3. B

第 5 章

1. A 2. A 3. A

第 6 章

1. B 2. B 3. A 4. A

第 7 章

1. B 2. C 3. D 4. B 5. A

第 8 章

1. B 2. C 3. B 4. B

第 9 章

1. D 2. B 3. D 4. D 5. A

第 10 章

1. C 2. C 3. D 4. C

附录 A 样题答案

1. A 2. C 3. D 4. D 5. A 6. A 7. C 8. A 9. D

10. D 11. A 12. D 13. A 14. A 15. A 16. A 17. A 18. A

19. A 20. A 21. D 22. B 23. D 24. D 25. D 26. C 27. B

28. B 29. B 30. D 31. D 32. B 33. A 34. C 35. B 36. D

37. B 38. A 39. A 40. D 41. D 42. C 43. A 44. D 45. B

46. C 47. A 48. C 49. B 50. A